•从零开始学编程•

# 从零开始学
# PHP(第3版)

◎ 何俊斌 王彩 编著

电子工业出版社
Publishing House of Electronics Industry
北京·BEIJING

## 内 容 简 介

本书是关于 PHP 的入门教程。PHP 作为一种被广泛应用的 Web 语言，由于其自身的优秀特性，已经有越来越多的网站采用 PHP 技术开发，尤其 Web 2.0 网站对它格外垂青。本书共 4 篇，包括 22 章的内容。第一篇主要讲解了 PHP 程序语言，包括 PHP 环境的搭建、基础知识、常用流程控制、常用函数、数组的操作。第二篇主要分析了 PHP 的一些参考函数，讲解了浏览器和输入/输出、文件目录类、数据处理类、图形图表类、电子邮件类和数据库类。第三篇详细介绍了 PHP 高级开发的内容，主要包括 XML、正则表达式、AJAX、类与对象、Pear 扩展和一些流行的 PHP 框架。第四篇为 PHP 实例精讲，首先介绍了一个简单好用的 PHP 框架，然后介绍了如何在这个框架的基础上搭建 CMS 内容管理系统。

本书的特点是概念清楚，通过穿插类比的方式或加入相关插图进行辅助讲解，使读者能够更加直观地理解和掌握 PHP 的各个知识点。本书适合学习 PHP 技术的初学者，也可作为大、中专院校或相关培训班的教材。

未经许可，不得以任何方式复制或抄袭本书之部分或全部内容。
版权所有，侵权必究。

**图书在版编目（CIP）数据**

从零开始学 PHP / 何俊斌，王彩编著. —3 版. —北京：电子工业出版社，2017.1
（从零开始学编程）
ISBN 978-7-121-30105-6

Ⅰ. ①从… Ⅱ. ①何… ②王… Ⅲ. ①PHP 语言—程序设计 Ⅳ. ①TP312

中国版本图书馆 CIP 数据核字(2016)第 246762 号

策划编辑：牛　勇
责任编辑：徐津平
印　　刷：北京天宇星印刷厂
装　　订：北京天宇星印刷厂
出版发行：电子工业出版社
　　　　　北京市海淀区万寿路 173 信箱　邮编：100036
开　　本：787×1092　1/16　印张：23　字数：663 千字
版　　次：2011 年 2 月第 1 版
　　　　　2017 年 1 月第 3 版
印　　次：2022 年 1 月第 7 次印刷
定　　价：59.80 元

凡所购买电子工业出版社图书有缺损问题，请向购买书店调换。若书店售缺，请与本社发行部联系，联系及邮购电话：(010) 88254888，88258888。
质量投诉请发邮件至 zlts@phei.com.cn，盗版侵权举报请发邮件至 dbqq@phei.com.cn。
本书咨询联系方式：010-51260888-819　faq@phei.com.cn。

> 互联网的发展是以需求为导向的，应用驱动技术发展，雅虎、Google 的创始人都是学生，他们对于网络的发展起到很大的推动作用。
> ——Rasmus Lerdorf（PHP 之父）

PHP 是全球最普及、应用最广泛的互联网开发语言之一。PHP 语言具有简单、易学、源码开放，可操纵多种主流与非主流的数据库，支持面向对象的编程，支持多种开源框架，支持跨平台的操作，而且完全免费等特点，越来越受到广大程序员的青睐和认同。目前市场上介绍 PHP 的计算机图书还比较少，初学者对于 PHP 开发环境、新特性都不了解，因此急需一本可以兼顾基础知识和新特性的基础教程作为引导，让初学者能够有从起步到使用、从使用到拓展的递进式学习过程。

为了使读者快速地熟悉 PHP 的开发环境和新特性的使用，以及熟练地使用 PHP 开发语言进行项目开发，笔者精心编写了本书。本书根据读者一般的学习习惯，以循序渐进的方式，通过官方经典案例和自己实践实例的配合，给各层次的读者一个适度的学习空间，让读者在学习数据库知识的同时，掌握使用 PHP 技术解决实际工作中问题的方法。

## 改版说明

本书前面两版已经销售了数万册，广受读者欢迎，这次改版主要在如下几个方面进行了升级：

1. 修订了书中的个别错误，同时针对新版 PHP 的特性，升级了部分内容。
2. 增加了大量的代码注释，让书中代码的可读性更强，即使以前没有学过编程，也能轻松读懂代码。
3. 每章最后增加了"典型实例"栏目，全书增加了 40 多段经典 PHP 代码，帮助读者体会知识的精髓。
4. 赠送《PHP 函数速查效率手册》电子书及配套代码文件，内含 600 多个常用函数的语法规范讲解和 500 多个典型案例，方便速查速用。
5. 赠送《PHP 程序设计经典 300 例》与《JavaScript 网页特效经典 300 例》电子书及配套代码文件，分别精心收录 300 个经典开发案例，全面覆盖 Web 前端开发与网页特效开发技术，实践出真知。
6. 赠送《HTML+CSS 标签速查效率手册》电子书及配套代码文件，内含 200 多个常用标签及 CSS 属性讲解和 300 多个典型案例，网页开发必备。

## 本书的特点

本书不仅包含了 PHP 的简单介绍和基础知识，而且对 PHP 的新增特性进行了详细的讲解，并筛选了最常使用和日常工作中最常见的一些操作和示例进行演示并说明；最为重要的是，本书中的很多实例是笔者在参与实际开发中总结出来的经验。本书将知识范围锁定在了初级和中级应用水平，以大量的实例进行示范和解说，其特点主要体现在以下几个方面。

- 本书的编排采用循序渐进的方式，适合初级、中级学习者逐步掌握复杂的数据绑定技术及其控件。
- 本书重点讲述 PHP 的有关知识，为读者理解和实践奠定基础。
- 本书收集了大量的实例，讲述 PHP 中新增特性的基本功能和使用技巧。
- 所有实例都具有代表性和实际意义，着重解决工作中的实际问题。
- 对于有特点的实例进行详细解释和分析，帮助读者理解和模拟实践。
- 对于工作中经常遇到的问题，以及需要注意的关键点予以特别注释。
- 按递进关系进行案例组织，涉及新旧知识点时相互关联，对比分析易于理解。
- 本书采用技术要点剖析、详细介绍、运行效果展示等多种方式进行讲解，具有系统性及可用性强的特点。

1. **清晰的体例结构**

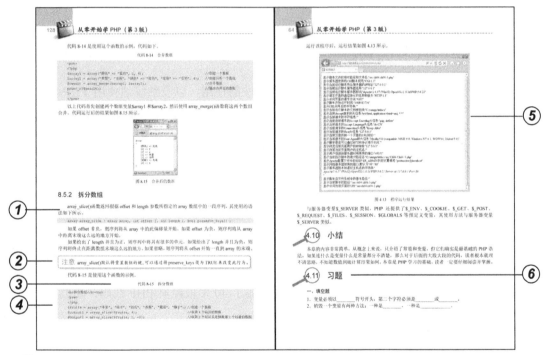

① **知识点介绍**　准确、清晰是其显著特点，一般放在每一节开始位置，让零基础的读者了解相关概念，顺利入门。

② **贴心的提示**　为了便于读者阅读，全书还穿插着一些提示、注意等小贴士，体例约定如下。
提示：通常是一些贴心的提醒，让读者加深印象或得到建议和解决问题的方法。
注意：提出学习过程中需要特别注意的一些知识点和内容。

③ **实例**　书中出现的完整实例，各章中按顺序编号，便于检索和循序渐进地学习、实践，放在每节知识点介绍之后。

④ **实例代码**　与实例编号对应，层次清楚、语句简洁、注释丰富，体现了代码优美的原则，有助于读者养成良好的代码编写习惯。对于大段程序，均在每行代码前设定编号便于学习。

⑤ **运行结果**　针对实例给出运行结果和对应图示,帮助读者更直观地理解实例代码。
⑥ **习题**　每章最后提供专门的测试习题,供读者检验所学知识是否牢固掌握,题目的提示或答案在配套资源中。

经作者多年的培训和授课证明,以上方式是非常适合初学者学习的方式,读者按照这种方式,会非常轻松、顺利地掌握本书知识。

### 2．实用超值的配套货源包

为了帮助读者比较直观地学习,本书附带大容量资源包,内容包括同步教学视频、电子教案(PPT)和实例源代码,以及赠品等,下载地址为:www.broadview.com.cn/30105。

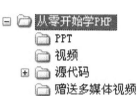

- **教学视频**

配有长达 33 小时手把手教学视频,讲解关键知识点界面操作和书中的一些综合练习题。作者亲自配音、演示,手把手指导读者进行学习。

- **电子教案(PPT)**

本书可以作为高校相关课程的教材或课外辅导书,所以笔者特别为本书制作了电子教案(PPT),以方便老师教学使用。

### 3．提供完善的技术支持

本书配有支持论坛 http://www.rzchina.net,读者可以在上面提问或交流。另外,论坛上还有一些教程、视频动画和各种技术文章,可帮助读者提高开发水平。

## 适合阅读本书的读者

❑ 从未接触过 PHP 编程的自学人员;

- ❑ 有志于 Web 开发的初学者；
- ❑ 已了解一点 PHP 的知识，但还需要进一步学习的程序员；
- ❑ 高等院校计算机相关专业的老师和学生；
- ❑ 各大、中专院校的在校学生和相关授课老师；
- ❑ 准备从事软件开发的求职者；
- ❑ 参与毕业设计的学生；
- ❑ 其他网络编程爱好者。

# 目　　录

## 第一篇　PHP 程序语言

### 第 1 章　PHP 漫谈
（📹 教学视频：19 分钟）......1
- 1.1　认识 PHP ...................................1
- 1.2　HTML 基础 ...............................2
  - 1.2.1　HTML 文档基本格式 ..........2
  - 1.2.2　用标签显示 Hello World ......3
  - 1.2.3　创建网页上的列表 ..............4
  - 1.2.4　创建图像和链接 ..................5
  - 1.2.5　创建表格 ..............................7
  - 1.2.6　创建表单 ..............................9
- 1.3　JavaScript 基础 .........................11
  - 1.3.1　JavaScript 的基本格式 .......12
  - 1.3.2　控制 IE 的页面大小 ...........12
  - 1.3.3　获取页面文档内容 ............13
  - 1.3.4　客户端数据存储机制 Cookie ...14
  - 1.3.5　客户端事件驱动 ................16
  - 1.3.6　实现客户端验证 ................19
- 1.4　典型实例 ...................................20
- 1.5　小结 ...........................................22
- 1.6　习题 ...........................................23

### 第 2 章　PHP 编程硬件和软件需求
（📹 教学视频：25 分钟）......24
- 2.1　环境搭建 ...................................24
  - 2.1.1　Linux 系统安装 Apache、MySQL 和 PHP .........................24
  - 2.1.2　Windows 系统安装 Apache、MySQL 和 PHP .........................27
  - 2.1.3　安装 Zend Studio ..................30
- 2.2　Apache 和 PHP 配置 .................31
  - 2.2.1　Apache 服务器基本配置 ....31
  - 2.2.2　PHP 的基本配置 ..................32
  - 2.2.3　PHP 文件上传配置 ..............33
  - 2.2.4　PHP 的 Session 配置 ............33
  - 2.2.5　PHP 的电子邮件配置 ..........33
  - 2.2.6　PHP 的安全设置 ..................34
  - 2.2.7　PHP 调试设置 ......................34
- 2.3　第一个 PHP 程序 Hello World ...........35
- 2.4　典型实例 ...................................38
- 2.5　小结 ...........................................39
- 2.6　习题 ...........................................40

### 第 3 章　类型
（📹 教学视频：19 分钟）......41
- 3.1　类型的世界 ...............................41
- 3.2　一切皆数据 ...............................41
- 3.3　无类型（NULL） ......................41
- 3.4　布尔型（Boolean） ...................43
- 3.5　数值 ...........................................44
  - 3.5.1　整型（integer） ...................44
  - 3.5.2　浮点型（float） ...................44
  - 3.5.3　理解整型和浮点型 ..............45
  - 3.5.4　理解数值范围 ......................45
- 3.6　字符串（string） .......................47
- 3.7　资源（resource） ......................48
- 3.8　典型实例 ...................................48
- 3.9　小结 ...........................................49
- 3.10　习题 .........................................49

## 第 4 章　变量和常量
（教学视频：25 分钟）......51

- 4.1　从类型到变量 ..................51
- 4.2　变量的命名 ......................53
- 4.3　可变变量 ..........................53
- 4.4　预定义变量 ......................54
- 4.5　外部变量 ..........................55
- 4.6　引用 ..................................56
- 4.7　变量的销毁 ......................58
- 4.8　常量 ..................................58
  - 4.8.1　常量的定义 ............59
  - 4.8.2　魔术常量 ................60
- 4.9　典型实例 ..........................60
- 4.10　小结 ................................64
- 4.11　习题 ................................64

## 第 5 章　运算符、表达式和语句
（教学视频：12 分钟）......66

- 5.1　算数运算符 ......................66
  - 5.1.1　加减乘除 ................66
  - 5.1.2　求模 ........................66
  - 5.1.3　取反 ........................67
- 5.2　赋值运算符 ......................67
- 5.3　自运算符 ..........................67
- 5.4　递增 / 递减运算符 ...........68
- 5.5　字符串运算符 ..................69
- 5.6　比较运算符 ......................70
- 5.7　逻辑运算符 ......................70
- 5.8　位运算符 ..........................71
- 5.9　执行运算符 ......................72
- 5.10　错误控制运算符 ............72
- 5.11　表达式和语句 ................72
  - 5.11.1　表达式 ....................72
  - 5.11.2　语句 ........................73
- 5.12　注释 ................................73
- 5.13　典型实例 ........................74
- 5.14　小结 ................................77
- 5.15　习题 ................................77

## 第 6 章　顺序流程
（教学视频：25 分钟）......79

- 6.1　有序的世界 ......................79
- 6.2　条件分支 ..........................79
  - 6.2.1　if 语句 ......................79
  - 6.2.2　if...else 语句 ...........80
  - 6.2.3　?...：语句 ...............81
  - 6.2.4　elseif 语句 ...............82
  - 6.2.5　switch 语句 .............84
- 6.3　循环 ..................................85
  - 6.3.1　while 语句 ...............85
  - 6.3.2　do...while 语句 ........87
  - 6.3.3　for 语句 ...................88
  - 6.3.4　foreach 语句 ...........89
- 6.4　关键字 ..............................90
  - 6.4.1　break 语句 ..............90
  - 6.4.2　continue 语句 .........91
  - 6.4.3　return 语句 .............92
- 6.5　异常处理 ..........................93
- 6.6　declare 语句 .....................93
- 6.7　流程控制强化训练 ..........94
- 6.8　典型实例 ..........................96
- 6.9　小结 ..................................98
- 6.10　习题 ................................99

## 第 7 章　函数
（教学视频：29 分钟）....100

- 7.1　使用函数 ........................100
- 7.2　系统（内置）函数 ........101
- 7.3　自定义函数 ....................101
- 7.4　函数参数 ........................103
- 7.5　返回值 ............................105
- 7.6　动态调用函数 ................105
- 7.7　作用域 ............................106
  - 7.7.1　局部作用域 ..........106
  - 7.7.2　全局作用域 ..........108
- 7.8　生存期 ............................109
- 7.9　典型实例 ........................111
- 7.10　小结 ..............................113

7.11 习题 .................................................. 113

## 第 8 章 PHP 数组类
（ 教学视频：38 分钟） .... 115

8.1 什么是数组 ...................................... 115
   8.1.1 什么是 PHP 的数组 ............. 115
   8.1.2 创建 PHP 的数组 .................. 115
8.2 增加删除数组元素 ......................... 117
   8.2.1 使用$arrayname[ ]增加数组元素 ..... 118
   8.2.2 使用 unset()删除数组中的元素 ..... 118
   8.2.3 使用 array_push()压入数组元素 ..... 119
   8.2.4 使用 array_pop()弹出数组元素 ..... 119
8.3 遍历输出数组 .................................. 120
   8.3.1 使用 print_r()打印数组 ............. 120
   8.3.2 使用 for 循环语句输出数组 ..... 121
   8.3.3 使用 foreach 循环语句输出数组 ..... 122
8.4 数组排序 .......................................... 123
   8.4.1 使用 sort 对数组进行排序 ..... 123
   8.4.2 使用 rsort 对数组进行逆向排序 ..... 124
   8.4.3 数组的随机排序 ..................... 125
   8.4.4 数组的反向排序 ..................... 126
8.5 合并与拆分数组 ............................. 127
   8.5.1 合并数组 .................................. 127
   8.5.2 拆分数组 .................................. 128
8.6 典型实例 .......................................... 129
8.7 小结 .................................................. 131
8.8 习题 .................................................. 132

## 第二篇 PHP 参考函数

## 第 9 章 浏览器和输入输出
（ 教学视频：47 分钟） .... 134

9.1 检测来访者的浏览器版本和语言 ..... 134
9.2 处理表单提交的数据 ..................... 136
9.3 上传文件处理 .................................. 137
9.4 会话处理函数 Session .................. 140
   9.4.1 开始会话 .................................. 140
   9.4.2 存储与读取会话 ..................... 141
   9.4.3 销毁会话 .................................. 142
9.5 Cookie 处理函数 ............................. 143

9.5.1 创建 cookie ............................. 143
9.5.2 获取 cookie ............................. 143
9.5.3 cookie 的有效期 ..................... 144
9.5.4 cookie 的有效路径 ................. 145
9.5.5 删除 cookie ............................. 145
9.6 使用 HTTP Header ......................... 145
9.7 典型实例 .......................................... 146
9.8 小结 .................................................. 153
9.9 习题 .................................................. 153

## 第 10 章 文件目录类
（ 教学视频：45 分钟） .. 155

10.1 创建目录和文件 ........................... 155
10.2 列出目录和文件 ........................... 156
10.3 获得磁盘空间 ................................ 157
10.4 改变目录和文件的属性 ............. 158
10.5 写入数据到文件 ........................... 159
   10.5.1 使用 fwrite()函数将数据写入文件 ..... 159
   10.5.2 使用 file_put_contents()函数将数据写入文件 ..... 160
10.6 从文件读取数据 ........................... 160
   10.6.1 使用 fread()函数读取文件数据 ..... 161
   10.6.2 使用 file_get_contents()函数读取文件数据 ..... 162
10.7 修改文件内容 ................................ 162
10.8 删除目录和文件 ........................... 163
10.9 一个文本计数器实例 .................. 164
10.10 典型实例 ...................................... 165
10.11 小结 .............................................. 170
10.12 习题 .............................................. 171

## 第 11 章 数据处理类
（ 教学视频：60 分钟） .. 173

11.1 字符串 ............................................ 173
   11.1.1 计算字符串的长度 ............. 173
   11.1.2 截取指定长度字符串 ......... 174
   11.1.3 搜索指定的字符串 ............. 175
   11.1.4 替换指定的字符串 ............. 175

| 11.1.5 转换字符串为数组 | 175 |
| 11.1.6 转换数组为字符串 | 175 |
| 11.1.7 设置字符编码 | 176 |
| 11.2 使用 PHPExcel 操作 Microsoft Excel 文件 | 176 |
| 11.2.1 创建 Excel 文件 | 176 |
| 11.2.2 修改并导出 Excel 文件 | 179 |
| 11.3 加密和解密 | 181 |
| 11.4 时间和日期 | 183 |
| 11.4.1 使用 date()函数 | 183 |
| 11.4.2 使用 mktime()函数 | 185 |
| 11.4.3 验证日期有效性 | 185 |
| 11.5 典型实例 | 186 |
| 11.6 小结 | 191 |
| 11.7 习题 | 191 |

### 第 12 章 图形图表类
（教学视频：39 分钟）...193

| 12.1 使用 GD 创建图像 | 193 |
| 12.2 创建缩略图 | 195 |
| 12.3 给图片加水印 | 197 |
| 12.4 给图片加文字 | 198 |
| 12.5 典型实例 | 199 |
| 12.6 小结 | 202 |
| 12.7 习题 | 202 |

### 第 13 章 电子邮件类
（教学视频：29 分钟）...203

| 13.1 用 mail 函数发送邮件 | 203 |
| 13.2 使用 SMTP 发送邮件 | 204 |
| 13.3 典型实例 | 206 |
| 13.4 小结 | 208 |
| 13.5 习题 | 209 |

### 第 14 章 数据库类
（教学视频：43 分钟）...210

| 14.1 MySQL 数据库 | 210 |
| 14.1.1 连接到 MySQL | 210 |
| 14.1.2 创建数据库和表 | 211 |
| 14.1.3 向表插入数据 | 213 |

| 14.1.4 更新表中数据 | 215 |
| 14.1.5 查询数据表 | 216 |
| 14.2 MSSQL 数据库使用实例 | 217 |
| 14.3 典型实例 | 218 |
| 14.4 小结 | 221 |
| 14.5 习题 | 222 |

## 第三篇 PHP 高级开发

### 第 15 章 PHP 与 XML
（教学视频：22 分钟）..223

| 15.1 XML 快速入门 | 223 |
| 15.1.1 什么是 XML | 223 |
| 15.1.2 XML、HTML 和 SGML 之间的关系和区别 | 223 |
| 15.1.3 建立一个简单的 XML 文件 | 223 |
| 15.2 深入 XML 文档 | 224 |
| 15.2.1 XML 声明 | 224 |
| 15.2.2 元素的概念 | 225 |
| 15.2.3 标记和属性 | 225 |
| 15.2.4 Well-formed XML（结构良好的 XML） | 226 |
| 15.2.5 Valid XML（有效的 XML） | 226 |
| 15.2.6 DTD（文件类型定义） | 226 |
| 15.3 用 SimpleXML 处理 XML 文档 | 226 |
| 15.3.1 建立一个 SimpleXML 对象 | 226 |
| 15.3.2 XML 数据的读取 | 227 |
| 15.3.3 XML 数据的修改 | 229 |
| 15.3.4 XML 数据的保存 | 229 |
| 15.3.5 实例：从 XML 文件中读取新闻列表 | 230 |
| 15.4 使用 DOM 库处理 XML 文档 | 232 |
| 15.4.1 创建一个 DOM 对象并装载 XML 文档 | 232 |
| 15.4.2 获得特定元素的数组 | 233 |
| 15.4.3 取得节点内容 | 233 |
| 15.4.4 取得节点属性 | 234 |
| 15.5 典型实例 | 234 |
| 15.6 小结 | 240 |

15.7 习题 ........................................... 240

## 第 16 章 PHP 与正则表达式
（教学视频：35 分钟）...242

16.1 了解正则表达式 ..................... 242
   16.1.1 什么是正则表达式 ............ 242
   16.1.2 入门：一个简单的正则表达式 ..... 242
16.2 正则表达式的语法 ..................... 243
   16.2.1 普通字符 ........................ 243
   16.2.2 特殊字符 ........................ 243
   16.2.3 非打印字符 ..................... 244
   16.2.4 限定符及贪婪模式和非贪婪模式 ... 244
   16.2.5 定位符 ........................... 245
   16.2.6 选择与编组 ..................... 246
   16.2.7 后向引用 ........................ 246
   16.2.8 各操作符的优先级 ............ 247
   16.2.9 修饰符 ........................... 247
16.3 PHP 中相关正则表达式的函数 ...... 247
   16.3.1 用正则表达式检查字符串是否为规定格式 ..... 248
   16.3.2 将字符串中特定的部分替换掉 ..... 249
   16.3.3 取得字符串中符合规定的部分 ..... 250
16.4 典型实例 ................................ 251
16.5 小结 ...................................... 255
16.6 习题 ...................................... 255

## 第 17 章 PHP 与 AJAX
（教学视频：34 分钟）...257

17.1 什么是 AJAX .......................... 257
17.2 AJAX 的实现原理和工作流程 ....... 257
17.3 AJAX 应用 .............................. 258
   17.3.1 如何建立远程连接对象 ...... 258
   17.3.2 异步发送请求 ................. 259
   17.3.3 回调函数的应用 ............... 261
   17.3.4 一个基于 AJAX 的用户名验证程序 ..... 262
17.4 Spry 框架 ................................ 264
   17.4.1 Spry 框架简介 .................. 265
   17.4.2 Spry 框架的使用方法 ......... 265
   17.4.3 Spry 框架与 Macromedia Dreamweaver 的结合 ....... 268
   17.4.4 使用 Spry 制作级联下拉菜单 ...... 272
17.5 典型实例 ................................ 274
17.6 小结 ...................................... 280
17.7 习题 ...................................... 280

## 第 18 章 PHP 类与对象
（教学视频：26 分钟）..281

18.1 类与对象的初探 ..................... 281
18.2 第一个类 ................................ 281
18.3 属性 ...................................... 282
18.4 方法 ...................................... 283
18.5 构造函数 ................................ 284
18.6 关键字：在此我们是否可以有一点隐私 ......... 285
18.7 在类上下文操作 ..................... 287
18.8 继承 ...................................... 289
18.9 典型实例 ................................ 292
18.10 小结 .................................... 295
18.11 习题 .................................... 295

## 第 19 章 使用 PHP 扩展与应用库（PEAR）加速开发
（教学视频：34 分钟）...297

19.1 PEAR 介绍与安装 ................... 297
19.2 用 PEAR 快速创建表单 ........... 299
19.3 用 PEAR 轻松实现身份验证 ...... 302
19.4 用 PEAR 实现数据库接口统一 .... 304
19.5 用 PEAR 简化数据验证 ........... 306
19.6 用 PEAR 缓存提升程序性能 ...... 309
19.7 典型实例 ................................ 311
19.8 小结 ...................................... 313
19.9 习题 ...................................... 313

## 第 20 章 PHP 框架简介
（教学视频：24 分钟）..314

20.1 PHP 框架的现状和发展 ........... 314
20.2 常见 PHP 框架 ....................... 315
   20.2.1 Zend Framework 框架 ....... 315

20.2.2 CakePHP 框架 ............................ 315
20.2.3 Symfony Project 框架 ................. 316
20.2.4 ThinkPHP 框架 ......................... 316
20.2.5 QeePHP 框架 ............................ 317
20.2.6 CodeIgniter 框架 ........................ 317
20.3 CodeIgniter 框架应用 ......................... 318
  20.3.1 CodeIgniter 下载安装 ................ 318
  20.3.2 CodeIgniter 的控制器机制 ......... 319
  20.3.3 CodeIgniter 的模型机制 ............ 321
  20.3.4 CodeIgniter 的视图机制 ............ 322
20.4 典型实例 ............................................. 325
20.5 小结 .................................................... 329
20.6 习题 .................................................... 329

# 第四篇　PHP 实例精讲

## 第 21 章　一个简单好用的 MVC 框架
（ 教学视频：49 分钟）...330

21.1 什么是 MVC 模型 ............................ 330
21.2 MVC 模型的组成 ............................... 330
  21.2.1 数据模型 ................................... 330
  21.2.2 视图 .......................................... 331
  21.2.3 控制器 ...................................... 331
21.3 实现简单的 MVC ................................ 331
  21.3.1 数据模型层的实现 .................... 331
21.3.2 视图层的实现 ........................... 335
21.3.3 控制器的实现 ........................... 335
21.4 MVC 应用示例 .................................... 336
21.5 小结 .................................................... 339
21.6 习题 .................................................... 340

## 第 22 章　制作一个内容管理系统（CMS）
（ 教学视频：30 分钟）..341

22.1 什么是 CMS ...................................... 341
22.2 CMS 的作用 ...................................... 341
22.3 需求分析 ............................................ 342
22.4 相关策划 ............................................ 342
  22.4.1 后台策划 ................................... 342
  22.4.2 前台策划 ................................... 344
22.5 系统架构 ............................................ 344
  22.5.1 环境选择 ................................... 345
  22.5.2 选择框架 ................................... 345
  22.5.3 数据结构设计 ........................... 345
  22.5.4 目录结构 ................................... 346
22.6 后台开发 ............................................ 346
  22.6.1 后台文件结构 ........................... 347
  22.6.2 栏目功能开发 ........................... 348
  22.6.3 文章功能开发 ........................... 351
22.7 前台实现 ............................................ 353
22.8 小结 .................................................... 355
22.9 习题 .................................................... 355

# 第一篇 PHP 程序语言

## 第 1 章 PHP 漫谈

人类历史上出现过很多重要工具，例如汽车、火车、飞机，以及现在广泛使用的计算机。其中汽车、火车、飞机都可以受计算机控制，因为计算机具有可"编程"特点。

一个人开动一辆汽车时，先踩刹车，然后启动发动机、挂挡、放刹车、踩油门出发，如果将人的这一连串动作（指令集），用计算机能读懂的语言保存起来，命名为"开车"，放入汽车上的计算机。这样，每次开车的时候，就不需要人们重复先前一连串的动作，直接执行"开车"，汽车就开动了。

在以上几个步骤中，从编程的角度来说，放入计算机的动作（指令集）被称为"程序"，放入计算机的过程被称为"编程"，开汽车的人被称为"用户"，如果"程序"没有执行放刹车就执行了踩油门出发，这是程序"错误"（Bug），如果汽车撞到墙上，这是"用户"使用不当。

编程语言就是计算机和人沟通的工具。

### 1.1 认识 PHP

PHP 语言是计算机能读懂的语言，所以 PHP 语言可以用来编程。人类互相交流的语言不只有中文、英文，还有德文、法文等，所以和计算机交流的语言不只有 PHP 语言，还有 C/C++语言等，只是其用途各有不同，如中文主要使用于汉语交流的国家，而英文主要使用于英语交流的国家。

PHP 这门语言则主要应用在 Web 领域。PHP 从 1994 年诞生至今已被 2000 多万个网站采用，全球知名互联网公司 Yahoo!、Goolge、YouTube 和中国知名网站新浪、百度、腾讯、TOM 等均是 PHP 技术的经典应用，目前，PHP 已经是全球最普及的 Web 开发语言之一。

Web 是 World Wide Web 的简称，简写为 WWW，中文名为"万维网"。WWW 以超文本标记语言 HTML（Hyper Text Markup Language）与超文本传输协议 HTTP（Hyper Text Transfer Protocol）为基础向用户提供网络服务。WWW 是建立在客户机/服务器模式之上，这种结构被称为 B/S 结构，在这种结构下，用户工作界面是通过 WWW 浏览器来实现，少部分事务逻辑在前端浏览器（Browser）实现，主要事务逻辑在服务器端（Server）实现，HTML 和 JavaScript 可以认为是在前端浏览器（Browser）工作，PHP 则在服务器端（Server）工作。

PHP 将程序代码嵌入到 HTML 中执行，所以 PHP 是一种 HTML 内嵌式脚本语言。PHP 的名字"PHP"是英文"PHP:Hypertext Preprocessor"（超级文本预处理）的嵌套缩写，PHP 语言借鉴了 C 语言、Java 语言和 Perl 语言的语法，整体风格类似于 C 语言。使用 PHP 语言，用户可以按照自己的需要向网站发出请求，网站收到用户请求后，返回用户需要的结果，这样，PHP 让网站和人之间有了交流，而此类具有与人交流能力的网站通常被称为动态网站，反之，如果只是纯 HTML 的网站，不具备与人交流的能力，被称为静态网站。

JavaScript 是一种仅仅运行在浏览器上的脚本语言，JavaScript 同样将程序代码嵌入到 HTML 中执行。在 JavaScript 语言出现之前，传统的数据提交和验证工作均由客户端浏览器通过网络传输到服务器上进行。如果数据量很大，将增大网络和服务器资源消耗。而使用 JavaScript 就可以在客户端进行数据验证，从而减轻网络和服务器资源消耗。

此外，JavaScript 还能方便操纵各种浏览器对象，可以使用 JavaScript 控制浏览器外观、状态，以及运行方式，可以根据用户需要"定制"浏览器等。

PHP 与 Linux 系统、Apache Web 服务器和 MySQL 数据库同属于自由软件，其源代码完全公开，任何人可以自由地免费使用，所以在 Web 领域，PHP 与 Linux 系统、Apache Web 服务器、MySQL 数据库成为了最佳拍档，业界将其各自第一个英文字母组合，简称"LAMP"。

一个由 HTML、JavaScript、PHP 和 MySQL 数据库构成的网站结构，通常如图 1.1 所示。

图 1.1　PHP 动态网站结构

当用户使用浏览器访问 Apache Web 服务器，开始一个交互时，如果有客户端事务，使用 JavaScript 处理，然后提交到服务器端，PHP 程序开始处理用户提交的请求，如果用户需要查询 MySQL 数据库中的数据，PHP 则会连接 MySQL 数据库，取出数据，按用户要求处理后，转换成 HTML 格式文本返回给浏览器，最终，用户通过浏览器看到结果。

## 1.2　HTML 基础

PHP 在服务器端接受用户请求，然后根据用户请求返回所需结果。PHP 要处理用户请求，需要先知道用户请求了什么。

从 1.1 节了解到，WWW 是以 HTML 语言与 HTTP 协议为基础向用户提供网络服务的。人们在使用浏览器访问网站服务器时，浏览器与服务器的沟通就像人与人聊天，HTML 是聊天的内容，HTTP 协议是声音的传递方式。打一个比喻，假设地球人都说 HTML 语言，有一天，星球大战爆发了，火星正在受着攻击，一个火星人到地球来求助，张着嘴对地球人说了半天，地球人也不明白在说什么，直到地球人教会了火星人说 HTML 语言时，地球人才知道火星人需要帮助。由此可见，要让服务器端的 PHP 知道客户端的用户请求了什么，首先要学习浏览器是怎么用 HTML 说话的，以及都说了些什么。

### 1.2.1　HTML 文档基本格式

打开 Windows 记事本，输入代码 1-1。

代码 1-1　一个 HTML 网页

```
<html>
<head>
<title>页面标题</title>
</head>
<body>
Hello World
</body>
</html>
```

选择"文件"|"另存为"菜单命令，显示对话框，清除"文件名"文本框中默认的"*.txt"，

输入文件名"helloworld.htm",保存位置选择"桌面",单击"保存"按钮,如图 1.2 所示。

图 1.2　记事本"另存为"

helloworld.htm 文件就是一个 HTML 文档,从内容可以看出和普通文本文档的区别是:
HTML 文档文件名是以".html"或".htm"结尾。

HTML 文档内容包含"<"和">"包括起来的标签,并成对出现。如 helloworld.htm 文档中,第一个标签是<html>,这个标签告诉浏览器这是 HTML 文档的开始。HTML 文档的最后一个标签是</html>,这个标签告诉浏览器这是 HTML 文档的终止。在<head>和</head>标签之间的文本是头信息。头信息在浏览器里面不显示。在<title>和</title>标签之间的文本是文档标题,显示在浏览器窗口的标题栏。在<body>和</body>标签之间的文本是正文,会被显示在浏览器中。

## 1.2.2　用标签显示 Hello World

上一节保存了"helloworld.htm"在桌面,如果已经删除,重新按 1.2.1 节的方法保存一次。双击"helloworld.htm"文件,或启动浏览器,选择"文件"|"打开"菜单命令,显示打开对话框,单击"浏览"按钮,显示浏览对话框,打开位置选择"桌面",在列表框中选择"helloworld.htm"文件,单击"打开"按钮,此时看到打开对话框中的"打开"文本框出现 helloworld.htm 的路径,如图 1.3 所示。

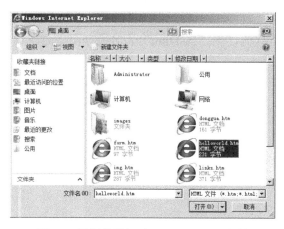

图 1.3　用浏览器打开 helloworld.htm 文件

最后单击"确定"按钮,浏览器显示 Hello World。

比较代码和显示结果可以看到,所有被"<"和">"符号包括起来的标签没有显示在浏览器内,<title>和</title>标签内的"页面标题"显示在了浏览器标题栏,<body>和</body>之间的"Hello World"显示在了浏览器内容栏。

明白了标签的用途,接下来用标签做一些事情。

### 1.2.3 创建网页上的列表

有一个勤劳的村子,那里常年出产优质冬瓜、西瓜、南瓜。于是村长组织村民们,将这些信息发布到网上销售这些产品,下面是其中 3 个村民发布的内容。

示例如代码 1-2 所示。

代码 1-2　网页列表

```
<html>
<body>
<h4>第一个村民</h4>
<ol>
    <li>冬瓜</li>
    <li>西瓜</li>
    <li>南瓜</li>
</ol>
<h4>第二个村民</h4>
<ul>
    <li>冬瓜</li>
    <li>西瓜</li>
    <li>南瓜</li>
</ul>
<h4>第三个村民</h4>
<dl>
<dt>冬瓜</dt>
<dd>可以炒着吃,炖着吃,当然烧汤也不错</dd>
<dt>西瓜</dt>
<dd>夏天吃,解暑又止渴</dd>
<dt>南瓜</dt>
<dd>是不是南方的瓜呢?</dd>
</dl>
</body>
</html>
```

打开记事本,输入以上代码,以"List.htm"为名另存至桌面。双击"List.htm"文件,浏览器显示结果如图 1.4 所示。

图 1.4　网页列表

显示结果各有特色，第一个村民是按数字排列；第二个村民是按圆点排列；第三个村民还有解释说明，很特别。

代码分析：三个村民的产品排列方式分别被称为编号列表、项目符号列表和自定义列表，代码中第一次出现的标签如下。

- <h4>：标题四。（同理，h1 是标题一，h2 是标题二，h3 是标题三等）
- <ol>：编号列表或有序列表。
- <ul>：无序列表（Office Word 中叫项目符号列表）。
- <li>：要列表的项。
- <dl>：自定义列表。
- <dt>：定义列表项目符号或文字。
- <dd>：定义列表项。

以上是用 HTML 让浏览器按照指令列表的内容，下一节将会让浏览器显示图像，并创建通向 Internet 大门的链接。

## 1.2.4 创建图像和链接

上一节中，3 个村民排列了自家的产品，这回，其中第一个村民为了和其他村民竞争，给产品加上了图片。图形化网页列表如代码 1-3 所示。

代码 1-3　图形化网页列表

```html
<html>
<body>
<h4>第一个村民</h4>
<ol>
    <li>冬瓜</li>
    <img src="images/donggua.jpg" width="137" height="103">
    <li>西瓜</li>
    <img src="images/xigua.jpg" width="137" height="103">
    <li>南瓜</li>
    <img src="images/nangua.jpg" width="137" height="103">
</ol>
</body>
</html>
```

打开记事本，输入以上代码，以"img.htm"为名另存至桌面。双击"img.htm"文件，显示结果如图 1.5 所示。

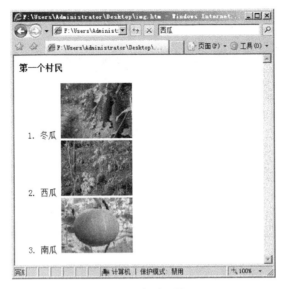

图 1.5　创建图像

> **Tips** 此时是看不到图片的,赶紧上网找几张冬瓜、西瓜、南瓜的图片,然后在桌面新建文件夹"images",将图片放入"images"文件夹,重新打开 img.htm 看看,就能看到了。

代码分析:在网页中加入图片用<img>标签,在本例中,<img>标签有 3 个属性,属性之间用空格分隔,其中"src"属性指定图片的路径,"width"属性指定图片的宽度,"height"属性指定图片的高度。

自从第一个村民给冬瓜、西瓜、南瓜加上图片后,其他村民纷纷效仿,直到后来每个人的产品都越来越多时,一个页面就放不下所有的图片了。这时,第三个村民潜心学习几天后,决定进行改版,将原有的图片分离列表页,列表仅用于显示产品的名称和说明,名称上加链接,单击名称就可以看到图片。

第三个村民共有 4 个页面源代码。打开记事本,输入代码 1-4,以"links.htm"为名另存至桌面。

代码 1-4　带链接的网页

```
<html>
<body>
<h4>第三个村民</h4>
<dl>
<dt><a href="donggua.htm">冬瓜</a></dt>
<dd>可以炒着吃,炖着吃,当然烧汤也不错</dd>
<dt><a href="xigua.htm">西瓜</a></dt>
<dd>夏天吃,解暑又止渴</dd>
<dt><a href="nangua.htm">南瓜</a></dt>
<dd>是不是南方的瓜呢?</dd>
</dl>
</body>
</html>
```

打开记事本,输入以下代码,以"donggua.htm"为名另存至桌面。

```
<html>
```

```
<body>
<h4>第三个村民 - 我们家的冬瓜</h4>
<img src="images/donggua.jpg" width="137" height="103">
<a href="links.htm">返回列表</a>
</body>
</html>
```

打开记事本,输入以下代码,以"xigua.htm"为名另存至桌面。

```
<html>
<body>
<h4>第三个村民 - 我们家的西瓜</h4>
<img src="images/xigua.jpg" width="137" height="103">
<a href="links.htm">返回列表</a>
</body>
</html>
```

打开记事本,输入以下代码,以"nangua.htm"为名另存至桌面。

```
<html>
<body>
<h4>第三个村民 - 我们家的南瓜</h4>
<img src="images/nangua.jpg" width="137" height="103">
<a href="links.htm">返回列表</a>
</body>
</html>
```

都保存好后,回到桌面,双击"links.htm"文件,浏览器显示结果如图1.6所示。

页面内容中的冬瓜、西瓜和南瓜都有了颜色和下画线,这说明冬瓜、西瓜和南瓜分别都有一个链接,单击后会跳转到另一个地方。单击任意一个链接,例如冬瓜,浏览器跳转到"donggua.htm",到达"donggua.htm"后,还可以单击"返回列表"链接回到"links.htm",如图1.7所示。

图1.6 链接页

图1.7 链接到达页

代码分析:要从一个页面跳转到另一个页面,可以用链接标签<a>,在本例中,<a>标签有一个属性"href"用来指定需要到达的页。有了链接,就不需要每次都在浏览器地址栏输入地址,直接单击链接后就可以到达想去的地方,就像现在人们使用的Internet,一个网站链接着另一个网站,而另一个网站又链接着其他网站,最后组成了不知道有多大的网。

## 1.2.5 创建表格

在上一节中,第三个村民积极上进,到了本节他更是精益求精,为了让产品排列不太乱,决定还要给产品加上表格。

打开记事本,输入以下代码 1-5,以"nangua.htm"为名另存至桌面。

代码 1-5　带表格的网页

```
<html>
<body>
<table border=1>
<tr>
<td>
<h4>第三个村民</h4>
</td>
</tr>
<tr>
<td>
<dl>
<dt><a href="donggua.htm">冬瓜</a></dt>
<dd>可以炒着吃,炖着吃,当然烧汤也不错</dd>
<dt><a href="xigua.htm">西瓜</a></dt>
<dd>夏天吃,解暑又止渴</dd>
<dt><a href="nangua.htm">南瓜</a></dt>
<dd>是不是南方的瓜呢?</dd>
</dl>
</td>
</tr>
</table>
</body>
</html>
```

回到桌面,双击"nangua.htm"文件,浏览器显示结果如图 1.8 所示。

这个界面比之前没有表格的界面整齐了。

代码分析:表格是用<table>标签定义的。表格被划分为行(使用<tr>标签),每行又被划分为数据单元格(使用<td>标签)。td 表示"表格数据"(Table Data),即数据单元格的内容。数据单元格可以包含文本、图像、列表、段落、表单、水平线、表格等。

为了更好地区别行和列,加深印象,再看一个例子。

```
<table border="1">
<tr>
<td>第一行的第一列</td>
<td>第一行的第二列</td>
</tr>
<tr>
<td>第二行的第一列</td>
<td>第二行的第二列</td>
</tr>
</table>
```

将以上代码保存为"table.htm"后,用浏览器打开,结果如图 1.9 所示。

图 1.8 创建表格

图 1.9 区别行和列

上例更直观地说明了<tr>代表行，<td>代表列。

## 1.2.6 创建表单

表单是浏览器和服务器交流的数据入口，表单在浏览器中是一个包含表单属性的区域，表单属性是能够让用户在表单中输入各种类型信息的属性（比如文本框、密码框、下拉列表、单选按钮、复选框等）。

表单用<form>定义，例如下列代码定义了一个文本框表单：

```
<form>
请输入您的名字：
<input type="text" name="yourname">
</form>
```

将以上代码保存为"form.htm"，在浏览器中打开，结果如图 1.10 所示。

> **注意** 表单本身并不可见。另外，在多数浏览器中，文本框的宽度默认是 20 个字符。

最常用的表单标签是<input>。Input 的类型用 type 属性指定。最常用的 input 类型解释如下。
- 单选按钮

```
<form>
<input type="radio" name="sex" value="male">男
<br>
<input type="radio" name="sex" value="female">女
</form>
```

将以上代码保存为"radio.htm"，用浏览器打开，结果如图 1.11 所示。

图 1.10 表单

图 1.11 单选按钮

单选按钮，指多个选择框，但只能选择其中一个。
- 复选框

```
<form>
<input type="checkbox" name="bike">
I have a bike
<br>
<input type="checkbox" name="car">
I have a car
</form>
```

将以上代码保存为"checkbox.htm"，用浏览器打开，结果如图 1.12 所示。
复选框，指可以选择多个。
- 密码框

```
<form>
您的名字：
<input type="text" name="yourname">
<br>
您的密码：
<input type="password" name="password">密码将不会明文显示
</form>
```

将以上代码保存为"password.htm"，用浏览器打开，结果如图 1.13 所示。

图 1.12　复选框

图 1.13　密码框

- 下拉列表

```
<form>
<select name="cat">
<option value="whitecat">白猫
<option value="yellowcat">黄猫
<option value="blackcat">黑猫
</select>
</form>
```

将以上代码保存为"select.htm"，用浏览器打开，结果如图 1.14 所示。
- 预选下拉列表

```
<form>
<select name="cat">
<option value="whitecat">白猫
<option value="yellowcat">黄猫
<option value="blackcat" selected>黑猫
</select>
</form>
```

将以上代码保存为"selected.htm",用浏览器打开,结果如图 1.15 所示。

图 1.14　下拉列表

图 1.15　预选下拉列表

在 option 中添加"selected",表示为预先选择该项。这样下拉列表中默认选中的是该项。
- 文本域

```
<form>
<textarea rows="10" cols="30">
这是一个文本域.
</textarea>
</form>
```

将以上代码保存为"textarea.htm",用浏览器打开,结果如图 1.16 所示。
其中的 rows 属性指行数,cols 指一行显示多少个字(英文)。
- 按钮

```
<form>
<input type="button" value="普通按钮">
<input type="submit" value="提交按钮">
</form>
```

将以上代码保存为"submit.htm",用浏览器打开,结果如图 1.17 所示。

图 1.16　文本域

图 1.17　按钮

普通按钮可用于任何地方,提交按钮只用于表单的提交。

## 1.3　JavaScript 基础

在 1.1 节中提到使用 JavaScript 在客户端进行数据验证,从而减轻网络和服务器的资源消耗。但实际上 JavaScript 远不止就这一方面的特性,接下来将介绍 JavaScript 的基本知识。

## 1.3.1 JavaScript 的基本格式

JavaScript 的代码和 HTML 一样，是一种文本字符格式，可以直接使用 <script>...</script> 标签嵌入 HTML 文档，并且可动态装载。

代码 1-6 是 JavaScript 的网页。

代码 1-6　JavaScript 的网页

```
<html>
<head>
<title>JavaScript 基础
</title>
</head>
<body>
这是 HTML 输出的内容
<br>
  <script language="JavaScript">
    document.write("这是 JavaScript 输出的内容")
  </script>
</body>
</html>
```

在 HTML 中嵌入 JavaScript，是以<script>标签开始，<script>标签中的"language"属性指定嵌入的脚本语言是 JavaScript，第 10 行用于向 HTML 文档中写入"这是 JavaScript 输出的内容"。将以上代码保存为"js.htm"，用浏览器打开，显示结果如图 1.18 所示。

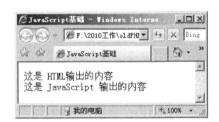

图 1.18　JavaScript 的格式

## 1.3.2 控制 IE 的页面大小

JavaScript 不仅可以控制浏览器的输出内容，还可以控制浏览器行为，比如关闭浏览器、最大化浏览器、控制浏览器滚动条和浏览器菜单等，代码 1-7 是一段 JavaScript 代码，能够控制浏览器大小。

代码 1-7　控制 IE 页面大小

```
<html>
<head>
<title>JavaScript 基础</title>
<script>window.resizeTo(500,200);</script>
</head>
<body>
这是 HTML 输出的内容
```

```
  <br>
  <script language="JavaScript">
    document.write("这是 JavaScript 输出的内容")
  </script>
</body>
</html>
```

用的还是上一个例子，注意第 4 行是新添加的。保存后，双击打开，浏览器窗口大小自动调整为宽 500（像素）、高 200（像素）。

## 1.3.3 获取页面文档内容

JavaScript 的 Document 对象包含页面的实际内容，所以利用 Document 对象可以获取页面内容，例如页面标题、各个表单值等。代码 1-8 是一个用 JavaScript 获取网页标题和表单值的实例。

代码 1-8 控制浏览器大小

```
<html>
<head>
<title>JavaScript 基础</title>
</head>
<body>
<p>一、用 Document 对象获得页面标题</p>
<hr />
<p>二、用 Document 访问以下两个表单</p>
<p>第一个，文本框的值</p>
<form name="textform">
  <input name="textname" type="text" value="请输入文本" />
</form>
<p>第二个，按钮的值</p>
<form name="submitform">
  <input type="submit" name="submitname" value="第一个表单内的提交" />
</form>
<hr />
<p>下面是获取到的值：</p>
<table border="1" cellspacing="4" cellpadding="2">
  <tr>
    <td>获取到的本页标题是 ：</td>
    <td><b><script> document.write(document.title) </script></b></td>
  </tr>
  <tr>
    <td>本页包含表单：</td>
    <td><b><script>document.write(document.forms.length)</script></b></td>
  </tr>
  <tr>
    <td>获取到文本框的值是：</td>
    <td><b><script>document.write(window.document.textform.textname.value)</script></b></td>
  </tr>
  <tr>
    <td>获取到按钮的值是：</td>
    <td><b><script>document.write(document.submitform.submitname.value)</script></b></td>
  </tr>
</table>
</body>
</html>
```

将以上代码保存为"getdoc.htm",用浏览器打开,运行结果如图 1.19 所示。

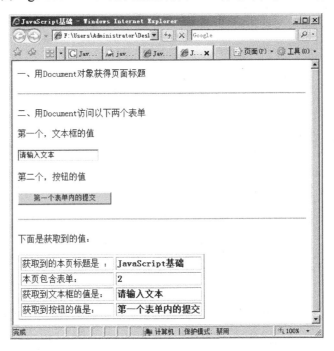

图 1.19 获取网页内容

## 1.3.4 客户端数据存储机制 Cookie

Cookie,翻译成中文叫"小甜饼",其只是浏览器缓存中的一小段信息。通过 Cookie,网站可以识别用户,例如用户是否第一次访问、已浏览过哪些内容等。也可以用于验证用户是否登录网站,这样用户可以只登录一次网站,下次再来时就不需要再次登录等。总之,Cookie 非常有用。

JavaScript 可以方便地设置、获取和删除 Cookie,参见代码 1-9 这个应用案例。

代码 1-9 Cookie 应用

```
01  <html>
02  <head>
03  <title>JavaScript 基础</title>
04  <script language="javascript">
05
06  // 设置 cookies  //name 是 cookie 名,value 是 cookie 值,days 是 cookie 有效天数
07  function setCookie(name,value,days)
08  {
09      var exp  = new Date();
10      exp.setTime(exp.getTime() + days*24*60*60*1000);
11      document.cookie = name + "="+ escape (value) + ";expires=" + exp.toGMTString();
12  }
13  // 获得 cookies
14  function getCookie(name)
15  {
16      var arr = document.cookie.match(new RegExp("(^| )"+name+"=([^;]*)(;|$)"));
17      if(arr != null) return unescape(arr[2]); return null;
```

```
18   }
19   // 删除cookie
20   function delCookie(name)
21   {
22       var exp = new Date();
23       exp.setTime(exp.getTime() - 1);
24       var cval=getCookie(name);
25       if(cval!=null) document.cookie= name + "="+cval+";expires="+exp.toGMTString();
26   }
27   </script>
28   </head>
29   <body>
30   <p>设置cookie,名字为dandan,值为3333,有效期为60天。</p>
31   <script>setCookie("dandan", "3333", 60)</script>
32   <hr>
33   <p>获取到dandan的cookie值是</p>
34   <p><script>document.write(getCookie('dandan'))</script></p>
35   <hr>
36   <!-- 删除dandan的cookie -->
37   <p>已删除...<script>delCookie('dandan')</script></p>
38   <hr>
39   <p>再次获取dandan的cookie值是</p>
40   <p><script>document.write(getCookie('dandan'))</script></p>
41   </body>
42   </html>
```

将以上代码保存为"cookie.htm",用浏览器打开,结果如图1.20所示。

图1.20  Cookie操作

代码分析:在上例的JavaScript脚本中,出现了以往都没有看到过的结构和关键字。

```
function setCookie(name, value, days)
{
… …
}
```

以关键字"function"开头的被称为函数,后面紧跟的是函数名"setCookie",函数名后面括号里面的是参数 name、value 和 days。本代码中一共有 3 个这样的函数,这 3 个函数定义好后并没有马上运行,如"setCookie"函数,是在代码第 31 行调用时才运行,调用函数时没有"function"关键字,同时函数名后面的参数也换成了期望传给函数的值,这是因为函数就像是一部机器,造好后才能使用,第 7~26 行即是造函数,第 31、34、37、40 行才是用函数。第 31 行 setCookie 函数设置了一个名为"dandan"的 Cookie,其值是"3333",有效期是"60"天。第 34 行,getCookie 函数获取名为"dandan"的 Cookie 值,如果有值则会显示设置的值,如果不存在名为"dandan"的 Cookie,就会显示"null"。第 37 行,delCookie 函数删除名为"dandan"的 Cookie。第 40 行,再次调用 getCookie 函数显示"dandan"的值,这时候因为名为"dandan"的 Cookie 已经被删除,所以显示"null"。

## 1.3.5 客户端事件驱动

JavaScript 是基于对象的语言。基于对象的基本特征是采用事件驱动。用户在客户端使用鼠标或热键的动作被称为事件,而由鼠标或热键引发的一连串程序的动作,就被称为事件驱动。主要有以下几个事件:

- 单击事件(onClick)

当用户单击鼠标按钮时,产生 onClick 事件,同时 onClick 指定的事件处理程序将被调用执行。通常单击事件应用在 button(按钮对象)、checkbox(复选框)、radio(单选按钮)、reset buttons(重置按钮)、submit buttons(提交按钮)。

例如:

```
<Input type="button" value="点我 " onclick=alert("你单击了我");
```

将以上代码保存为"onclick.htm",用浏览器打开,单击"点我"按钮,结果如图 1.21 所示。

图 1.21 单击事件

- 更改事件(onChange)

```
<html>
<head>
<title>JavaScript 基础</title>
</head>
<script language="javascript">
function check()
{
```

```
    alert("文本框的值发生了变化");
}
</script>
<body>
<Form>
<input type="text" name="name" value="dandan" onChange="check()">
</Form>
</body>
</html>
```

将以上代码保存为"onchange.htm",用浏览器打开,改变文本框的值,页面提示如图1.22所示。

图 1.22 onChange 事件

一旦文本框的值改变,即触发 onChange 事件,执行 check 函数。

- 选中事件（onSelect）

```
<html>
<head>
<title>JavaScript 基础</title>
<script language="javascript">
function check()
{
  alert("你选中了一些文本");
}
</script>

</head>
<body>
<textarea rows="10" cols="30" onselect="check()">
蛋蛋是世界上最可爱的狗。
</textarea>
</body>
</html>
```

将以上代码保存为"onselect.htm",用浏览器打开,选择文本域中的一些文字,效果如图1.23所示。

- 加载事件（onLoad）

```
<html>
<head>
<title>JavaScript 基础</title>
<script language="javascript">
function check()
{
  alert("欢迎您访问本站^_^");
}
</script>

</head>
<body onload="check()">
</body>
</html>
```

将以上代码保存为"onload.htm"，用浏览器打开，效果如图 1.24 所示。

图 1.23　onSelect 事件

图 1.24　onLoad 事件

加载事件是刚进入页面时执行。

- 卸载事件（onUnload）

```
<html>
<head>
<title>JavaScript 基础</title>
<script language="javascript">
function check()
{
  alert("谢谢您的访问，下次再来哦^_^");
}
</script>

</head>
<body onunload="check()">
</body>
</html>
```

将以上代码保存为"onunload.htm"，用浏览器打开，效果如图 1.25 所示。

图 1.25　onunload 事件

卸载事件是离开页面时执行。

## 1.3.6　实现客户端验证

创建了表单，用户输入数据后，需要对输入的数据进行验证。验证数据首先要找到需要验证的表单，这里要用到前面学到的内容。

首先创建一个表单，如代码 1-10 所示。

代码 1-10　表单

```
<html>
<head>
<title>JavaScript 基础</title>
<script language="javascript">
    function form_check()
    {
        if(document.form1.title.value=="")
        {
            alert("对不起，标题不能为空！")
            document.form1.title.focus()
            return false
        }
        else if(document.form1.content.value=="")
        {
            alert("对不起，内容不能为空！")
            document.form1.content.focus()
            return false
        }
    }
</script>
</head>
<body>
<form method="post" action="" name="form1" onsubmit="return form_check()">
标题：
<input type="text" name="title">
<p>
内容：
<textarea rows="10" cols="30" name="content">
</textarea>
```

```
<input type="submit" value="提交">
</form>
</body>
</html>
```

将以上代码保存为"check_form.htm",用浏览器打开,如图 1.26 所示。

假如"标题"文本框或"内容"文本域没有输入任何字符,单击"提交"按钮将会提示"标题"文本框或"内容"文本域不能为空,如图 1.27 所示。

图 1.26 检查表单

图 1.27 提示对话框

## 1.4 典型实例

【实例 1-1】本章介绍了 JavaScript 的一些基础,在实际开发中,更多的情况是使用一些成熟的 JavaScrip 框架,如 JQuery。使用 jQuery 和使用其他 JavaScript 类一样,需要在 HTML 页面中引用 jQuery 代码。本实例演示 jQuery 的使用方法,如代码 1-11 所示。

代码 1-11 jQuery 的使用方法

```
<html>
 <head>
  <title>jQuery 演示</title>
  <!--引用 jQuery 代码-->
  <script language="javascript" type="text/javascript" src="js/jquery-1.2.6.js"></script>
  <!--创建 javascript 代码-->
  <script language="javascript" type="text/javascript">
     $(document).ready(function(){
         $("#showAlert").click(function(){
             alert("这是使用 jQuery 创建的消息");
         });
     });
  </script>
 </head>
 <body>
 <div id='showAlert'>单击触发事件</div>
 </body>
</html>
```

本实例演示了引用 jQuery 类库,以及 jQuery 最基本的使用方法,下面介绍一下代码形式。

（1）构造函数"$()"：根据参数不同的类型，将参数转化为 jQuery 对象，在 13.1.2 节中有详细的介绍。

（2）网页加载事件：要在网页开始时加载某段 JavaScript 代码，需要在 body 标签中添加 onload()函数，代码如下所示。

```
<body onload="alert('Javascript事件');">
```

而在 jQuery 中，不需要修改 body 标签，只需要在 JavaScript 脚本中添加一段代码，就可以完成相同的功能，代码如下所示。

```
$(document).ready(function(){alert("Javascript事件");});
```

在浏览器中打开以上代码，浏览器出现"单击触发事件"6 个字，单击这 6 个字后，弹出消息框，如图 1.28 所示。

图 1.28　运行结果

【实例 1-2】jQuery 实际上就是一个 JavaScript 类库，jQuery()就是构造函数，jQuery()能接收 4 种类型的参数，其代码形式分别是 jQuery(expression,context) 、jQuery(html) 、jQuery(elements)、jQuery(fn)。如代码 1-12 所示，演示了构造函数 4 种不同参数的使用方法。

代码 1-12　构造 4 种不同参数的使用方法

```
<html>
<head>
 <title>jQuery 演示</title>
 <!--引用 jQuery 代码-->
 <script language="javascript" type="text/javascript" src="js/jquery-1.2.6.js"></script>
 <!--创建 javascript 代码-->
 <script language="javascript" type="text/javascript">
<!--构造函数可以接收的第四类参数：回调函数-->
    $(function(){
        <!--构造函数可以接收的第一类参数-->
        $("div > p").css("border", "1px solid gray");
        jQuery("ul > li").css("border", "1px solid gray");
        <!--构造函数可以接收的第二类参数-->
        $("<div><p>动态添加的内容</p></div>").appendTo("body");
        $("<input type='checkbox'/>").appendTo("body");
        $("<input type='button' value='动态添加的按钮'/>").appendTo("body");
        $("<textarea></textarea>").appendTo("body");
        <!--构造函数可以接收的第三类参数-->
        $(document.body).css( "background", "efefef" );
```

```
        });
    </script>
</head>
<body>
<div><p>动态添加样式</p></div>
<ul><li>第一条记录</li></ul>
</body>
</html>
```

在本例代码中，演示了 jQuery 的构造函数接收 4 种不同类型参数。

（1）jQuery(expression,context)：根据 ID、DOM 元素名、CSS 表达式、XPath 表达式查找页面中的元素，将元素组装成 jQuery 对象后并返回，与 13_2.php 页面中对应的代码如下所示。

```
$("div > p").css("border", "1px solid gray");
jQuery("ul > li").css("border", "1px solid gray");
```

（2）jQuery(html)：在程序运行时，根据参数创建一个 DOM 对象，与 13_2.php 页面中对应的代码如下所示。

```
$("<div><p>动态添加的内容</p></div>").appendTo("body");
$("<input type='checkbox'/>").appendTo("body");
$("<input type='button' value='动态添加的按钮'/>").appendTo("body");
```

（3）jQuery(elements)：将页面元素包装成 jQuery 对象，与 13_2.php 页面中对应的代码如下所示。

```
$(document.body).css( "background", "efefef" );
```

（4）jQuery(fn)：指定回调函数，其与$(document).ready(function(){});和$(function(){});的效果是一样的。

jQuery 的构造函数可以根据参数返回 jQuery 对象，这些 jQuery 对象会拥有 jQuery 众多的方法和属性，使用这些方法和属性，可以对指定的元素过行改变样式、添加内容等操作。

在浏览器中打开以上代码，结果如图 1.29 所示。

图 1.29　运行结果

## 1.5　小结

本章介绍了 PHP 语言与 Web 开发，并提到了 Web 开发领域的相关知识，使用 HTML 创建列表、表单等，以及使用 JavaScript 进行客户端事务处理。本书因主要讲解 PHP 知识，所以 HTML 和 JavaScript 知识也仅仅涉及入门的相关知识，更多的知识需要读者专门去学习，下一章将进入

PHP 的具体详解。

## 1.6 习题

一、填空题

1. _____是 HTML 语言中最基本的单位。
2. 标签由一个_____和一个_____所组成，起分隔或标记文本的作用。
3. 一个 HTML 文档总是以_____开始，以_____结束。
4. 标题字标记是用来标识标题的型号的，用_____来表示。
5. 更改字体的类别、字号和颜色可以使用____标记，其包含的标签有____、____和____。
6. 在 HTML 中，段落主要由标记_____定义。
7. 行中断标记为_____。
8. 在 HTML 中使用标记_____来强制浏览器不换行显示。

二、选择题

1. 标题右对齐的方法是（    ）。
   A．<align=LEFT>          B．<align =CENTER>
   C．<align =RIGHT>        D．<align =MIDDLE>
2. 下面选项中属于字体标记标签的是（    ）。
   A．face        B．size        C．color        D．LEFT
3. HTML 的头部标记有（    ）。
   A．<title>     B．<meta>      C．<base>       D．<style>
4. HTML 语法中，文字修饰标记有数种，其中表示下画线的标记为（    ）。
   A．<em>        B．<u>         C．<s>          D．<sup>

# 第 2 章　PHP 编程硬件和软件需求

在第 1 章中，我们谈论了和 Web 相关的知识，对 PHP 也只是闻其声不见其人。终于，本章开始进入精彩的 PHP 讲解环节了，但俗话说"工欲善其事，必先利其器"，要掌握 PHP，首先要了解它的操作工具。本章首先搭建 PHP 的开发环境，然后开发第一个 PHP 程序。

## 2.1　环境搭建

在 1.1 节中提到 LAMP 组合，L 代表 Linux 系统、A 代表 Apache Web 服务器、M 代表 MySQL 数据库、P 代表 PHP 语言解释器，它们都运行在 Linux 系统之上，当然也运行在 Windows 系统上，下面是 Apache、MySQL 和 PHP 在这两个系统上的安装过程。

### 2.1.1　Linux 系统安装 Apache、MySQL 和 PHP

Linux 系统是一个源代码开放的操作系统，目前已经有很多版本流行。本书所用的 Linux 版本是 RedHat 系列。在 RedHat Linux 系统上安装软件分两种模式，一种是安装包安装，一种是源代码安装，本书介绍源代码安装。开始安装前，首先登录到终端，然后使用 root 用户登录，命令如下所示。

```
$ su
Password:
#
```

第 1 行是美元符号，输入"su"命令后，要求输入 root 用户的密码，然后命令提示符变成"#"，说明已经登录为 root 管理账号。

为方便安装，新建存放安装软件的目录，命令如下所示。

```
#mkdir /root/php
```

进入新建的目录。

```
#cd /root/php
```

下载所需软件。

```
#wget http://www.apache.org/dist/httpd/httpd-2.2.25.tar.gz
#wget http://cn2.php.net/distributions/php-5.3.28.tar.gz
#wget http://dev.mysql.com/get/Downloads/MySQL-5.6/mysql-5.6.20.tar.gz
#wget http://www.zlib.net/zlib-1.2.8.tar.gz
#wget http://jaist.dl.sourceforge.net/sourceforge/libpng/libpng-1.2.20.tar.gz
#wget http://nchc.dl.sourceforge.net/sourceforge/freetype/freetype-2.3.5.tar.gz
#wget http://www.ijg.org/files/jpegsrc.v6b.tar.gz
#wget ftp://xmlsoft.org/libxml2/libxml2-2.6.30.tar.gz
#wget ftp://xmlsoft.org/libxml2/libxslt-1.1.22.tar.gz
#wget http://www.libgd.org/releases/gd-2.0.35.tar.gz
```

安装 zlib 库。

```
#cd /root/php
#tar zxvf zlib-1.2.8.tar.gz
#cd zlib-1.2.8
#./configure --prefix=/usr/local/zlib
#make
#make install
```

安装 png 图形库。

```
#cd /root/php
#tar zxvf libpng-1.2.20.tar.gz
#cd libpng-1.2.20
#cp scripts/makefile.std makefile
#make
#make install
```

安装 freetype 库。

```
#cd /root/php
#tar -zvxf freetype-2.3.5.tar.gz
#cd freetype-2.3.5
#./configure --prefix=/usr/local/freetype
#make
#make install
```

安装 jpeg 图形库。

```
#cd /root/php
# mkdir -pv /usr/local/jpeg6/{,bin,lib,include,man/man1,man1}
#tar zxvf jpegsrc.v6b.tar.gz
# ./configure --prefix=/usr/local/jpeg6/ --enable-shared --enable-static
# make
# make install
# make install-lib
```

安装 XSLT 库。

```
#cd /root/php
#tar zxvf libxslt-1.1.22.tar.gz
#cd libxslt-1.1.22
#./configure
#make
#make install
```

安装 XML 库。

```
#cd /root/php
#tar zxvf libxml2-2.6.30.tar.gz
#cd libxml2-2.6.30
#./configure
#make
#make install
```

安装 GD 库。

```
#cd /root/php
#tar zvxf gd-2.0.35.tar.gz
```

```
#cd gd-2.0.35
#./configure --prefix=/usr/local/gd --with-jpeg=/usr/local/jpeg6 \
--with-png=/usr/local \
--with-zlib=/usr/local/zlib \
--with-freetype=/usr/local/freetype
#make
#make install
```

安装 MySQL 数据库。

```
#cd /root/php
#groupadd mysql
#useradd -g mysql mysql
#tar zxvf mysql-5.6.20.tar.gz
#cd mysql-5.6.20
#./configure --prefix=/usr/local/mysql --with-charset=gbk --with-extra-charset=all
#make
#make install
#cp support-files/my-medium.cnf /etc/my.cnf
#cd /usr/local/mysql
#chown -R mysql
#chgrp -R mysql .
#bin/mysql_install_db --user=mysql
#chown -R root .
#chown -R mysql var
#bin/mysqld_safe --user=mysql &
```

安装 Apache Web 服务器。

```
#cd /root/php
#tar zxvf httpd-2.2.25.tar.gz
#cd httpd-2.2.25
#./configure --prefix=/usr/local/apache --enable-so
#make
#make install
# /usr/local/apache/bin/apachectl start
```

安装 PHP 解释器。

```
#cd /root/php
#tar zxvf php-5.3.28.tar.gz
# cd php-5.3.28
  #./configure --prefix=/usr/local/php \
  --with-apxs2=/usr/local/apache/bin/apxs \
  --with-mysql=/usr/local/mysql \
  --with-pdo-mysql=/usr/local/mysql \
  --with-xml=/usr/local \
  --with-png=/usr/local \
  --with-jpeg-dir=/usr/local/jpeg6 \
  --with-zlib=/usr/local/zlib \
  --with-freetype=/usr/local/freetype \
  --with-gd=/usr/local/gd \
  --enable-mbstring=all
```

```
# make
# make install
# cp php.ini-dist /usr/local/php/lib/php.ini
# echo "application/x-httpd-php php" >> /usr/local/apache/conf/mime.types
# /usr/local/apache/bin/apachectl restart
```

这样，Linux 下的 Apache Web 服务器、MySQL 数据库和 PHP 环境安装就完成了。

## 2.1.2 Windows 系统安装 Apache、MySQL 和 PHP

Windows 系统是目前使用最多最常见的系统，本节的安装任务是在 Windows XP 系统下进行的。首先在 C 盘建立文件夹"php"，用于保存安装文件。

首先按照下列地址下载所需的软件，并存入 C 盘建立的 php 文件夹。

Apache Web 服务器

http://www.apache.org/dist/httpd/binaries/win32/apache_2.2.25-win32-x86-no_ssl.msiMySQL 数据库

http://dev.mysql.com/get/Downloads/MySQL-5.6/mysql-5.6.20-win32.msi

PHP 解释器

http://windows.php.net/downloads/releases/php-5.3.28-Win32-VC9-x86.msi

**1．安装 Apache**

（1）下载好上列软件后，进入 C 盘的 php 文件夹，双击"apache_2.2.25-win32-x86-no_ssl.msi"文件，出现安装界面后，单击"Next"按钮，选择第 1 个单选按钮同意版权协议，如图 2.1 所示。

（2）继续单击"Next"按钮，出现 Apache 介绍，单击"Next"按钮，出现服务器的信息表单，如图 2.2 所示。

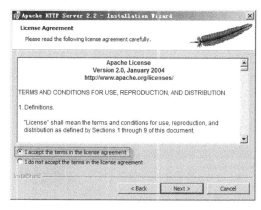
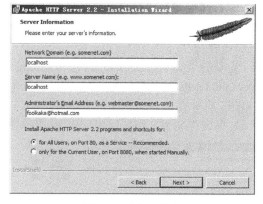

图 2.1　同意版权　　　　　　　　　　图 2.2　服务器信息

（3）在第 1 项"Network Domain"文本框中填写"localhost"，在第 2 项"Server Name"文本框中填写"localhost"，在第 3 项"Administrator's Email Address"文本框中填写此服务器管理员的电子邮件地址，然后单击"Next"按钮，出现安装类型，如图 2.3 所示。

（4）选择单选按钮"Custom"，单击"Next"按钮，出现自定义安装界面，单击"Change"按钮，如图 2.4 所示。

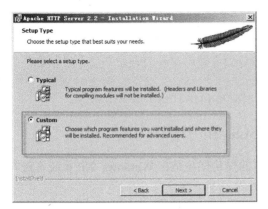

图 2.3　选择安装类型

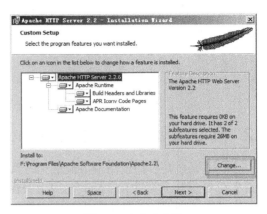

图 2.4　自定义安装

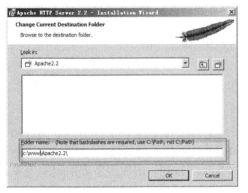

图 2.5　目录选择

（5）显示安装目录选择对话框，如图 2.5 所示。

（6）在"Folder name"文本框输入"C:\www\Apache2.2"，单击"OK"按钮，继续单击"Next"按钮，最后单击"Install"按钮开始安装，出现安装进度条，在等待安装期间会出现两个命令行窗口，不必理会，运行成功后会自动关闭，直到最后安装成功，单击"Finish"按钮，Apache Web 服务器就安装好了。

**2．安装 PHP**

（1）双击"php-5.3.28-win32-VC9-x86.msi"文件，单击"Next"按钮，出现版权协议，选择"I accept the terms in the License Agreement"单选按钮，单击"Next"按钮，出现选择安装目录界面，如图 2.6 所示。

（2）单击"Next"按钮，出现 Web 服务器设置，如图 2.7 所示。

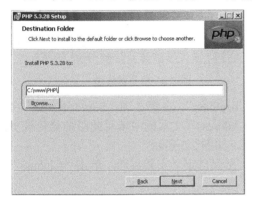

图 2.6　选择 PHP 安装目录

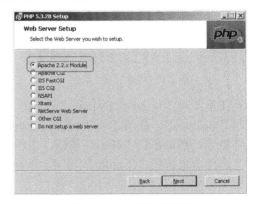

图 2.7　Web 服务器设置

（3）选择单选按钮"Apache 2.2.x Module"，单击"Next"按钮，出现选择 Apache 配置目录窗口，如图 2.8 所示。

（4）在"Apache Configuration Directory"文本框中输入"C:\www\Apache2.2\conf\"，单击"Next"按钮，出现选择扩展窗口，如图 2.9 所示。

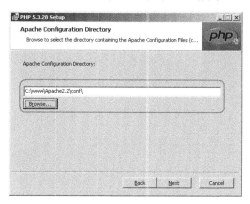

图 2.8　Apache 配置目录

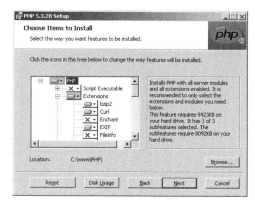

图 2.9　选择扩展

（5）选择"Extensions"中的"gd2"、"Gettext"、"imagick"、"multi-byte string"、"Mysql"、"PDO"|"MySQL"、"xsl"和"XML-rpc"，单击"Next"按钮，然后单击"Install"按钮，出现安装进度条，等待安装结束，单击"Finish"。PHP 就安装好了。

**3．安装 MySQL**

（1）双击"mysql-5.6.20-win32.exe"文件出现安装界面，单击"Next"按钮，出现版权协议，选中"I accept the terms in the License Agreement"复选框，单击"Next"按钮。

（2）出现安装类型窗口，单击"Custom"按钮，出现自定义安装界面，如图 2.10 所示。在这个界面中单击"Browse"按钮修改安装位置，这里设置为"c:\www\MySQL\"。

（3）单击"Next"按钮，最后单击"Install"按钮开始安装，等待安装完成后，单击"Next"按钮，直到最后单击"Finish"按钮，自动跳出配置窗口，单击"Next"按钮，直到出现数据库字符集配置窗口，如图 2.11 所示。

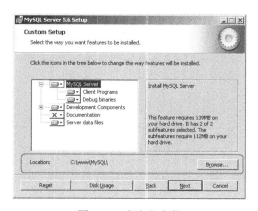

图 2.10　自定义安装

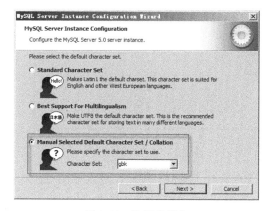

图 2.11　选择字符集

（4）选择"Manual Selected Default Character Set / Collation"单选按钮，然后在"Character Set"下拉列表中选择"gbk"，单击"Next"按钮，直到出现设置密码窗口，如图 2.12 所示。

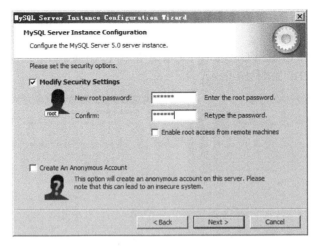

图 2.12 设置密码

（5）输入自己的密码，单击"Next"按钮，最后单击"Execute"按钮，执行完成后单击"Finish"按钮。完成 MySQL 数据库的安装。

## 2.1.3 安装 Zend Studio

Zend Studio 是 Zend 公司出品的一款荣获多个大奖的 PHP 集成开发环境，该软件为商业软件，可以在 http://www.zend.com 下载 30 天的试用版，本书使用的版本为 11.0.0。

（1）下载完成后，双击"ZendStudio-11.0.0-win32.win32.x86.msi"文件，进入安装界面，如图 2.13 所示。

（2）单击"Next"按钮，进入如图 2.14 所示界面，设置安装文件夹。

图 2.13 安装向导

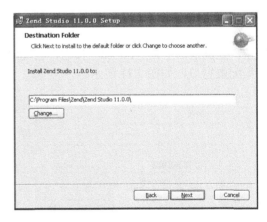

图 2.14 安装文件夹

（3）单击"Next"按钮，进入如图 2.15 所示界面，单击"Install"按钮开始安装。安装完成后显示如图 2.16 所示界面，单击"Finish"按钮完成安装。

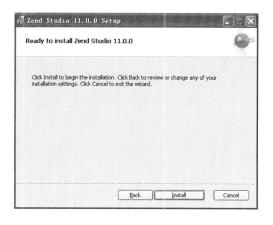
图 2.15 安装向导

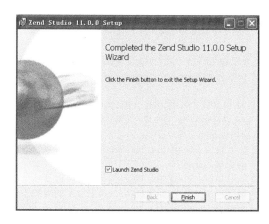
图 2.16 安装完成

为了确保新安装软件的正常启动,安装完毕后重新启动一次电脑。

## 2.2 Apache 和 PHP 配置

安装完成 Apache 和 PHP 后,Apache 和 PHP 都各自提供了一个文本配置文件,以供用户灵活地进行运行时的配置。

### 2.2.1 Apache 服务器基本配置

此小节可选读。进入 Apache 配置文件目录,Windows 系统在 C:\www\Apache2.2\conf 目录中,Linux 系统在/usr/local/apache/conf 目录中,用记事本打开 httpd.conf 文件(Linux 用 vi 打开),其中基本配置选项的解释如下所示。

```
# 前面有#号表示为注释行

# ThreadsPerChild: 每个子进程的线程数
# MaxRequestsPerChild: 每个子进程的最大请求数
ThreadsPerChild 250
MaxRequestsPerChild 0

# 服务器的安装目录
ServerRoot "C:/www/Apache2.2"

#监听端口,通常情况下都是80
Listen 80

#加载动态扩展
LoadModule actions_module modules/mod_actions.so
LoadModule alias_module modules/mod_alias.so
LoadModule asis_module modules/mod_asis.so
LoadModule auth_basic_module modules/mod_auth_basic.so
#LoadModule auth_digest_module modules/mod_auth_digest.so

#服务器管理员的电子邮件地址
ServerAdmin foolkaka@hotmail.com
```

```
#此服务器的名字
ServerName localhost:80

#网站的根目录,和上面的安装目录不一样,网站根目录可以指定到任意目录
DocumentRoot "C:/www/Apache2.2/htdocs"

#目录索引文件,当访问一个目录时,自动访问到被设置的文件
#可以设置多个,文件名之间用空格分隔
<IfModule dir_module>
    DirectoryIndex index.html index.php
</IfModule>

#这里是 Windows 系统安装 PHP 后自动添加的行
#BEGIN PHP INSTALLER EDITS - REMOVE ONLY ON UNINSTALL
PHPIniDir "C:/www/PHP/"
LoadModule PHP 5_module "C:/www/PHP/PHP 5apache2_2.dll"
#END PHP INSTALLER EDITS - REMOVE ONLY ON UNINSTALL
```

## 2.2.2 PHP 的基本配置

用记事本打开 PHP 配置文件 php.ini(Linux 用 vi 打开),php.ini 文件位于 Windows 系统的 PHP 安装目录,Linux 系统在/usr/local/php/lib 目录下。

基本配置选项解释如下。

```
; 每一行开头有分号";"表示为注释
; 是否打开 php 语言引擎。On 打开,Off 关闭
engine = On

; 脚本开头是否支持短标签,通常情况下 php 脚本开头标签是"<?php "
; 这个选项如果设置为 On,那么可以使用"<?"
short_open_tag = Off

; 是否允许asp 语言的 <% %> 标签
; 通常 php 脚本被包含在<?php ?>标签中
; 如果此项被设置为 On,那么<% %>标签内的语句也会当成 php 语句执行
asp_tags = Off

; 各个脚本的最大运行时间,单位为秒
max_execution_time = 30

; 各个脚本接收数据的最大时间
max_input_time = 60

; php 脚本使用内存限制
memory_limit = 128M

; 脚本包含的路径
; UNIX 系统使用冒号分隔多个路径,如: "/path1:/path2"
;include_path = ".:/usr/local/php/lib"
;
; Windows 系统用分号分隔多个路径: "\path1;\path2"
;include_path = ".;c:\php\includes"

; 扩展目录路径
```

```
extension_dir ="C:\www\PHP\ext"

; 扩展，加载上面扩展目录中的扩展
; 如果要使用某个扩展，可以将扩展文件放到扩展目录中，然后在下面新写一行 extension=你的文件名
extension=php_gd2.dll
```

> **注意** 以上设置可能和读者机器上的设置有所不同。

### 2.2.3 PHP 文件上传配置

在 php.ini 文件中可以找到文件上传配置区域，配置选项解释如下。

```
;;;;;;;;;;;;;;;;
; File Uploads ;
;;;;;;;;;;;;;;;;

; 设置为 On 允许 HTTP 文件上传，设置为 Off 不允许上传
file_uploads = On

; HTTP 上传文件的临时目录，此项不设置 PHP 使用操作系统默认的临时文件夹
;upload_tmp_dir =

; 最大允许上传文件，单位为 MB
upload_max_filesize = 2M
```

### 2.2.4 PHP 的 Session 配置

在 php.ini 文件中可以找到 Session 配置区域，配置选项解释如下。

```
[Session]
; Session 的保存方式，默认为文件方式
session.save_handler = files

; 保存 Session 文件的路径
session.save_path = "/tmp"
```

> **注意** 以上设置可能和读者机器上的设置不同。

### 2.2.5 PHP 的电子邮件配置

在 php.ini 文件中可以找到电子邮件配置区域，配置选项解释如下。

```
[mail function]
; Windows 系统下面 mail 函数只能通过 smtp 发信
; SMTP 主机和端口
SMTP = localhost
smtp_port = 25

; Linux 系统下可以直接输入 sendmail 的安装路径
;sendmail_path =
```

## 2.2.6  PHP 的安全设置

在 php.ini 文件中，有一些选项对脚本安全起着重要作用，下面是一些建议的配置。

```
; 此选项若打开，get，post，cookie 和 server 将自动注册为全局变量，若变量已存在，将会覆盖旧的变量
; 新的 PHP 版本将不再支持这个选项，建议设置为 Off
register_globals = Off

; 安全模式，必要时可以设置为 On，如虚拟主机提供商
safe_mode = Off

; 禁止函数
; 此选项可以禁止一些函数的运行，多个函数名以逗号分隔
disable_functions = 

; 禁止的类
; 此选项可以禁止一些类运行，多个类名以逗号分隔
disable_classes = 
```

## 2.2.7  PHP 调试设置

PHP 调试器目前有好几个，如 xdebug、apd 等，本书用到的调试器是 Zend 公司的 Zend Debugger，可以在 http://www.zend.com 下载到。

Zend Debugger 是以扩展的形式提供，根据系统的不同，分别下载 Windows 版本或 Linux 版本，这里讲解 Windows 系统下的安装，Linux 系统除了扩展文件不一样，安装步骤与 Windows 系统的一样。

（1）将下载的压缩包"ZendDebugger-5.2.6-cygwin_nt-i386.tar.gz"文件解压，复制"5_2_x_comp"文件夹里面的"ZendDebugger.dll"文件至 PHP 的扩展目录，如图 2.17 所示。

图 2.17  Zend Debugger 扩展

（2）编辑 php.ini 文件，在文件结尾添加下列行。

```
zend_extension_ts=C:/www/PHP/ext/ZendDebugger.dll
zend_debugger.allow_hosts=127.0.0.1
zend_debugger.expose_remotely=always
```

> **注意** 如果在安装 PHP 的时候选择了不同路径,"zend_extension_ts"选项需要改成你自己的安装路径。

(3)复制 ZendDebugger-5.2.6-cygwin_nt-i386 目录下的 dummy.php 文件至网站根目录(即 C:\www\Apache2.2\htdocs 文件夹)。

(4)配置完保存文件后,需要重新启动 Apache 服务器,单击任务栏右侧的 Apache 服务控制图标(一片红羽毛和绿色箭头),在弹出的菜单中选择"Restart"完成服务器的重新启动,如图 2.18 所示。

图 2.18 重启 Apache 服务

## 2.3 第一个 PHP 程序 Hello World

经过一连串的安装和设定,有人一定会问:"这样能运行 PHP 了吗?"下面就来运行第一个 PHP 程序。

(1)启动 Zend Studio,如图 2.19 所示。

图 2.19 启动 Zend Studio

(2)第一次启动 Zend Studio 时,将弹出如图 2.20 所示的设置工作空间的窗口。

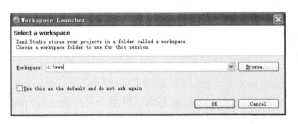

图 2.20　设置工作空间

（3）选择"File"｜"New"｜"Local PHP Project"命令，如图 2.21 所示。

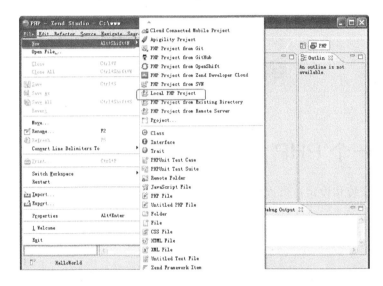

图 2.21　选择菜单

（4）在弹出的对话框中的"Project Name"文本框中输入"HelloWorld"，在"Location"右侧输入 Apache 中设置的根目录，如图 2.22 所示。

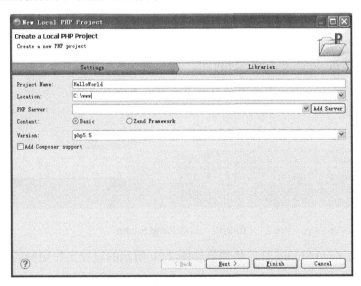

图 2.22　创建新项目

（5）单击"Finish"按钮即可创建新的项目，如图 2.23 所示，在左侧的"PHP Explorer"中列出了项目中的文件。

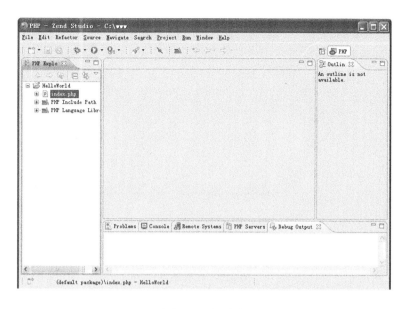

图 2.23　新项目

（6）新建的项目自动添加了一个名为"index.php"的文件，双击打开该文件，在文件中输入下列代码。

```
<?php
// 你好世界
echo "Hello World!";

?>
```

（7）按快捷键"Ctrl＋S"或选择"File"|"Save"命令进行保存。再按"Ctrl+F11"组合键运行代码，这时将显示如图 2.24 所示的对话框，选择通过哪种方式运行代码。

图 2.24　选择代码运行方式

（8）选择"PHP Web Application"以网页方式来运行 PHP 代码，单击"OK"按钮，即可看到如图 2.25 所示的运行结果，这是以一个内置浏览器的方式显示代码的运行结果。

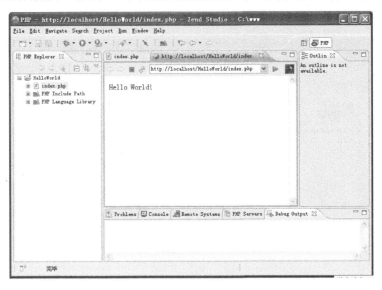

图 2.25 运行结果

激动人心的时刻总是那么短，能让 PHP 说一句"Hello World"只是一小步，但对于还没接触过 PHP 的人来说是一大步啊！

## 2.4 典型实例

【实例 2-1】Apache 的管理。

Apache 安装成功后，会自动注册一个服务并启动，同时运行一个软件 ApacheMonitor，来管理、监视和控制这个服务。

通过 ApacheMonitorr 的图标，可以得知当前 Apache 服务的运行状态，图标内的三角形为绿色时代表服务正在运行，为红色时代表服务已经停止。

通过右击 ApacheMonitor 图标，弹出 ApacheMonitor 菜单，选择"Open Apache Monitor"菜单项。会弹出 Apache 服务管理器的窗口，如图 2.26 所示。

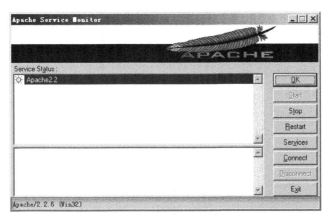

图 2.26 Apache 服务管理器

Apache 服务管理器窗口，可以帮助用户启动、停止、重启 Apache 服务，也可以打开本机服务管理器和链接管理局域网里其他电脑主机的 Apache 服务。Apache 服务管理器的下方状态栏里显示的是当前 Apache 的版本及插件状态。

**【实例 2-2】** Apache 的访问。

Apache 安装完成后，默认情况下占用电脑的 80 端口，并使当前的电脑成为网络服务器，当这台电脑接入到互联网并拥有 IP 地址后，就可以被互联网中的任何一个用户访问。如果电脑没有接入到互联网，也可以通过特定的 IP 地址来访问 Apache。

在浏览器的地址烂里输入 http://localhost 或 http://127.0.0.1 后，浏览器会向当前电脑 80 端口发送网络服务请求。Apache 在检测到网络请求后，将用户请求的数据发送给浏览器。经过浏览器解析后，呈现给用户。当出现图 2.27 所示内容后，说明 Apache 服务运行正常。

图 2.27　Apache 服务成功运行

图 2.27 所示内容，是由 Apache 安装目录下 htdocs 目录下的 index.html 文件提供。htdocs 文件夹是默认的工作文件夹，用户通过浏览器访问的资源，都需要放置在这个文件夹下。当然也可以通过修改 Apache 的配置文件，来改变这个文件夹的路径。Apache 安装完成后，只支持 HTML 和 JavaScript 等语言，要想使其支持 PHP，还需要为其安装 PHP 插件。

**【实例 2-3】** 发布 PHP 程序。

发布 PHP 程序的过程，就是把 PHP 代码文件复制到 Apache 工作目录下的过程。要想发布在 2.3 节中创建的 PHP 代码，需要以下过程。

（1）找到 PHP 文件，并执行复制操作。

（2）找到 Apache 的安装目录，进入 htdocs 目录下。

（3）执行粘贴操作，把 PHP 代码保存在 Apache 的工作目录下。

通过以上操作，就完成了 PHP 程序的发布。然后启动 Apache，在浏览器的地址栏里输入 http://127.0.0.1/index.php，就可以访问刚复制的 hindexello.php 文件了，按"Enter"键后浏览器内将会出现 PHP 脚本运行后的结果。

## 2.5　小结

这一章主要学习了安装和配置 Apache、MySQL 和 PHP，以及 Zend Studio 的知识。按本书步骤，在 Windows 系统下安装好后，不用配置都能正常使用，Linux 系统因可定制性太强或版本差异，可能安装时会碰到一些问题，此类问题可以根据各自情况，在网上找资料解决。PHP 和 Apache 是自由软件，全世界有很多人在维护和开发模块，本章的配置部分虽然简单，覆盖面不多，但已经能满足普通网站的基本需要。

## 2.6 习题

**一、填空题**

1. PHP 可选择的 Web 服务器是_____、_____。
2. PHP 一般选择的数据库是_____。

**二、选择题**

1. 以下站点可以下载到 PHP 的是（     ）。
   A．http://www.php.net           B．http://www.apache.org
   C．http://www.mysql.com         D．http://www.asp.net
2. 以下站点可以下载到 Apache 的是（     ）。
   A．http://www.php.net           B．http://www.apache.org
   C．http://www.mysql.com         D．http://www.asp.net

# 第 3 章 类型

小学的时候,刚学会了算术,其中有一个同学就想卖弄一下,于是问另一个同学:"请问一头猪加一条狗等于多少?"该同学动物课学得好,立即就回答说:"猪和狗不是同一类,不能相加。你出的题目错了。"

从远古时期到现在,人类都把世界万物根据其特性进行归类,以方便记忆和管理。比如,花草树木是植物,猫狗是动物等,这样人类所看到的世界是一个有类型的世界。程序的世界里也一样,是一个有类型的世界。

## 3.1 类型的世界

不论哪一种程序语言,都是为人类解决问题的,要为人类解决问题就必须能描述人类世界中的类型,如果把整个世界看成是一个名叫"世界"的程序,那么"动物"、"植物"就是"世界"其中的两个类型。可以看出,程序和现实世界一样包含类型,刚开始学习编程的新手和刚来到这个世界的婴儿没有两样,人一出生就在学习这个世界,从认识猫狗花草,到给它们分类等,学习程序也是一开始就学习分类,只是程序就是程序,不可能完全照搬现实世界中的每一种类型,因此程序是一个"抽象"的概念,比如,用计算机描述"鸭子","鸭子"存在于计算机中仅仅是一个字符串而已,可以看到"鸭子"到了计算机里面就变成字符串了,再也不是现实中的鸭子了,但如果有人打开计算机,看到"鸭子"后,脑海里面立即就想到了现实中的鸭子,这就说明计算机里面的"鸭子"还是鸭子。还可以多保存几只"鸭子","李四家的鸭子"、"王五家的鸭子"等,保准李四看到"李四家的鸭子"后会想"这是在说我家的鸭子呢"。

## 3.2 一切皆数据

从上节可以得出一个结论:程序可以描述人类已知世界的所有东西,并以计算机程序的类型保存在计算机内,也可以说成人类把整个世界都装进了计算机,而整个世界在计算机里的表现形式就是数据。

学过计算机原理的人就知道,保存在计算机里面的数据最终是 0 和 1,例如,李四的个人信息,姓名、性别、年龄、职业、住址、邮编、爱好、照片等,不论是汉字还是英文,是数字还是图片,最终保存到计算机都是 0 和 1,由此可见,学习计算机编程首先需要改变看世界的观念,即这个世界里一切皆数据。管理这些数据的就是程序。

## 3.3 无类型(NULL)

现实世界中"没有"就是不存在,不存在就是没有,这类东西也就无法定性,没有类型。但在计算机里面可不行,现实世界里的所有东西都是以数据形式保存在计算机内,所以必须有一个类型来描述这种类型,PHP 提供 NULL 类型来表达现实中的"无类型"。当一个变量(这里出现了一个陌生词语"变量",先解释一下,变量是程序在管理数据时,为某一个数据取的名字,换句话说,变量也就是数据)是 NULL 值时,表示该变量没有值,非要说其有值,那也是"NULL"。

下面来完成一个无类型的演示。运行 Zend Studio,按快捷键"Ctrl + Shift + O"或选择"Project" | "Open project"命令,选择项目"php"打开(如果没有 php 项目,请复习第 2 章相关内容),在项目中新建文件 null.php,并输入代码 3-1。

代码 3-1　无类型

```php
<?php

$var = NULL;
$var1;
$var2 = 'abcd';
unset($var2);
var_dump($var, $var1, $var2);
?>
```

保存代码,按"F5"键运行,结果打印了 3 个 NULL,表示变量在这 3 种情况下其类型都为"NULL",如图 3.1 所示。

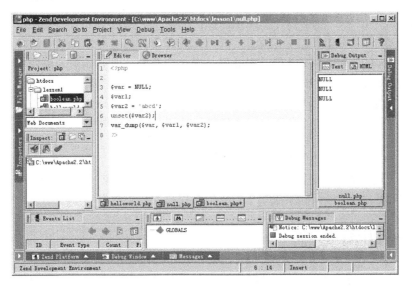

图 3.1　无类型

代码分析:代码第 3 行定义变量$var,并赋值为 NULL,第 4 行声明变量$var1,但没有赋值,第 5 行定义变量$var2,并赋值,第 6 行调用 unset 函数销毁了变量$var2,第 7 行用 var_dump 函数打印变量的相关信息,结果为 3 个都是 NULL。

由此可见,在 PHP 中,有 3 种情况其变量的类型为 NULL。
- 被赋值为 NULL。
- 尚未赋值。
- 被 unset()。

注意　NULL 类型只有一个值,就是"NULL",且大小写敏感。

## 3.4 布尔型（Boolean）

上节说的是"没有"，但没有不是真的没有，而是用关键字"NULL"表示"没有"。这节就是"有"了，布尔值也类似于计算机存储数据的方式，那就是 0 和 1，其值表示为 0 或 false（假），1 或 true（真），不区分大小写。布尔类型用在回答是或否时最合适，例如简历上的"是否已婚"、"是否离职"等。

下面是布尔型变量演示。运行 Zend Studio，打开项目 php，在其中新建文件 boolean.php，并输入代码 3-2。

代码 3-2  布尔型

```php
<?php

$var = true;
$var1 = false;

var_dump($var, $var1);
?>
```

保存代码，按"F5"键运行，结果如图 3.2 所示。

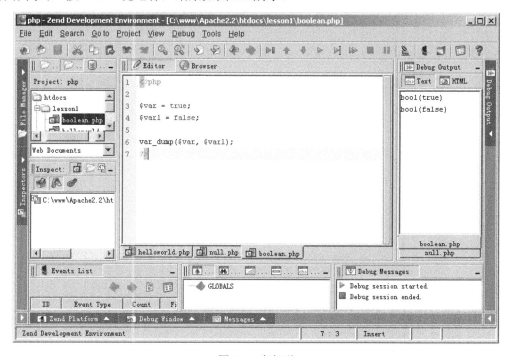

图 3.2  布尔型

打印结果为变量$var 的值为布尔型 true，变量$var1 的值为布尔型 false。

> **注意** 在 PHP 中，非零值转换为布尔型都为 true（真）。

## 3.5 数值

数值类型又被分为整型和浮点型。整型就是不带小数位的数,浮点型则是带小数位的数。

### 3.5.1 整型(integer)

整型值可以用十进制、十六进制或八进制符号指定,前面可以加上可选的符号(-或者+),如果用八进制符号,数字前必须加上 0(零),用十六进制符号,数字前必须加上 0x。如果不知道八进制或十六进制,请自己上网搜索相关资料。

下面是整型变量的演示。运行 Zend Studio,打开 php 项目,新建文件"int.php",并输入代码 3-3。

代码 3-3　整型

```php
<?php
$var = 1234; // 十进制数
$var1 = -123; // 一个负数
$var2 = 0123; // 八进制数(等于十进制的 83)
$var3 = 0x1A; // 十六进制数(等于十进制的 26)

var_dump($var, $var1, $var2, $var3);
?>
```

保存代码,按"F5"键运行,结果显示如图 3.3 所示。

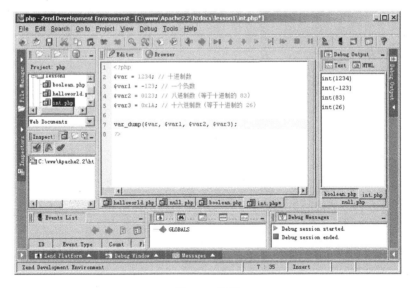

图 3.3　整型

Debug Output 区域显示的结果全部为 int(整型)。

### 3.5.2 浮点型(float)

浮点型也叫双精度型或实型,用通俗的话来讲,就是带小数点的数字。

下面是浮点型变量的演示。运行 Zend Studio，打开项目 php，新建文件 "float.php"，并输入代码 3-4。

代码 3-4 浮点型

```
<?php

$var = 1.234;
$var1 = 1.2e3;
$var2 = 7E-10;

var_dump($var, $var1, $var2);
?>
```

保存代码，按 "F5" 键运行，结果如图 3.4 所示。

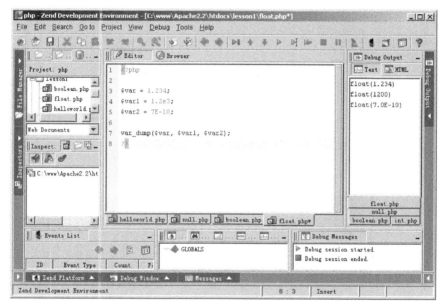

图 3.4 浮点型

从运行结果中可以看到 3 个变量全部为 float（浮点型）。

### 3.5.3 理解整型和浮点型

通过上面两节了解到，在 PHP 中数值类型被分为整型和浮点型，而在现实世界中却不这样分，比如说今年的方便面，以往都是 2 元一袋，现在涨价了，2.2 元一袋了，这在现实世界中没什么关系，但在程序中就不行，如果不用浮点型，那么涨价的 0.2 元很可能因为整型的精度不够而丢掉，其结果还是 2 元。这时候可能有人疑惑，那直接用浮点型就可以了，为什么还要整型，这是因为计算机进行整型运算的计算速度远远大于浮点型运算，所以整型有存在的价值。

### 3.5.4 理解数值范围

小时候，几个小朋友在一起玩数数，第一个小朋友数到 100，第二个就数到 200。第一个继续数到 1000，第二个就数到 3000，第一个又继续数到 10000，第二个马上就跟上数到 20000。总之第二个小朋友就是要比第一个小朋友大。这种游戏不会分出胜负，只会让小朋友郁闷，为什么就不能有个最大数让自己说了以后，其他人就再无法比自己大了呢，这个梦想可能以前没有实现，现在好了，学编程可以让儿时的"梦想"在计算机的世界中实现。在计算机世界中，可以说一个数，别人就无法再比这个数大了，如果非要比这个数大，计算机会重新从 0 开始，甚至是负数。这是因为，在计算机里的资源都是有限的，任何一个量，都有一个大的上限，和小的下限，出了这个范围（比上限还大，比下限还小），就会溢出。下面看一个整数溢出的例子，运行 Zend Studio，打开项目 php，新建文件"int_overflow.php"，并输入代码 3-5。

代码 3-5　数值范围例子

```php
<?php

$large_number = 2147483647;
var_dump($large_number);

$large_number = 2147483648;
var_dump($large_number);

// 同样也适用于十六进制表示的整数
var_dump( 0x80000000 );

$million = 1000000;
$large_number = 50000 * $million;
var_dump($large_number);
?>
```

保存代码，按"F5"键运行，结果如图 3.5 所示。

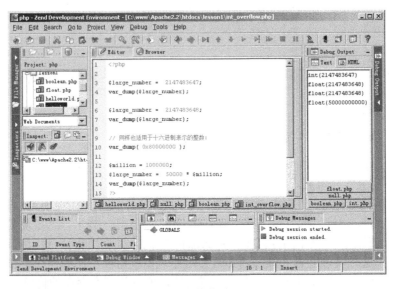

图 3.5　整数溢出

代码分析：第 3 行定义变量$lrage_number 并赋值为整数的最大值 2147483647，第 4 行打印变量$large_number 的类型为 int（整型），其值为 2147483647。第 6 行重新给变量$lrage_number 赋值为 2147483648，这个数大于整数的最大值 2147483647，此时变量$large_number 的类型变成了float（浮点型），而不是希望的整型。

由此可见，在 PHP 中如果给定的数超出了 integer（整型）的范围，将会被解释为 float（浮点型），同样如果执行的运算结果超出了 integer（整型）范围，也会返回 float（浮点型），这在实际编程应用中要特别小心。

## 3.6 字符串（string）

字符串就是一系列的字符，有 3 种方法定义。
- 单引号
- 双引号
- 定界符

当变量值仅仅是一个纯字符串时，使用单引号；当字符串需要包含变量时，使用双引号或定界符。下面是字符串变量演示。运行 Zend Studio，打开项目 php，新建文件"string.php"，并输入代码 3-6。

代码 3-6　字符型

```php
<?php

$name = 'foolkaka';
$string = "My name is $name";
var_dump($string);

$string = <<<EOD
Example of string
spanning multiple lines
using heredoc syntax.
EOD;
var_dump($string);
?>
```

保存代码，按"F5"键运行，结果如图 3.6 所示。

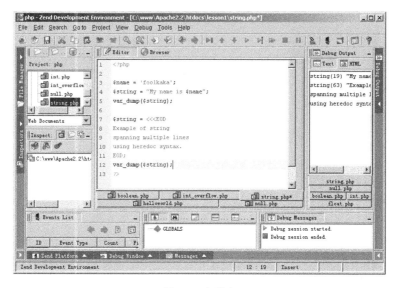

图 3.6　字符串

代码分析:第 3 行定义$name 变量,并赋值"foolkaka",其值使用单引号括起来,第 4 行定义变量$string,并赋值,其值用双引号括起来,并且还包括一个变量。第 7 行使用定界符括起变量$string 的值。执行结果显示 2 个字符串变量的类型是 string(字符串),值为赋予的值。

## 3.7 资源(resource)

资源是一种特殊变量,保存了到外部资源的一个引用。资源是通过专门的函数来建立和使用的。比如 MySQL 数据库,其资源的创建者是连接函数 mysql_connect,当 mysql_connect 函数连接到一台 MySQL 数据库后,就创建了一个 MySQL 数据库连接句柄资源,直到 mysql_close 函数调用时,MySQL 连接句柄资源被销毁。

## 3.8 典型实例

【实例 3-1】在 PHP 中,保存各种数据类型需要使用变量,在 PHP 中对于变量类型的定义不是很严格,是因为程序可以根据上下文对变量的类型进行判断。第 4 章将介绍变量的知识,本实例先演示各种类型变量的定义方法、代码中定义变量,以及删除变量的方法。

- 变量的名称由美元符号,后面跟变量名组成,合法的变量名以字母或下画线开始,后面跟着任何字母、数字或下画线。
- 变量值是整型数字的,就是整型变量。
- 变量值是小数的,就是浮点型变量。
- 变量值是使用单引号、双引号或定界符括起来的,就是字符串型变量。
- 变量值为 TRUE 或 FALSE 的,就是布尔型变量。
- 数组变量的定义,是使用 array()函数实现。
- 特殊变量类型,如 object、resource,都是函数返回的值,不能直接定义。
- NULL 类型的变量,代表变量没有值,其唯一可能的值就是 NULL。
- 删除变量,使用 unset()函数。

代码 3-7 各种类型变量的定义方法

```
<?php
/*******************************设置变量********************************/
$varint     = 1;                //设置一个名为$varint 的整型变量
$varinteger = "4";              //设置一个名为$varinteger 的字符串变量
$varstring  = "小李";           //设置一个名为$varstring 的字符串变量
$varbool    = true;             //设置一个名为$varbool 的布尔型变量
$varfloat   = 12.5;             //设置一个名为$varfloat 的浮点型变量
$vardelete  = "delete";         //设置一个名为$varobject 的字符串变量
/**
* 设置一个名为$varsarray 的数组变量
* */
$varsarray = array(
    "1"=>"one",
    "2"=>"two"
);
//为数组添加一个新元素
$varsarray["3"] = "three";
/**
```

```
 * 设置一个名为$vardarray的多维数组变量
 * */
$vardarray = array(
    "cn"=>array("1"=>"一","2"=>"二"),
    "en"=>array("1"=>"one","2"=>"two")
);
//定义一个类
class testClass{
    var $_title = "这是对象类型的演示";
    function test(){
        echo $this->_title;
    }
}
$newTest = new testClass();          //实例化类，取得对象类型变量
$fp = fopen("test.txt","w");         //取得一个资源类型的变量
$varnull = NULL;                     //定义一个NULL类型的变量
unset($vardelete);                   //删除一个变量
unset($varsarray["3"]);              //删除$varsarray数组中指定的元素

?>
```

源程序解读：

（1）代码运行后，首先运行变量定义语句，并为定义的变量赋值。

（2）数组的定义，需要使用array()函数，而在定义二维数组或多维数组时，可以通过嵌套array()函数来实现。

（3）添加数组元素，可以使用"数组变量名[索引值]='值'"的形式，如果索引值为空，系统将根据数组其他的索引值自动分配一个索引值。

（4）对象类型变量，可以通过初始化类来取得。

（5）资源类型变量保存的内容包括文件、数据库连接、图形画布区域等，因此这种类型的变量，只能通过函数返回取得，并且不能与其他类型进行转换。

（6）有3种情况，可以产生NULL值，即变量被赋值为NULL、变量没有被赋值、使用了unset()函数删除了变量。

（7）unset()函数用于删除已经定义的变量，被删除的变量，其值为NULL。unset()函数可以接收多个参数，即可以同时删除多个变量。

## 3.9 小结

这一章首先让读者明白了计算机世界和现实世界一样，所有存在的东西都有类型的分类，只有了解类型，才能在下章中弄明白变量在什么情况下自动转换成什么类型，以及是否需要强制转换，否则，就会出现类似于猪和狗相加的问题，得到的结果往往会出错。

## 3.10 习题

**一、填空题**

1. PHP提供了_____和_____两种数值类型。
2. 浮点型主要用于表示带有_____的数值。

二、选择题

1. 字符串的定义形式包括（　　）。

A．单引号　　　　　B．定界符
C．双引号　　　　　D．大括号

# 第 4 章 变量和常量

变量和常量是计算机编程中的一个重要概念，变量或常量可以理解为，是程序给一些数据取的名字。编程时，因为一些数据随着程序的运行而改变，所以不能直接使用这些数据，需要用变量来存储，例如一个篮子里面放了 5 个苹果，每天吃一个，那么篮子里面的苹果每天都会减少，这就不能直接使用 5，而需要给这个数据取个名字，这样数据变化时，不需要重新修改程序。常量和变量不同的地方是，常量在程序运行过程中不能改变其值，而变量可以在程序运行过程中不断改变其值。

简而言之，编程使用变量和常量来表示程序所需的任何信息。

## 4.1 从类型到变量

在 PHP 中，变量的类型是可以任意转换的，变量定义时不需要明确的类型定义。变量类型是根据使用该变量的上下文所决定的。也就是说，如果把一个字符串值赋给变量 var，那么 var 就成了一个字符串。如果又把一个整型值赋给 var，那 var 就成了一个整数。

当然，这也不是绝对的，PHP 有两种类型转换方式可改变变量的类型，一种是自动转换，一种是强制转换。首先看一下自动类型转换，运行 Zend Studio，打开项目 php，新建文件 "type_juggling.php"，并输入代码 4-1。

代码 4-1　自动类型转换例子

```
<?php

$foo = "0";
$foo += 2;
$foo = $foo + 1.3;
$foo = 5 + "10 Little Piggies";
$foo = 5 + "10 Small Pigs";
?>
```

保存代码，按"F5"键运行，结果如图 4.1 所示。

代码分析：第 3 行定义变量$foo，并赋值 0（零），并用双引号括起来，恐怕很多人会认为输出结果中此变量应该是整型，但实际结果却是 string（字符串），这是因为给一个变量赋值时，如果用引号括起来，PHP 会认为这是赋的字符串值，此变量的类型也就是字符串型了。第 6 行变量$foo 自身加 2，这里的 2 没有引号，结果显示变量$foo 的类型为 int（整型），值为 2，这说明当整型和字符串做相加运算后，结果为整型。第 9 行同理，浮点型和字符串做相加运算后，结果为浮点型。第 12 行比较特殊，结果为整数 15，这是因为当一个字符串被当做数字来求值时，该值由字符串最前面的部分决定，如果字符串以合法的数字开始，则用该数字作为其值，否则其值为 0（零），合法数字由可选的正负号开始，后面跟着一个或多个数字（包括十进制数），后面跟着可选的指数，指数是一个"e"或者"E"后面跟着一个或多个数字，本行的字符串以 10 开头，就将 10 作为其值与整数 5 相加，所以结果为 15。另外，如果此字符串包括"."，"e"或"E"任何一个字符，字符串被当做 float 来求值，反之被当做整型。

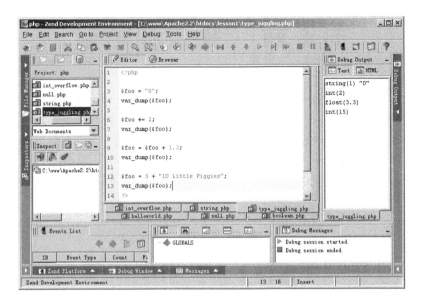

图 4.1 自动类型转换

再看强制转换，新建文件"type_casting.php"，并输入代码 4-2。

代码 4-2 强制转换例子

```
<?php

$foo = 10;
var_dump($foo);

$bar = (boolean) $foo;
var_dump($bar);
?>
```

保存代码，按"F5"键运行，结果如图 4.2 所示。

代码分析：第 3 行定义变量$foo，并赋值，第 4 行打印变量$foo 的类型为 int（整型），值为 10，第 6 行定义变量$bar，并将变量$foo 强制转换成布尔型的值赋予$bar，打印结果为变量$bar 的类型为布尔型，值为真。

PHP 的强制转换类型，是在要转换的变量之前加上用括号括起来的目标类型。允许的强制转换有：

- (int)，(integer)：转换成整型。
- (bool)，(boolean)：转换成布尔型。
- (float)，(double)，(real)：转换成浮点型。

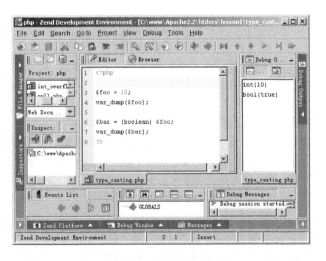

图 4.2 强制类型转换

- (string) - 转换成字符串。
- (array) - 转换成数组。
- (object) - 转换成对象。

## 4.2 变量的命名

PHP 中的变量用一个美元符号后面跟变量名来表示，且变量名区分大小写。变量名与 PHP 中其他标识符遵循相同规则。一个有效的变量名由字母或者下画线开头，后面跟上任意数量的字母、数字或者下画线。下面是一个有效变量名的演示，运行 Zend Studio，打开项目 php，新建文件"var.php"，并输入代码 4-3。

代码 4-3　有效变量名例子

```
<?php
$var = 'fool';
$var1 = 'kaka';
$_var2 = 'is';
$龙洋 = 'longyang';

var_dump($var, $var1, $_var2, $龙洋);
?>
```

保存代码，按"F5"键运行，结果显示如图 4.3 所示。

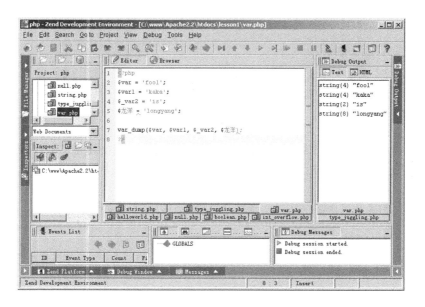

图 4.3　变量命名

结果运行正常，说明变量命名正确。

## 4.3 可变变量

可变变量是指一个变量的变量名可以动态地设置和使用。一个可变变量获取了一个普通变量的值作为其变量名,这个变量就叫可变变量。

下面是可变变量的演示。运行 Zend Studio,打开项目 php,新建文件"var_var.php",并输入代码 4-4。

代码 4-4　可变变量例子

```
<?php

$a = 'hello';
$$a = 'world';
var_dump($$a);
echo "$$a";
?>
```

保存代码,按"F5"键运行,结果如图 4.4 所示。

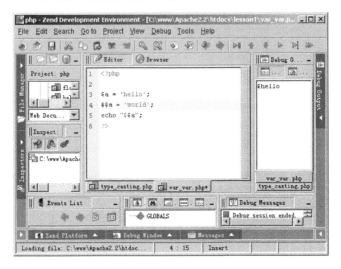

图 4.4　可变变量

代码分析:第 3 行定义变量$a,并赋值为"hello",第 4 行定义变量$$a,并赋值为"world",因为第 3 行已经给变量$a 赋值为"hello",所以可变变量$$a 的值是$hello。

> **注意**　在 PHP 的函数和类的方法中,超全局变量不能用做可变变量。

## 4.4　预定义变量

预定义变量是指 PHP 预先定义好的变量,不需要赋值,就可直接用。用 Zend Studio 做一个演示,运行 Zend Studio,打开项目 php,新建文件"predefined_var.php",并输入以下代码 4-5。

代码 4-5　预定义变量例子

```
<?php

var_dump($_COOKIE, $_ENV, $_FILES, $_GET, $GLOBALS, $_POST, $_REQUEST, $_SERVER, $_SESSION);
?>
```

保存代码，按"F5"键运行，Debug Output 区域输出结果如图 4.5 所示。

以上代码中所列的变量就是 PHP 的预定义变量，分别解释如下。

- $_SERVER：服务器变量，包含头信息（header）、路径（path）和脚本位置等组成的数组。
- $_ENV：环境变量，包含操作系统类型、软件版本等信息组成的数组。
- $_COOKIE：HTTP Cookies 变量，通过 HTTP cookies 传递的变量组成的数组。
- $_GET：HTTP GET 变量，通过 HTTP GET 方法传递的变量组成的数组。
- $_POST：HTTP POST 变量，通过 HTTP POST 方法传递的已上传文件项目组成的数组。
- $_FILES：HTTP 文件上传变量，通过 HTTP POST 方法传递的已上传文件项目组成的数组。
- $_REQUEST：Request 变量，此关联数组包含 $_GET、$_POST 和 $_COOKIE 中的全部内容。
- $_SESSION：Session 变量，包含当前脚本中 session 变量的数组。
- $GLOBALS：全局变量，由所有已定义全局变量组成的数组。

图 4.5　预定义变量

> **注意**　预定义变量的变量名就是所在数组的索引。其值会因系统环境的不同而不同，甚至可能不存在。数组将在后面的章节中学习，在这里可以把数组理解为一组数据的集合。

## 4.5　外部变量

在 1.2.6 节中学习了用 HTML 创建表单，当一个表单体交给 PHP 脚本时，表单中的信息会自动在 PHP 脚本中可用，这是 PHP 的外部变量之一。

以下是外部变量的演示。运行 Zend Studio，打开项目 php，新建文件"outside_var.php"，并输入代码 4-6。

代码 4-6　外部变量例子

```
<?php

var_dump($_POST['username']);
var_dump($_REQUEST['username']);
var_dump($_POST['email']);
var_dump($_REQUEST['email']);
?>
<form action="outside_var.php" method="POST">
    你的名字：<input type="text" name="username"><br />
    你的邮件：<input type="text" name="email"><br />
    <input type="submit" name="submit" value="提交" />
</form>
```

保存代码，然后单击 Zend Studio 编辑器区域的"Browser"按钮，并在地址栏输入地址"http://localhost/lesson1/outside_var.php"，按"Enter"键，结果如图 4.6 所示。

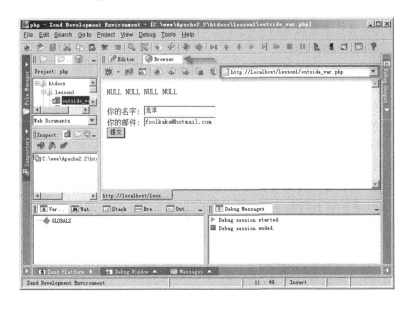

图 4.6 表单外部变量

在"你的名字"文本框中输入自己的名字，在"你的邮件"文本框中输入自己的电子邮件，单击"提交"按钮，结果如图 4.7 所示。

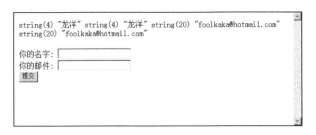

图 4.7 表单提交结果

代码分析：第 3、4、5、6 行代码分别打印了 4 个未定义的变量，PHP 代码后面是 HTML 创建的表单，表单名分别为"name"和"email"，单击"提交"按钮，服务器接受到表单传来的值后，自动转换为 PHP 预定义变量$_POST 的数组元素，要访问这些元素，直接把表单的字段名当成$_POST 数组的索引就可以了，所以代码里面可以看到，打印的$_POST['name']结果是表单字段名为"name"的文本框"你的名字"中输入的值。

除了表单提交的外部变量外，HTTP Cookies 也是外部变量，Cookies 处理将在后面的章节中详细介绍，这里不做说明。

## 4.6 引用

对于"引用"，PHP 手册比喻为 UNIX 系统的文件名和文件本身，即变量名是目录条目，而变量内容则是文件本身。引用可以被看做 UNIX 系统文件系统中的 hardlink。如果这个比喻不好理解，那么可以比喻为，Windows 系统的快捷方式和文件本身。

举一个例子，运行 Zend Studio，打开项目 php，新建文件"references.php"，并输入代码 4-7。

代码 4-7　引用例子

```php
<?php

$a = 'abc';
$b =& $a;
$c = $a;

var_dump($a, $b, $c);
$a = 'def';
var_dump($a, $b, $c);
?>
```

保存代码，按"F5"键运行，结果如图 4.8 所示。

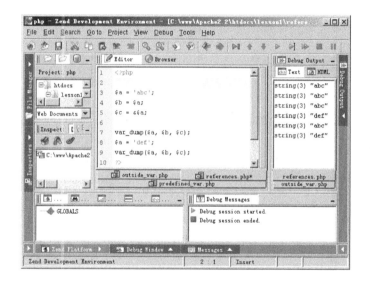

图 4.8　引用

代码分析：第 3 行定义变量$a，并赋值 abc，第 4 行定义变量$b，并赋值为$a，第 5 行定义变量$c，并引用赋值为$a。这里可以看到，变量引用就是在被引用变量前面加"&"符号。第 7 行打印 3 个变量的值，输出结果全部为"abc"，可见 3 个变量都是一样的。关键的第 8 行做了一个改动，将变量$a 的值从"abc"改为了"def"，第 9 行再次打印 3 个变量的时候发生了意想不到的事情，变量$a 输出"def"肯定没问题，变量$b 输出"abc"也没问题，因为变量$b 在第 4 行的时候被赋值为当时变量$a 的内容，然后就一直没有改变其值，显然结果为"abc"，奇怪的是变量$c 也没有改变其值，输出结果却是和重新赋值的变量$a 内容一样，这就是引用的作用，好比快捷方式和快捷方式所指向的文件，变量$c 就是变量$a 的快捷方式，如果变量$a 的值发生改变，那么变量$c 也会跟着改变，而变量$b 是变量$a 的拷贝，也就是说$a 已经复制了一份，这样即使变量$a 的值发生改变，也不会影响到变量$b。

引用的好处是节约系统内存资源，这点和建立文件的快捷方式一样，比如人们使用计算机的时候，喜欢在桌面上建立快捷方式，而不需要复制文件到桌面上，快捷方式不会占用磁盘空间。

## 4.7 变量的销毁

在 PHP 中，变量通常不需要专门销毁，系统会自动释放，但对于性能要求高的系统来说，系统自动释放太慢，达不到高性能的要求，这就要求编写代码时要及时销毁一些变量，通常是销毁一些包含大量数据的变量。

通常，销毁一个变量有两种方法：一种是重新赋值，一种是使用函数 unset()。下面是一个例子，运行 Zend Studio，打开项目 php，新建文件"unset_var.php"，并输入以下代码 4-8。

代码 4-8　变量的销毁例子

```php
<?php

$a = 'abc';
$a = NULL;
$b = 'def';
unset($b);

var_dump($a, $b);
?>
```

保存代码，按"F5"键运行，结果如图 4.9 所示。

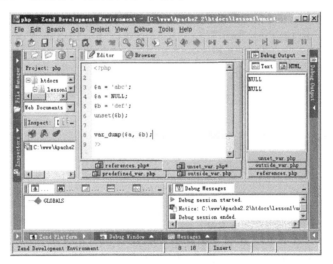

图 4.9　销毁变量

代码分析：第 3 行定义变量$a，并赋值"abc"，第 4 行重新给变量赋值为 NULL（在类型中已经说到，NULL 就是没有，如果忘了可以复习第 3 章），这样就销毁了变量$a，第 5 行定义变量$b，并赋值为"def"，第 6 行使用 unset()函数销毁变量$b，第 8 行打印变量$a 和变量$b，结果都为 NULL，这说明变量已经被销毁。

## 4.8 常量

常量在程序运行期间不改变其值，并且常量是全局的，定义了一个常量，不用管作用域就可以在脚本的任何地方访问常量。

## 4.8.1 常量的定义

常量是使用define()函数来定义的,且一个常量一旦被定义,就不能再改变或者取消定义。常量名和其他任何 PHP 标签遵循同样的命名规则。合法的常量名以字母或下画线开始(常量没有美元符号),后面跟着任何字母、数字或下画线,且按惯例来说常量名全部用大写字母。常量数据包含布尔型、整型、浮点型和字符串,不能定义资源类型的常量。

常量和变量的区别有以下几点。
- 常量前面没有美元符号($)。
- 常量只能用 define() 函数定义,而不能通过赋值语句。
- 常量可以不用理会变量范围的规则而在任何地方定义和访问。
- 常量一旦定义就不能被重新定义或者取消定义。
- 常量的值只能是标量。

下面是一个定义常量的例子,运行 Zend Studio,打开项目 php,新建文件"constant.php",并输入以下代码4-9。

代码4-9 定义常量例子

```
<?php

define("CONSTANT", "Hello world");
var_dump(CONSTANT, Constant);
?>
```

保存代码,按"F5"键运行,结果如图4.10所示。

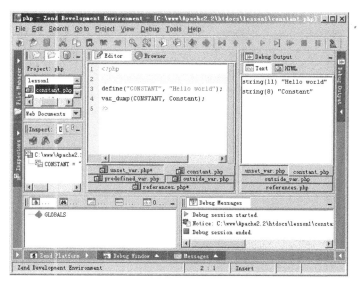

图4.10 定义常量

代码分析:第 3 行定义常量 CONSTANT,值为"Hello world",第 4 行打印了一个 CONSTANT 和一个 Constant 来区别大小写,结果是 CONSTANT 打印值是正确的,而 Constant 的值是其本身。

## 4.8.2 魔术常量

在学习魔术常量前，先对 PHP 的预定义常量做一个说明。PHP 除了有预定义变量，还有比预定义变量更多的预定义常量。这些预定义常量很多都是由不同的扩展库定义的，只有在加载了这些扩展库时才会出现，或者动态加载后，或者在编译时已经包括进去了。

PHP 有 5 个魔术常量根据其使用的位置而改变。例如__LINE__的值就由其在脚本中所处的行来决定。这些特殊的常量不区分大小写，如表 4.1 所示。

表 4.1 魔术常量

| 名称 | 说明 |
| --- | --- |
| __LINE__ | 文件中的当前行号 |
| __FILE__ | 文件的完整路径和文件名。如果用在包含文件中，则返回包含文件名 |
| __FUNCTION__ | 函数名称，返回该函数被定义时的名字（区分大小写） |
| __CLASS__ | 类的名称，返回该类被定义时的名字（区分大小写） |
| __METHOD__ | 类的方法名，返回该方法被定义时的名字（区分大小写） |

## 4.9 典型实例

【实例 4-1】在 PHP 中，两个不同类型的变量参与同一个运算时，PHP 会根据上下文自动处理变量的类型。但在一些需要精确运算结果的情况下，提前对变量进行类型转换，可以避免一些程序上的逻辑错误。

本实例代码主要演示了变量类型转换的相关操作、代码中使用到的函数，使用方法如下所示。

- 设置变量类型使用 settype()函数，其参数有两个，第一个参数是要设置变量类型的变量名；第二个参数是要设置变量类型，其值包括 boolean（或为 bool）、integer（或为 int）、float、string、array、object、NULL。
- 获取变量类型使用 gettype()函数，其参数是变量名，函数将根据变量的类型，返回一个字符串，这个字符串的值包括 boolean、integer、double（如果变量类型为 float 则返回 double，而不是 float）、string、array、object、resource、NULL、unknown type。
- 可变变量用于类型转换。

代码 4-10　变量类型转换

```php
<?php
/*****************************设置变量***********************************/
$varint     = 1;                //设置一个名为$varint 的整型变量
$varinteger = "4";              //设置一个名为$varinteger 的字符串变量
$varstring  = "小明";            //设置一个名为$varstring 的字符串变量
$varbool    = true;             //设置一个名为$varbool 的布尔型变量
$varfloat   = 12.5;             //设置一个名为$varfloat 的浮点型变量
$varobject  = "will be an object";//设置一个名为$varobject 的字符串变量
$show_1     = "show_2";
$$show_1    = true;
$show_3     = NULL;
/**
```

```
 * 设置一个名为$varsarray的数组变量
 * */
$varsarray = array(
    "1"=>"one",
    "2"=>"two"
);
/**
 * 设置一个名为$vardarray的多维数组变量
 * */
$vardarray = array(
    "cn"=>array("1"=>"一","2"=>"二"),
    "en"=>array("1"=>"one","2"=>"two")
);
echo "使用gettype()函数,查看变量转换前的类型<br>";
echo gettype($varobject)."<br>";
echo gettype($varinteger)."<br>";
echo gettype($varsarray)."<br>";
echo gettype($varint)."<br>";
echo gettype($vardarray)."<br>";
echo gettype($show_3)."<br>";
/***********************变量类型转换************************************/
settype($varobject,"object");          //使用settype()函数,把$varobject的类型转换为对象类型
$varinteger    = (int)$varinteger;     //强制类型转换,把$varinteger的类型转换为整型
$varsarray     = (object)$varsarray;   //强制类型转换,把$varsarray转换为对象类型
$varint = "$varint";                   //根据字符串定义的方法,把$varint转换为字符串型
$vardarray     = (int)$vardarray;      //强制类型转换,把$vardarray转换为整型
/*********************可变变量用于变量类型转换*****************************/
$show_3 = $$show_1;
/************************查看变量类型**************************************/
echo "<br>使用gettype()函数,查看变量转换后的类型<br>";
echo gettype($varobject)."<br>";
echo gettype($varinteger)."<br>";
echo gettype($varsarray)."<br>";
echo gettype($varint)."<br>";
echo gettype($vardarray)."<br>";
echo gettype($show_3);
?>
```

运行该程序后,运行结果如图4.11所示。

图4.11 程序运行结果

**【实例 4-2】** 在了解了变量的定义与使用方法后,本实例将演示变量的作用范围。了解变量的作用范围,可以帮助程序员更好地理解程序的逻辑结构。

本实例代码主要演示了变量的作用范围,在演示过程中,需要注意以下 5 点。

- 包含文件变量的作用范围。
- 函数中变量的作用范围。
- 关键字 GLOBAL 对于变量作用范围的影响。
- 预定义变量的作用范围。
- 静态变量的作用范围。

代码 4-11　变量的作用范围

```php
<?php
//定义变量
$var_1 = "变量1";
$var_2 = "user";
$var_3 = "play";

//定义一个函数
function show_a(){
    $var_inner = "函数定义的变量";         //显示函数访问外部变量错误的例子
    echo "访问内部变量:".$var_inner."<br>"; //显示函数访问外部变量错误的例子
}
//显示函数访问外部变量正确的方法
function show_b(){
    global $var_2;                          //使用 global 获取访问函数外部变量
    echo "访问全局变量:".$var_2.$GLOBALS["var_3"]."<br>";
}
//预定义变量
function show_c(){
    echo "访问全局预定义变量:".$_ENV["OS"]."<br>";  //在字符串中直接使用预定义变量
}
//静态变量演示
function show_d()
{
    static $a = 0;                          //定义一个静态变量
    echo "静态变量演示:".$a."<br>";          //显示变量好的静态变量
    $a++;                                   //给静态变量的值加1
}
//运行演示函数
show_a();
show_b();
show_c();
show_d();                                   //运行包含静态变量的函数,得出结果为0
show_d();                                   //再次运行包含静态变量的函数,得出结果为1
?>
```

运行该程序后,运行结果如图 4.12 所示。

图 4.12　程序运行结果

函数 show_a() 只能访问其内部定义的变量 $var_inner，要想访问页面内定义的变量，可以使用"global"关键字，或使用预定义量 $GLOBALS，如函数 show_b() 所示。

**【实例 4-3】** 在 PHP 中，还提供了几个内置变量，如服务器变量 $_SERVER。服务器变量是由网络服务器创建的数组，其内容包括头信息、路径、脚本位置等。不同的网络服务器提供的信息有所不同，本书以 Apache 服务器作为标准。

在程序中可以通过"$_SERVER"，即服务器变量，来访问服务器的相关信息。在实际应用中，可以对这个数组进行遍历，也可以单独使用其中的数组单元。

代码 4-12　服务器变量

```php
<?php
echo "显示脚本文件的相对路径和文件名:\"".$_SERVER["PHP_SELF"]."\"<br>";
echo "显示服务器使用的CGI脚本规范:\"".$_SERVER["GATEWAY_INTERFACE"]."\"<br>";
echo "显示当前运行脚本所在服务器的IP地址:\"".$_SERVER["SERVER_ADDR"]."\"<br>";
echo "显示当前运行脚本服务器名称:\"".$_SERVER["SERVER_NAME"]."\"<br>";
echo "显示当前运行脚本服务器标识:\"".$_SERVER["SERVER_SOFTWARE"]."\"<br>";
echo "显示请求页面的通信协议的名称和版本:\"".$_SERVER["SERVER_PROTOCOL"]."\"<br>";
echo "显示访问页面的请求方法:\"".$_SERVER["REQUEST_METHOD"]."\"<br>";
echo "显示脚本开始运行时间:\"".$_SERVER["REQUEST_TIME"]."\"<br>";
echo "显示URL问号后的字符串:\"".$_SERVER["QUERY_STRING"]."\"<br>";
echo "显示当前运行脚本的文档根目录:\"".$_SERVER["DOCUMENT_ROOT"]."\"<br>";
echo "显示当前Accept请求的头信息:\"".$_SERVER["HTTP_ACCEPT"]."\"<br>";
echo "显示当前请求的字符信息:\"".$_SERVER["HTTP_ACCEPT_CHARSET"]."\"<br>";
echo "显示当前请求的Accept-Encoding头信息:\"".$_SERVER["HTTP_ACCEPT_ENCODING"]."\"<br>";
echo "显示当前请求的Accept-Language头信息:\"".$_SERVER["HTTP_ACCEPT_LANGUAGE"]."\"<br>";
echo "显示当前请求的Connection头信息:\"".$_SERVER["HTTP_CONNECTION"]."\"<br>";
echo "显示当前请求的Host头信息:\"".$_SERVER["HTTP_HOST"]."\"<br>";
echo "显示当前页面的前一个页面的URL地址:\"".$_SERVER["HTTP_REFERER"]."\"<br>";
echo "显示当前请求的User-Agent头信息:\"".$_SERVER["HTTP_USER_AGENT"]."\"<br>";
echo "显示脚本是否可以通过HTTPS协议进行访问:\"".$_SERVER["HTTPS"]."\"<br>";
echo "显示浏览当前页面用户的IP地址:\"".$_SERVER["REMOTE_ADDR"]."\"<br>";
echo "显示浏览当前页面用户的主机名:\"".$_SERVER["REMOTE_HOST"]."\"<br>";
echo "显示用户连接到服务器时所使用的端口:\"".$_SERVER["REMOTE_PORT"]."\"<br>";
echo "显示当前执行脚本的绝对路径名:\"".$_SERVER["SCRIPT_FILENAME"]."\"<br>";
echo "显示Apache配置文件中的SERVER_ADMIN参数设置情况:\"".$_SERVER["SERVER_ADMIN"]."\"<br>";
echo "显示网络服务器使用的端口,默认为\"80\":\"".$_SERVER["SERVER_PORT"]."\"<br>";
echo "显示服务器版本和虚拟主机名的字符串:\"".$_SERVER["SERVER_SIGNATURE"]."\"<br>";
echo "显示脚本在文件系统中的基本路径:\"".$_SERVER["PATH_TRANSLATED"]."\"<br>";
echo "显示当前脚本的路径:\"".$_SERVER["SCRIPT_NAME"]."\"<br>";
echo "显示访问当前页面的URI:\"".$_SERVER["REQUEST_URI"]."\"<br>";
?>
```

运行该程序后，运行结果如图4.13所示。

图 4.13　程序运行结果

与服务器变量 $_SERVER 类似，PHP 还提供了 $_ENV、$_COOKIE、$_GET、$_POST、$_REQUEST、$_FILES、$_SESSION、$GLOBALS 等预定义变量，其使用方法与服务器变量 $_SERVER 类似。

## 4.10　小结

本章的内容非常简单，从概念上来说，只介绍了常量和变量，但它们确实是最基础的 PHP 语法，如果连什么是变量什么是常量都分不清楚，那么对于后面的大段大段的代码，读者根本就理不清思路，不知道数值到底计算结果如何。本章是 PHP 学习的基础，读者一定要仔细阅读并掌握。

## 4.11　习题

一、填空题

1. 变量必须以_____符号开头，第二个字符必须是_____或_____。
2. 销毁一个变量有两种方法：一种是_____，一种是_____。

## 二、选择题

1. 下面程序的运行结果是（　　）。

```
<?php
$a=5;
$b=3;
echo $a/$b%$b."<br>";
?>
```

A. 1　　　　　　　B. 0　　　　　　　C. 1.7　　　　　　　D. 无输出

# 第 5 章 运算符、表达式和语句

计算机编程发展到现在，不论什么语言都能看出两个特征——英语和数学。从第 4 章知道了如何用变量表达数据，但还是不知道它是怎么"变"的，本章将会温习小学知识，让程序做加减乘除等运算，以及学习如何用程序表达需要执行的指令，这样将让数据变化起来，让变量成为名符其实的"变"量。

## 5.1 算数运算符

在现实世界中，不论什么事物，只要变化就涉及运算，比如现实中的建筑工地，随着砖块进行加法运算，楼层就逐渐增高，人们的笑脸随着钱包里的钱进行加法运算，忧愁就相应减少，笑容就越灿烂。首先，从加减乘除运算开始。

### 5.1.1 加减乘除

PHP 中的加减乘除和生活中的加减乘除一样，非常好理解，如下列代码。

```
<?php

$a = 5 + 3 - 2 * 6 / 4;
?>
```

乘法和除法的符号和小学课本上学到的有点不一样，以上代码中的变量$a 最后得到的值是 5。程序首先计算 2 乘以 6，然后除以 4，得到 3，再然后是 5 加 3 减 3，等于 5。

除号（"/"）总是返回浮点数，即使两个运算数是整数（或由字符串转换成的整数也是这样）。

### 5.1.2 求模

除了加减乘除（+，—，*，/）以外，求模（%）操作也是 PHP 常用的操作符，求模也叫求余数，并不是进行"百分比"的运算。以下是求余数操作的例子。

```
<?php

$a = 5 % 2;
?>
```

以上代码中的变量$a 的结果是 1，意思是 5 除以 2，余数为 1。

> **注意** 取模$a % $b 在$a 为负值时，结果也是负值。

## 5.1.3 取反

数字取反操作。

```php
<?php
$a = 5;
$b = -$a;
?>
```

以上代码中变量$b 的结果为 −5。如果$a 是字符串，运算结果将会是 0。

## 5.2 赋值运算符

在前面的章节中，几乎都能看到和以下代码类似的代码。

```php
<?php
$a = 5;
?>
```

这条语句定义了变量$a，其中的"="不是现实中"等于"的意思，在这之前很多人可能都会把这个"="符号认为是"等于"。在 PHP 中，"="是赋值运算符，意思是把右边的值赋给左边的变量。

## 5.3 自运算符

自运算符，按其字面意义可以理解为自己运算符。下面看一个常见的例子。

```
01  <?php
02
03  $a = 5;
04  $a = $a + 1;
05  ?>
```

通过上节知道，第 3 行的意思是把数字 5 赋值给变量$a。想象程序在往下一行执行，第 4 行的意思是先计算出 $a + 1 的值，然后将该值赋给$a，最终$a 的值在原来的值（5）基础上加了 1，现在$a 的值为 6。这就好比动物园里本来有$a（5）条狗，现在又生了 1 个，那么用 PHP 表达就是$a = $a + 1。不过通常情况下都不这样写代码，因为有运行效率更好的写法，请看如下代码。

```php
<?php
$a = 5
$a += 1;
?>
```

运算符"+="是一个操作符，因此符号"+"和"="要连在一起，中间不能有空格，其实现的操作是，在自身（运算符"+="左边的值）基础上，加上右边的值。上例代码中变量$a 的值最后是 6。

不光是加法，同样的，减、乘、除、求余也有这种操作符"-="、"*="、"/="、"%="，下面是一些例子，运行这些例子时，假设变量$a 的值都是 5。

```
<?php
$a -= 2; // 执行后$a的值是3
$a *= 2; // 执行后$a的值是10
$a /= 2; // 执行后$a的值是2.5
$a %= 2; // 执行后$a的值是1
?>
```

PHP 提供这些操作符，目的仅仅是为了提高相应操作的运算速度。在某些特殊情况下，优化还可以继续，请看下一小节。

## 5.4 递增/递减运算符

当运算是自加或自减1的时候，PHP提供了更为优化的运算操作符"++"和"--"。假设整型变量a的值为10，从上面小节的内容已经知道，要实现对其加1，可以有以下两种写法。

```
<?php

$a = 10;
// 方法1
$a = $a +1;
// 方法2
$a += 1;
?>
```

其中方法2比方法1好。现在还有方法3，并且是最好的方法。

```
<?php

$a = 10;
// 方法3
++$a;
// 或者
$a++;
?>
```

在只是自加1的情况下，代码$a++或++$a可以运行得更快。同样，自减1操作也有对应的操作符，如――$a或$a――。

现在来谈谈++$a和$a++有什么区别。在PHP语言中，++$a和――$a被称为前置运算（prefix），而$a++和$a――称为后置运算（postfix），如果仅仅是进行前置运算或后置运算，那么结果是相同的，这已经在前面提过，以++为例，假设将变量$a的值设为10，则无论是++$a或是$a++，执行结果都是让$a递增1，结果为11。但是，在有其他运算的复杂表达式中，前置++运算过程是先加1，然后将已经加1的变量参与其他运算，而后置++的运算过程是先用未加1的变量参与其他运算，然后再将该变量加1。

以上听起来有些费解，举些例子看，还是将变量$a的值设为10。

【例子1】

```
<?php

$a = 10;
$b = ++$a; // 前置++
?>
```

运算结果是变量$a 的值为 11，$b 的值也为 11。

代码分析：代码第 4 行先计算++$a，结果$a 的值为 11，然后再计算$b = $a，结果变量$b 的值也为 11。

**【例子 2】**

```
<?php

$a = 10;
$b = $a++; // 后置++
?>
```

运算结果是变量$a 的值为 11，但$b 的值却是 10。

代码分析：代码第 4 行先计算$b = $a，因此，$b 的值是未加 1 之前的$a，所以为 10，然后再计算$a++，$a 的值为 11。

再举一个复杂点的表达式例子。

```
<?php

$a = 10;
$c = 5;
$b = $a++ + $c;
?>
```

执行这些代码，$b 的值为 15。倘若换成前置运算。

```
<?php

$a = 10;
$c = 5;
$b = ++$a + $c;
?>
```

执行这些代码，$b 值为 16。想一想，为什么？然后自己手动用"－－"运算符操作一次，看看最后结果是多少。

"++"运算符和"－－"运算符能加快运算速度，但在运算上有以上例子中的小区别，很容易让程序员的代码变得不清晰，造成代码的运行结果不一样，所以在写代码时，尽量不要依赖于前置和后置运算，应该尽量避免（尽管使用前置和后置运算会使这些代码看上去"酷酷"的，像"高手"所写）。

## 5.5 字符串运算符

在 PHP 中有两个字符串运算符。
第一个是连接运算符（"."），返回其左右参数连接后的字符串。
第二个是连接赋值运算符（".="），将其右边参数附加到左边的参数后。

```
<?php

// 连接运算符
$a = "Hello ";
$b = $a . "World!";

// 连接赋值运算符
$a = "Hello ";
```

```
$a .= "World!";
?>
```

## 5.6 比较运算符

算术运算所得的结果是数值。而比较运算符，如同名称所表示的，它允许对两个值进行比较，所得的结果为逻辑值，也称布尔值，即前面章节中提到的布尔类型允许的值：真或假。真用 true 表示，假用 false 表示。

用一句话说，比较运算符就是将比较运算符两边的值进行比较，如果两边的值相同，返回布尔值"TRUE"（真），如果不相同，返回布尔值"FALSE"（假）。以下演示列出了所有比较运算符。

```
<?php

// 如果 $a 等于 $b，运算结果为 TRUE
$a == $b;

// 如果 $a 等于 $b，并且类型也相同，运算结果为 TRUE
$a === $b;

// 如果$a 不等于 $b，运算结果为 TRUE
$a != $b;

// 如果$a 不等于 $b，运算结果为 TRUE
$a <> $b;

// 如果 $a 不等于 $b，或者它们的类型不同，运算结果为 TRUE
$a !== $b;

// 如果$a 小于 $b，运算结果为 TRUE
$a < $b;

// 如果$a 大于 $b，运算结果为 TRUE
$a > $b;

// 如果$a 小于或等于 $b，运算结果为 TRUE
$a <= $b;

// 如果$a 大于或等于 $b，运算结果为 TRUE
$a >= $b;
?>
```

## 5.7 逻辑运算符

逻辑运算有以下 4 个操作符。
- ！（非，取逻辑反，NOT）。
- &&（逻辑与，并且，AND）。
- ||（逻辑或，或者，OR）。
- Xor （逻辑异或）。

以下是代码实例。

```php
<?php
// And（逻辑与）
$a and $b;

// Or（逻辑或）
$a or $b;

// Xor（逻辑异或）
$a xor $b;

// Not（逻辑非）
! $a;

// And（逻辑与）
$a && $b;

// Or（逻辑或）
$a || $b;
?>
```

在代码中可以看出，运算符&&（与）和||（或）有两种表示法，这是因为在 PHP 中，这两个不同的运算符优先级不一样，符号&&和||高于文字 and 和 or。运算符优先级类似于乘法、除法的优先级大于加法或减法。下面是现实世界的逻辑描述对应于 PHP 中的逻辑描述。

- 在现实世界中，只有条件 A 和条件 B 都成立时……这样的表达，用 PHP 描述则是 A && B。
- 在现实世界中，只要条件 A 或者条件 B 成立任意一个时……这样的表达，用 PHP 描述则是 A || B。
- 在现实世界中，只要条件 A 或者条件 B 成立任意一个，但不同时成立时……这样的表达，用 PHP 描述则是 A xor B。

## 5.8 位运算符

位运算符允许对整型数中指定的位进行置位。如果左右参数都是字符串，则位运算符将操作字符的 ASCII 值。

- $a & $b，And（按位与）将把$a 和$b 中都为 1 的位设为 1。
- $a | $b，Or（按位或）将把$a 或者$b 中为 1 的位设为 1。
- $a ^ $b，Xor（按位异或）将把$a 和$b 中不同的位设为 1。
- ~ $a，Not（按位非）将 $a 中为 0 的位设为 1，反之亦然。
- $a << $b，将$a 中的位向左移动$b 次（每一次移动都表示"乘以 2"）。
- $a >> $b，将$a 中的位向右移动$b 次（每一次移动都表示"除以 2"）。

**注意** 在 32 位系统上不要右移超过 32 位。不要在结果可能超过 32 位的情况下左移。

## 5.9 执行运算符

PHP 支持一个执行运算符反引号（``）。这不是单引号（普通 PC 键盘上，大键盘数字区域最前面一个标有波浪号"~"和反引号"`"的键），PHP 尝试将执行运算符（反引号）中的内容作为外壳命令来执行，并将其输出信息返回（例如，可以赋给一个变量而不是简单地丢到标准输出）。这个通常用来执行操作系统命令。

## 5.10 错误控制运算符

PHP 支持一个错误控制运算符"@"。当"@"放置在一个 PHP 表达式之前，该表达式可能产生的任何错误信息都被忽略掉。如果激活了 track_errors 特性，表达式所产生的任何错误信息都被存放在变量 $php_errormsg 中。此变量在每次出错时都会被覆盖，所以如果想要及时知道出错信息，就要尽早检查$php_errormsg 变量的值。

> **警告** 目前的"@"错误控制运算符前缀甚至使导致脚本终止的严重错误的错误报告也失效。这意味着如果在某个不存在或类型错误的函数调用前用了"@"来抑制错误信息，那脚本会没有任何迹象显示原因而死在那里。

> **注意** "@"运算符只对表达式有效。例如，可以放在变量、函数和 include()调用、常量等之前。但不能放在函数或类的定义前，也不能用于条件结构前。

错误控制符通常用于忽略脚本中可有可无的错误信息，比如打开某些网站的时候，就发现页面顶部打印出一些莫名其妙的脚本警告信息，实质上这些错误不影响脚本运行，但有了这些警告信息会影响页面美观度，这时就该用错误控制符了。

## 5.11 表达式和语句

变量、常量、各种运算符等组成了表达式，表达式用于表达一个计算过程。表达式是 PHP 最重要的基础，在 PHP 中，几乎所写的任何东西都是一个表达式。用一句最简单最精确的话来定义表达式就是"表达式是任何有值的东西"。

### 5.11.1 表达式

最基本的表达式形式是常量和变量。当输入"$a = 5"，即将值"5"分配给变量 $a，而"5"很明显是指其值为 5，换句话说"5"是一个值为 5 的表达式（在这里，"5"是一个整型常量）。赋值之后，所期待的情况是$a 的值为 5，如果写下"$b = $a"，期望的是$b 的值为 5，换句话说，$a 是一个值，但同时也是 5 的表达式。

PHP 和其他语言一样在表达式的道路上发展，但它推进得更深远。PHP 是一种面向表达式的语言，从这一方面来讲几乎一切都是表达式。考虑刚才已经研究过的例子"$a = 5"，很显然这里涉及两个值，整型常量 5 的值及变量$a 的值，但是事实上，这里还涉及另外一个值，即附值语句本身的值，赋值语句本身求值就是被赋的值，即 5，实际上这意味着"$a = 5"。

总而言之，以上例子也就是说只要知道是一个值为 5 的表达式即可。因而，写"$b = ($a = 5)"和写"$a =5; $b=5"（分号标志着语句的结束）是一样的。因为赋值操作的顺序是由右到左的，所以也可以写"$b = $a =5"。

最后举一个复杂的表达式例子。稍微复杂的表达式例子就是函数或类。

```
<?php
function foo ()
{
    return 5;
}
?>
```

## 5.11.2 语句

在 PHP 中，表达式和语句没有严格的区分，一个表达式加上一个分号，就形成了一个语句，当然也可以单独用一个分号，只是这样的语句是没有意义的，如下面的代码。

```
<?php
5 + 6;
?>
```

对于上面的语句，虽然计算机可以执行该语句，但不改变程序运行逻辑，就像一个人说了句废话，所以这样的语句不能算真正的"语句"。通常所说的语句是指一些表达式组合，能够完成一件事情，才叫语句。例如下面的代码。

```
<?php
$a = 5 + 6;
?>
```

以上代码就是一个有意义语句，因为程序将 5 加 6 的值赋给了变量$a，结合上节说到的赋值运算符，这一个表达式就叫赋值语句。

## 5.12 注释

小明记性不好，总是忘了帮妈妈取报纸，于是小明的妈妈就在门上贴了一张小纸条，提醒小明每天都要取报纸。类似于小明妈妈贴的这张有提醒作用的小纸条，PHP 中有起提醒、说明作用的描述方式——注释。在 PHP 中，注释有以下 3 种。

```
<?php

// 以双斜线开头的单行注释

# 以井号开头的单行注释

/* 以一个斜线和一个星号开始的多行注释
多行注释以一个星号和一个斜线结束，中间不可以嵌套
*/
```

```
?>
```

在编写程序时，最好在需要提醒的地方加一个注释，这是一个好习惯，否则一些晦涩难懂的算法、逻辑就没人看得懂了。注释并不会减慢程序的运行速度。

## 5.13 典型实例

【实例 5-1】从表达式的定义中可以看出，表达式的范围很广，变量、常量，甚至函数，都可以称为表达式。本实例演示的内容，都可以称为表达式。大部分表达式，是由运算符组成。

代码 5-1　表达式

```php
<?php
$age = 18;            //设置整型变量，其值为18
$age = $age++;        //使用递增运算符
$age = $age--;        //使用递减运算符
$age = $age+1;        //使用加法运算符
$age += 18;           //使变量$age的值加上18后，再赋值给变量$age
$age = 0;             //设置变量$age的值为0
$age = $age = 17;     //连续两次赋值
$age?$age+10:$age+20; //三元运算符
function number(){    //定义函数
    return 30;
}
$num = number();      //运行函数，并将返回值赋值给变量$num
?>
```

【实例 5-2】运算符是指能返回一个值的结构，这其中也包括能返回值的函数，但类似于 echo() 等函数不在此列。本实例将详细演示 PHP 语言中的各种运算符。

代码 5-2　PHP 语言中的各种运算符

```php
<?php
$m = 10;
$n = 3;
$number = 0;
$number = $m+$n;      //加法
$number = $m-$n;      //减法
$number = $m*$n;      //乘法
$number = $m/$n;      //除法
$number = $m%$n;      //取模
$number = -$m;        //取反
/******************赋值运算符*********************/
$number = $m+$n;      //变量$m和$n相加后的值赋给变量$numbet
$m += 5;              //变量$m的值加上5后，再赋值给变量$m本身
$m -= 2;              //变量$m的值减去2后，再赋值给变量$m本身
$string = "这是";     //为变量赋字符串值
$string .= "赋值运算符"; //在变量$string后添加上字符串
/******************位运算符*********************/
$m&$n;                //按位与操作
$m|$n;                //按位或操作
$m^$n                 //按位异或操作
~$n;                  //按位非操作
$m<<$n;               //左移操作
$m>>$n;               //右移操作
```

```php
$a = "a";
$b = "b";
$a^$b;          //字符按位异或操作
/*********************比较运算符*******************************/
$m == $n;       //比较两值是否等于,相等返回TRUE,不相等返回FALSE
$m === $n;      //比较两值及其类型是否相等,相等返回TRUE,不相等返回FALSE
$m != $n;       //比较两值是否不等于,不相等返回TRUE,相等返回FALSE
$m <> $n;       //比较两值是否不等于,不相等返回TRUE,相等返回FALSE
$m !== $n;      //比较两值及类型是否不等于,不相等返回TRUE,相等返回FALSE
$m < $n;        //比较$m是否小于$n,如果$m小于$n返回TRUE,如果$m大于$n返回FALSE
$m > $n;        //比较$m是否大于$n,如果$m大于$n返回TRUE,如果$m小于$n返回FALSE
$m <= $n;       //比较$m是否小于等于$n,如果$m小于等于$n返回TRUE,否则返回FALSE
$m >= $n;       //比较$m是否大于等于$n,如果$m大于等于$n返回TRUE,否则返回FALSE

/*********************错误控制运算符***************************/
@include("inc.php");            //忽略包含文件时产生的错误
$fp = @fopen("user.xml","w");   //忽略打开文件产生的错误信息
function test(){
    return 10;
}
$number = @test();              //忽略调用函数失败产生的错误信息
/*********************执行运算符*******************************/
$output = `dir`;    //使用执行运算符运行DOS命令dir,并将返回的结果,赋值给$output变量
echo "<pre>$output</pre>";
/*********************递增递减运算符***************************/
$m = 10;
echo $m++;              //后递增运算符,输出变量内容后,再进行递增操作,输出10
echo $m;                //输出11
$m = 10;
echo ++$m;              //前递增运算符,先进行递增操作,输出11
echo $m;                //输出11
$m = 10;
echo $m--;              //后递减运算符,输出变量内容后,再进行递减操作,输出10
echo $m;                //输出9
$m = 10;
echo --$m;              //前递减运算符,先进行递减操作,输出9
echo $m;                //输出9
$n='h';
echo ++$n;              //递增运算符使用在变量前
echo $n++;              //递增运算符使用在变量后
echo $n--;              //递减运算符使用在变量后
echo --$n;              //递减运算符使用在变量前
/*********************逻辑运算符*******************************/
$m and $n;      //如果运算符两边的值都是TRUE,那么值为TRUE,否则为FALSE
$m && $n;       //如果运算符两边的值都是TRUE,那么值为TRUE,否则为FALSE
$m or $n;       //如果运算符两边有一个或两个TRUE值,则值为TRUE,否则为FALSE
$m || $n;       //如果运算符两边有一个或两个TRUE值,则值为TRUE,否则为FALSE
$m xor $n;      //当运算符两有一个TRUE时,值为TRUE,但是运算符两边不能同时是TRUE值
!$m;            //当运算符右边的值为TRUE时,值为FALSE,当运算符右边的值为FALSE时,值为TRUE
/*********************字符串运算符*****************************/
$m = "我是";
$n = "字符串";
echo $m.$n;     //输出:我是字符串        //使用 . 连接两个字符串
$m = "我是";
echo $m .= "字符串";    //输出 我是字符串    //使用 .= 把右边的"字符串"附加到左边的变量中
```

```
/*********************数组运算符***************************/
$m = array(1,2,3,4,5,6,7,8);        //定义数组
$n = array(1,2,3,4,5,6,7,8,9);      //定义数组
$m+$n;                              //联合两个数组
$m == $n;                           //比较两个数组是否相等
$m === $n;                          //比较两个数组是否全等于
$m != $n;                           //比较两个数组是否不等于
$m <> $n;                           //比较两个数组不等的另一种方法
$m !== $n;                          //比较两个数组是否不全等于
/*********************类型运算符***************************/
class boy{  //定义一个空的类 }
class girl{  //定义一个空的类 }
$human = new boy();   //实例化类
if($human instanceof boy) {   使用类型运算符检测对象
    echo '这是男孩子';
}
if($human instanceof girl) {
    echo '这是女孩子';
}
?>
```

【实例5-3】通过运算符组成的表达式，有时会很复杂，要正确计算出表达式的值，就要了解运算符的优先级。

运算符分为一元运算符、二元运算符、三元运算符，其主要区别在于：
- 一元运算符只能对一个数进行操作，例如取反，或加1等运算。
- 二元运算符，使用得最多，由二元运算符组成的表达式，都是根据运算符的优先级计算的。
- 三元运算符的形式是"表达式1?表达式2:表达式3"，当表达式1成立后，将运行表达式2，否则运行表达式3。

本实例主要演示二元运算符的优先级操作，其规则是先进行高优先级运算符的计算，再进行低优先级运算符的计算，如果运算符级别相同，按照从左到右的顺序计算。可以使用"()"符号来改变优先级。

代码5-3  二元运算符的优先级操作

```
<?php
$age = 18;
$add = 5;
$age += $add+2;       //变量$add加上2值,再与变量$age相加,输出：25
$age = $age+1;        //在变量$age当前值上加1,输出：26
//先执行乘运行符,再执行加法运算
$age = $age+3*3;      //先执行乘法,得出的值再与变量$age的当前值相加,输出：35
$age = 20;            //重置变量$age的值
//使用()改变运算级,先执行加法运算,再执行乘法运算
$age = ($age+3)*3;    //使用小括号,改变运算顺序,输出：69
?>
```

以上代码主要演示了各种运算符在实际操作中的计算顺序。运算符的优先级如表5.1所示。

表 5.1 运算符优先级

| 结合方向 | 运算符 | 附加信息 |
| --- | --- | --- |
| 非结合 | new | new |
| 左 | [ | array() |
| 非结合 | ++ -- | 递增/递减运算符 |
| 非结合 | ! ~ - (int) (float) (string) (array) (object) @ | 类型 |
| 左 | * / % | 算数运算符 |
| 左 | + - . | 算数运算符和字符串运算符 |
| 左 | << >> | 位运算符 |
| 非结合 | < <= > >= | 比较运算符 |
| 非结合 | == != === !== | 比较运算符 |
| 左 | & | 位运算符和引用 |
| 左 | ^ | 位运算符 |
| 左 | \| | 位运算符 |
| 左 | && | 逻辑运算符 |
| 左 | \|\| | 逻辑运算符 |
| 左 | ? : | 三元运算符 |
| 右 | = += -= *= /= .= %= &= \|= ^= <<= >>= | 赋值运算符 |
| 左 | and | 逻辑运算符 |
| 左 | xor | 逻辑运算符 |
| 左 | or | 逻辑运算符 |
| 左 | , | 多处用到 |

## 5.14 小结

学到本章才算是真正跨进了 PHP 的殿堂，因为有了计算才能算是程序，本章学了在 PHP 中的加减乘除运算，也第一次接触了赋值运算，还有变化莫测的逻辑运算。从用变量、常量表达数据到变量通过运算真正成为"变量"，这些构成了程序运行的基础。

## 5.15 习题

**一、填空题**

1. 运算符种类很多，主要有_____、_____、_____、_____等。
2. PHP 的位运算符主要有_____、_____、_____、_____、_____和_____。

**二、选择题**

1. 赋值运算符 "%=" 的意义是（    ）。
   A．将左边的值对右边取余数赋给左边　　B．将左边的值除以右边的值赋给左边
   C．将右边的值对左边取余数赋给左边　　D．将右边的值除以左边的值赋给左边
2. 逻辑运算符 "Xor" 的意义是（    ）。
   A．$a 和 $b 不同时为真，则结果为假　　B．$a 和 $b 同时为真，则结果为真

C. $a 和$b 不同时为真，则结果为真    D. 以上都不对

3．下面程序的运行结果是（    ）。

```
<?php
  $a=1;
  $a++;
  $c=&$a;
  $b=$c++;
  echo "\$a=$a <br> \$b=$b <br> \$c=$c ";
?>
```

A. $a=3  B. $a=3  C. $a=2  D. $a=2
   $b=2     $b=2     $b=2     $b=2
   $c=3     $c=2     $c=3     $c=2

# 第 6 章 顺序流程

人在走路时，总会碰到岔路，这时就要根据自己要到达的目的地选择其中的一条路走。这在 PHP 中被称为代码的条件分支和顺序流程。上一章中讲到任何 PHP 脚本都是由一系列语句构成的。一条语句可以是一个赋值语句，一个函数调用，一个循环，一个条件语句甚至是一个什么也不是的语句（空语句）。语句通常以分号结束。程序在执行的时候，是从上往下执行代码，在碰到有条件时，运行满足条件的代码。条件分支和顺序流程的特性形成了程序的控制结构。

## 6.1 有序的世界

想一想晚上回家进屋的顺序，如图 6.1 所示。

从这个生活中的例子可以看出，完成任何事情都有一个顺序，并且执行顺序还比较讲究。在上面的例子中，第 2 步开灯不可能在门开前就能办到，第 3 步在没开灯时摸不到鞋，或者穿错鞋，第 4 步进屋，如果没有换鞋就进屋就把地板给弄脏了。

流程顺序的安排是用来解决现实生活中一些问题的，流程在程序中同样重要。

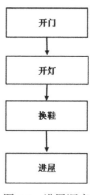

图 6.1 进屋顺序

## 6.2 条件分支

假设图 6.1 中的第 2 步中灯坏了，这个条件就不成立，这时候就只能点蜡烛了。这种情况在 PHP 中称为条件分支，下面就来看条件分支语句。

### 6.2.1 if 语句

if，中文意思是"如果"。if 语句用于当指定条件成立时，执行 A 动作，否则，不执行 A 动作。用流程图表示如图 6.2 所示。

用 PHP 伪代码表示如下。

图 6.2 if 语句

```
<?php

if(我有一千万人民币)
{
    成立软件公司
}
?>
```

为了证明以上程序推断的正确性,下面看一个例子。

运行 Zend Studio,打开项目 php,新建文件 "if.php",并输入代码 6-1。

代码 6-1  条件分支

```php
<?php
// 首先设定我的人民币只有 10 元
$myRMB = 10;
if($myRMB >= 10000000)
{
    echo '我成立了一家软件公司';
}
?>
```

保存代码,按 "F10" 键启动调试器,再按 "F11" 键进行逐行调试,如图 6.3 所示。

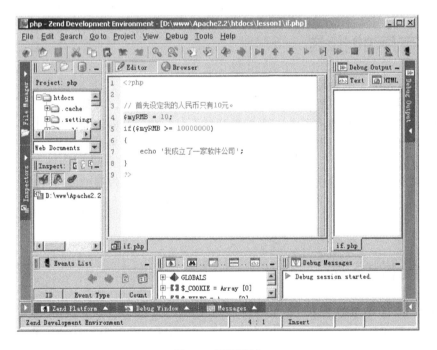

图 6.3  逐行调试

继续按一次 "F11" 键,绿色行往下执行一行,这就是逐行调试,当代码运行到第 5 行时,再按 "F11" 键,绿色行跳到了第 8 行,可见代码没有执行第 7 行,因为$myRMB 的值没有大于或等于 10 000 000RMB。

## 6.2.2  if...else 语句

上节的 if 语句说的是如果一个条件成立则做一件事,不成立就跳过。if...else 语句是如果一个条件成立则做一件事,不成立则做另外一件事情。用流程图表示,如图 6.4 所示。

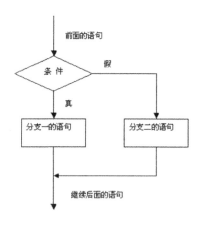

图 6.4　if...else 语句

用 PHP 伪代码表示如下。

```
<?php

if(我有一千万人民币)
{
    成立软件公司
}
else
{
    继续挣钱
}
?>
```

代码意思为，假如笔者有一千万元就成立软件公司，否则就继续挣钱。

在 Zend Studio 中运行以下代码，查看结果输出了什么。

```
<?php

// 首先设定我的人民币只有 10 元
$myRMB = 10;
if($myRMB >= 10000000)
{
    echo '我成立了一家软件公司';
}
else
{
    echo '继续挣钱';
}
?>
```

## 6.2.3　?...：语句

"expr1 ? expr2 : expr3"这样的语句，在 PHP 中被称为三元运算符，用在某些情况下代替 if...else 语句，让代码更简洁。

首先看 if...else 语句的原型。

```
<?php

if (条件)
{
分支一
}
else
{
分支二
}
?>
```

原型中，分支一或分支二通常都是一组（多行）语句，用来分别实现条件是否成立时的动作。由于是一组（多行）语句，所以用一对大括号"{}"括在外面，用于形成复合语句。不过，有时候分支中的语句比较简单，这样写就不简洁，这时候就可以用三元运算符，一行代码就可以实现同样的效果。

看以下例子。

```
<?php

if($a > $b)
{
 $c = 1;
}
else
{
    $c = 2;
}
?>
```

在这个例子中，分支一、分支二都分别只有一条简单语句，这种情况就非常适合三元运算符，可以将以上代码改写成如下代码。

```
<?php

$c = ($a > $b) ? 1 : 2;
?>
```

就一行话，多么简洁。语句中的问号，问的是变量$a是否大于变量$b，如果是，则得到值1，否则得到值2。用两句话说就是在$a > $b求值为TRUE时，$c的值为1，在$a > $b求值为FALSE时，$c的值为2。

> **注意** 这个语句在PHP中被认为是运算符，其求值不是变量，而是语句的结果。在运算时，应直接使用结果进行运算，避免调用函数。

## 6.2.4 elseif 语句

elseif 语句原型。

```
<?php

if(条件1)
```

```
{
    分支一
}
elseif(条件 2)
{
    分支二
}
elseif(条件 3)
{
    分支三
}
else
{
    分支四
}
?>
```

elseif 语句，与其名称表示的一样，它是 if 和 else 的组合，是多级关系，作用是延伸 if 语句，可以在原来 if 表达式的值为 FALSE 时执行不同的语句。和 else 不一样的是，当 elseif 语句中的条件表达式求值为 TRUE 时才执行其分支语句。

用流程图表示，如图 6.5 所示。

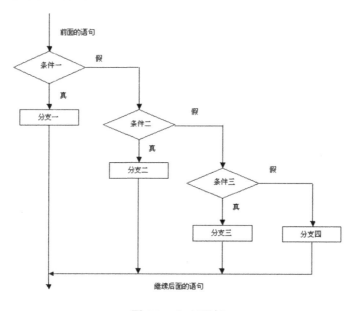

图 6.5　elseif 语句

代码 6-2 是一个实例。

代码 6-2　条件分支

```
<?php

$a = 10;
$b = 10;

if ($a > $b)
{
```

```
    echo "a 大于 b";
}
elseif ($a == $b)
{
    echo "a 等于 b";
}
else
{
    echo "a 小于 b";
}
?>
```

在 Zend Studio 中运行此代码,结果为 "a 等于 b"。

## 6.2.5　switch 语句

多级 elseif 显然是用于那些可能需要进行多级判断的情况。如上节的例子中,如果$a 正好是大于 10,只需判断一次,但如果$a 小于 10,那就必须经过"是否大于 10?是否等于 10?"两次判断。PHP 为了简化这种多级判断,又提供了 switch 语句。

switch 语句伪代码如下。

```
<?php

switch (数值型或字符型变量)
{
    case 变量可能值 1 :
        分支一;
        break;
case 变量可能值 2 :
        分支二;
break;
case 变量可能值 3 :
        分支三;
    break;
...
default :
最后分支;
?>
```

在 switch 流程里,要学到 4 个关键字,switch、case 、break 和 default。在 switch (变量)这一行里,变量只能是整型、浮点型或字符型。程序先读出这个变量的值,然后在各个"case"里查找哪个值和这个变量相等,如果相等,条件成立,程序执行其分支,直到碰上 break,或者到达了 switch 语句结尾,此流程结束。

代码 6-3 是一个例子。

代码 6-3　switch 分支

```
<?php

$i = 1; // 可以更改这个值
switch ($i)
{
    case 0:
        echo "i 等于 0";
```

```
        break;
    case 1:
        echo "i 等于 1";
        break;
    case 2:
        echo "i 等于 2";
        break;
    default:
        echo "i 不等于 0, 也不等于 1, 更不等于 2";
}
?>
```

在 Zend Studio 中运行上例，尝试将变量$i 的值依次改为 0、1、2 和其他数字，观察其结果有什么不同。

现在来了解一下 switch、case、break 和 default 的含义，意思分别是：开关、情况、中断、默认（值）。用一句话连起来说就是：根据开关值的不同，执行不同的情况，直到遇上中断，如果所有的情况都不符合开关值，那么就执行默认的分支。

使用 switch 结构有 3 个需要注意的地方。
- switch（数值或字符型变量）中，变量的类型只能是数值和字符串类型。
- 在 case 之后虽然可以是一个计算表达式，但不推荐这样写。
- 如果 default 分支存在，而 case 中没有满足条件的分支，程序执行 default 分支。

这一节讲述了 PHP 中的全部流程控制语句，这些控制结构有的可以相互替换，在实际应用中，选择一个合适的流程控制结构可以让代码更简洁、更高效，并能提高代码的易读性和易维护性，建议多做几个例子，把这一节的知识摸透。

## 6.3 循环

循环就是反复。笔者小学时的第一堂体育课，体育老师就让全班同学围着操场跑圈，一圈一圈地循环跑，在生活中，需要反复的事情很多，譬如吃饭、睡觉等。对于一些比较机械的循环，人们总是想找一个规律，让其按照这个规律反复地做下去。程序中也有循环，只要编写程序代码就可以使其反复执行。

### 6.3.1 while 语句

while 循环的伪代码。

```
<?php

while(条件)
{
    语句
}
?>
```

上例中，while 是"当"的意思，当条件成立（为真）时，执行大括号内的语句。看到这里，想起了 if 语句。

```
<?php

if(条件)
```

```
{
    语句
}
?>
```

图 6.6 while 语句

从代码上看,除了一个是 while "当",一个是 if "如果",其他部分完全一样,但实际的意思却不一样,if 语句中是当条件成立只运行一次大括号内的代码,而 while 语句中却是一直运行大括号内的代码,除非条件不成立(为假)时才不继续运行。

用流程图表示,如图 6.6 所示。

程序执行到 while 的条件处后,进行条件判断,如果条件成立,则执行"循环执行的语句",然后按"循环"路线,再回头从条件处进行下一次条件判断,如果条件成立,则再执行"循环执行的语句"……直到某一次条件判断不成立了,程序就从"假"的路线跳出 while 循环。

代码 6-4 是一个例子。

代码 6-4  while 循环

```
<?php
$i = 1;
$num = 0;

while($i <= 100)
{
    $num += $i;
    $i++;
}
?>
```

变量 $num 初始值为 0,在每一遍的循环里,它都加上 $i,而 $i 则每次都在被加后自加 1。最终,$i 递增到 101,超过 100,循环也就完成了任务。$num 最终结果为 5050。

为了更直观地观察 while 循环的变化,下面来跟踪这段程序。

运行 Zend Studio,打开项目 php,新建文件 "while.php",并输入上例中的代码,保存后设置一个断点,具体做法为单击代码前面的行号,此行代码变为浅红色,本例的断点设置在 while 行,如图 6.7 所示。

按 "F10" 键,此时代码运行到断点 while 行暂停,此行颜色变为绿色,将光标移动到变量 $i 上,看到此时变量 $i 的值为 1,如图 6.8 所示。

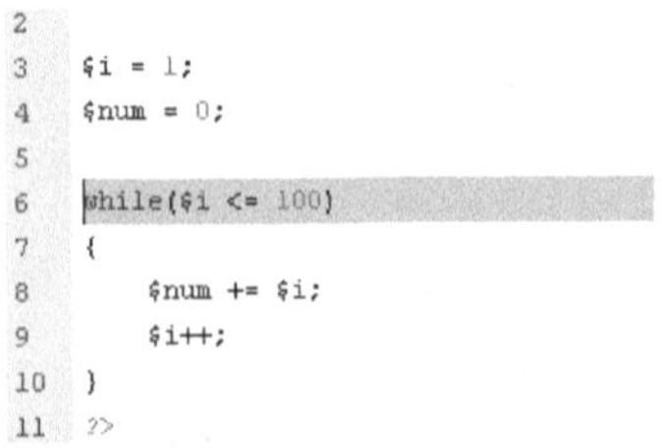

图 6.7  设置断点 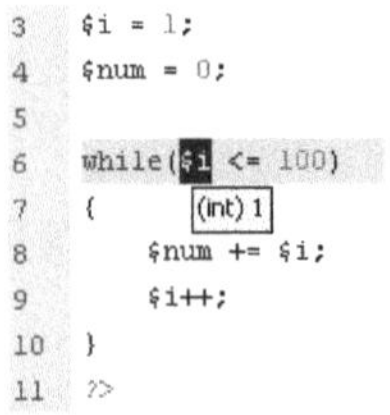                    图 6.8  断点调试

用同样方法可以查看到$num 的值还是 0，此时按"F11"键进行逐行调试，按一次运行一行，按到第 3 次时，代码重新返回到第 6 行开始执行，这时候查看变量$i 的值是 2，如图 6.9 所示。

说明变量$i 在循环中已经执行了 1 次$i++，又返回开始第 2 次判断和循环了，证明了循环正在进行。最后来看看此循环最后的结果，首先取消第 1 个断点，方法是再次单击断点行的行号，该行代码颜色恢复正常，然后将光标移动到 while 循环的结尾大括号"}"后，此时按快捷键"Shift+F10"，意思是运行代码至光标处停止，因为此时光标在循环尾，所以循环已经全部完成了，此时将光标放到变量$num 和$i 上，看到的结果是$num 等于 5050，$i 等于 101，如图 6.10 所示。

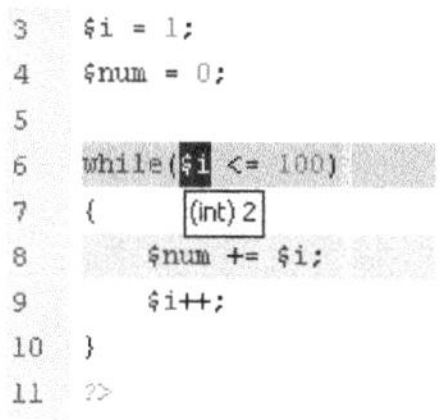

图 6.9　循环调试 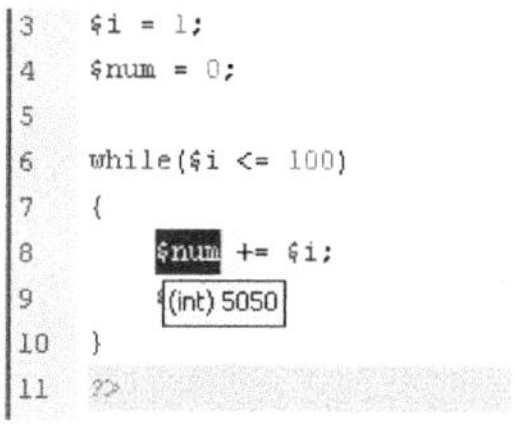　　　　　　　　　　图 6.10　while 演示结果

## 6.3.2　do...while 语句

先看 do...while 的伪代码。

```
<?php

do
{
     循环执行的语句
}
while();
?>
```

do...while 循环中和 while 循环最明显的区别是，前者将判断是否继续循环的条件放在后面。也就是说，就算是条件开始就不成立，循环也要被执行一次。

用流程图表示，如图 6.11 所示。

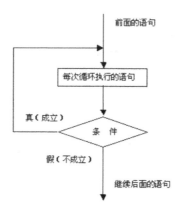

图 6.11　do...while 循环

为了更直观地说明 do...while 循环，下面将 while 和 do...while 来做一个比较。

**【例 1，while 循环】**

```
<?php

$a = 1;
while($a > 1)
{
    $a--;
}
?>
```

变量$a 初始值为 1，条件$a > 1 显然不成立。所以循环体内的$a——语句未被执行，最终变量$a 的值仍为 1。

**【例 2，do...while 循环】**

```
<?php

$a = 1;
do
{
    $a--;
}
while($a > 1);
?>
```

尽管循环执行前，条件$a > 1 不成立，但由于程序在运行到 do 时，并不先判断条件，而是直接先运行一遍循环体内的语句$a——，于是$a 的值变为 0，然后程序才判断$a > 1，发现条件不成立，循环结束。最终，变量$a 的值为 0。

## 6.3.3 for 语句

分析前面两个小节的循环，可以得出一个结论，一个循环中通常有 3 个特性，分别为：

- 一个初始化的条件。
- 一个条件成立机会。
- 一个满足条件的值。

首先，一个循环开始都有一个初始化的值，例如 while 循环例子中的变量$i = 1，这样才能形成比较。然后是一个条件成立机会，例如 while 循环例子中的常数 100，这样比较条件才会成立。最后是满足条件的值，如 while 循环例子中的$i < 100，因为$i 的值是 1，条件成立，随后循环体内对$i 进行自加运算，这样就始终会有条件满足的值，如果是$i 不进行自加运算，那这个循环就成了"死循环"。

谈完这 3 个特性，来看 for 循环的语法。

```
<?php

for(初始化条件; 条件; 条件改变)
{
    循环语句;
}
?>
```

由以上结构可见，for 循环结构包含了循环中的 3 个特性，和 while 不同的是 3 个特性不是依次写出来的，而是写在同一行。不过写在同一行并不表示同时运行，首先运行初始化条件，且只运行一次，然后是条件比较，如果条件成立，则运行后一句条件改变，执行循环语句。如果条件不成立，直接跳出循环。

现在举一个例子，1 到 100 累加，只是不用 while 语句，而用 for 语句来写，如代码 6-5 所示。

代码 6-5　for 循环

```php
<?php

$num = 0;
for($i = 1; $i <= 100; $i++)
{
    $num += $i;
}
?>
```

在上例代码中，程序先执行条件初始化语句$i=1，然后判断条件$i <= 100，显然此时该条件成立。于是程序执行循环体内的语句$num += $i，最后，执行改变条件语句$i++，此时$i 的值变为了 2，程序再次判断条件$i <= 100，条件依然成立，于是开始第二遍循环……

## 6.3.4　foreach 语句

foreach 循环仅仅用于数组，当试图将其用于其他数据类型或是一个未初始化的变量时，会产生错误。因为本书到目前为止还没有说到数组，所以在学习数组时，建议复习这一节。

foreach 有两种用法，先看第一种用法。

```php
<?php

$ary = array(1, 2, 3, 4, 5, 6);
foreach($ary as $value)
{
    echo "值: $value<br>\n";
}
?>
```

此段代码中，数组$ary 包含 6 个元素，foreach 将$ary 中的元素逐个打印，每循环 1 次就打印 1 个元素。

结合上面的例子来看另一种用法。

```php
<?php

$ary = array(1, 2, 3, 4, 5, 6);
foreach($ary as $key => $value)
{
    echo "索引 $key 的值: $value<br>\n";
}
?>
```

不同的地方是$value 前面多了"$key =>"，意思是将键名赋给$key，键名是数组中元素的排序号，就像 Zend Studio 中每行代码前面的行号一样。数组其实就是一组数据的集合，排在第 1 个位置的元素其键名为 0，第 2 个元素其键名为 1。例如上例代码中的数组$ary，其第 1 个元素键值是 1，键名为 0。

PHP 中有 4 种循环结构"while"、"do...while"、"for"和"foreach"。

- while 循环从一开始就检查条件是否成立，如果成立就执行循环语句，不成立则不执行循环语句，直接跳出循环。

- do…while 循环从一开始就执行 1 次循环语句，然后检查条件是否成立，如果成立就继续执行循环语句，不成立则结束循环。
- for 循环是最灵活的循环，因为 for 循环包含了循环的 3 个特性，合理地使用 for 循环，将使代码更简洁。
- foreach 循环只是用于数组，遍历数组是最快的。

在学习完这 4 种循环结构后，聪明的读者可能已经想到了一个问题，就像本节开始部分的例子一样，体育老师让同学们绕操场跑步，这就是循环。如果在绕圈跑中，有同学跑累了要退出，这个用程序如何描述呢？下面一节将介绍解决该问题的方法。

  关键字

流程控制除了"如果"、"否则"就是循环跑圈，总的来说很简单，但就是这样简单的结构却支撑了整个程序框架，所以流程结构是程序基础中的重点。上节中最后留下了一个问题，就是流程控制中如何改变流程，这一节中将解答这个问题，并对流程控制结构做一个强化训练。

### 6.4.1 break 语句

如上一节说到的情况，在绕操场跑步中，假设同学们跑累了要退出，则使用 break 关键字，如下面的伪代码。

```php
<?php

while(已跑圈数 < 要求跑完的圈数)
{
    // 做一个判断
    if(同学们累了)
    {
        break; // 停止跑圈
    }
}

?>
```

代码分析：从 while 开始跑圈，假设已跑圈数小于要求跑完的圈数，继续跑圈。在 while 代码块中，有一个 if 判断同学们是否跑累了，条件成立则运行 break，退出循环。

还有一种办法，可以不使用 break 关键字，看下面伪代码。

```php
<?php

while(已跑圈数 < 要求跑完的圈数 && 同学们不累)
{
    // 继续跑圈
}
?>
```

代码分析：这种方法是把判断合并到了 while 中，让 while 判断已跑圈数小于要求跑完的圈数，并且同学们不累才继续跑圈。

以上两种方法有不同，但使用的目的是一样的。下面在实际代码中运行上面的理论，运行 Zend Studio，打开项目 php，新建文件"break.php"，并输入以下代码 6-6。

代码 6-6  break 语句

```php
<?php

$quanShu = 50;              // 设定要求跑的圈数
$yiPao = 0;                 // 设置一个已跑圈数的初始值
$tiLi = 10;                 // 设置体力的初始值

while($yiPao < $quanShu)
{
    echo '已跑' . $yiPao . "圈<br>\n";
    echo '现在体力是' . $tiLi . "<br>\n";
    $yiPao++;               // 每跑一圈就加一圈
    $tiLi--;                // 每跑一圈体力减 1
    if($tiLi == 0)          // 判断当体力等于 0 成立时
    {
        echo '现在跑第' . $yiPao . '圈,体力剩下' . $tiLi . ',退出';
        break;              // 使用 break 跳出循环
    }
    echo '继续跑第' . $yiPao . "圈<br>\n";
}
?>
```

按 "F10" 键,再重复按 "F11" 键,一边按一边注意观察 Zend Studio 中下方的 Variables 区域中各个变量的变化情况,如图 6.12 所示。

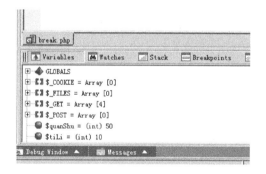

图 6.12  变量变化情况

当体力等于 0 时,执行了代码 break,代码跳出 while 循环。由此可见,break 用于当一个条件满足时,跳出整个循环。

## 6.4.2  continue 语句

厨师要把 10 个鸡蛋煎熟,假设敲开蛋壳发现是坏的则丢掉不煎,此时应该使用 continue,伪代码如下。

```php
<?php

while(敲开的鸡蛋 < 10 个鸡蛋)
{
    if(鸡蛋是坏的)
    {
        continue; // 从这里跳回到循坏开始,敲下一个鸡蛋
```

```
        }
        echo '煎鸡蛋';
    }
?>
```

这样，确保好鸡蛋才被煎，由此也可以看出 continue 和 break 不同之处在于，满足某一个条件时前者仅跳出当前这一次循环，而不跳出整个循环，而后者跳出整个循环。下面是一个在煎鸡蛋过程中使用 continue 的实例，运行 Zend Studio，打开项目 php，新建文件"continue.php"，并输入以下代码 6-7。

代码 6-7　continue 语句

```
<?php

$jiDan = 10;    // 10 个鸡蛋
$yiQiao = 0;    // 已经敲开的鸡蛋数
$bad = 3;       // 假设第 3 个鸡蛋是坏的

while($yiQiao <= $jiDan)
{
    $yiQiao++;      // 敲一个则加 1
    if($yiQiao == $bad)   // 判断敲到第 3 个时
    {
        echo "坏鸡蛋，不可以煎!<br>\n";
        continue; // 从这里跳回到循环开始，敲下一个鸡蛋
    }
    echo "好鸡蛋，可以煎...<br>\n";
}
?>
```

按"F10"键，再重复按"F11"键，一边按一边注意观察 Zend Studio 中下方的 Variables 区域中各个变量的变化情况，当敲到第 3 个时，执行了 continue 语句，跳出了本次循环，继续下一次循环。如果此时的 continue 换成 break，那么当碰到第 1 个坏鸡蛋后，剩下的鸡蛋都不会被煎。最后看看 break 和 continue 流程的流程图演示对比，如图 6.13 所示。

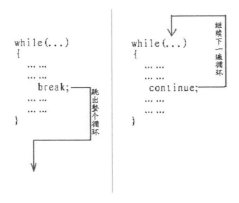

图 6.13　break 和 continue 流程对比

### 6.4.3　return 语句

Return，顾名思义就是返回的意思，既然是返回，那么 return 之后的代码就不会被执行。如果

在函数中调用 return，那么立即停止执行函数中剩余的代码；如果是在文件中调用 return，那么该文件立即停止执行剩余的代码。

## 6.5 异常处理

程序未按期望运行被称为异常，如连接数据库失败等，这就需要异常处理，以便让开发人员及时知道程序的问题，异常处理的结构如下。

```
<?php
try
{
    // 需要异常处理的代码
}
catch (Exception $e)
{
    echo "捕获到异常: " . $e->getMessage();

}
?>
```

需要进行异常处理的代码都必须放入 try 代码块内，以便捕获可能存在的异常。每一个 try 至少要有一个与之对应的 catch。使用多个 catch 可以捕获不同的类所产生的异常。当 try 代码块不再抛出异常或者找不到 catch 能匹配所抛出的异常时，代码就会在跳转到最后一个 catch 的后面继续执行。而一旦抛出异常，则 try 区块中抛出异常代码行后面的代码将停止执行。

下面是一个实例，运行 Zend Studio，打开项目 php，新建文件"try.php"，并输入以下代码 6-8。

代码 6-8 异常处理

```
<?php
try {
    $error = '连接数据库失败'; // 这里假设连接数据库失败
    throw new Exception($error);

    // 从这里开始，代码将不会被执行
    echo '永远都不会执行';

} catch (Exception $e) {
    echo '捕获到异常: ', $e->getMessage(), "\n";
}

echo '从这里继续执行...';
?>
```

保存代码并按"F5"键，这时在 Zend Studio 的 Debug output 区域显示捕获到的异常和异常消息。

## 6.6 declare 语句

declare 用来设定一段代码的执行指令，按照 PHP 文档的说法，目前只接受一个指令 ticks，这个指令通常用来调试，代码 6-9 是一个例子。

代码 6-9　declare 语句

```php
<?php
// 记录时间的函数
function profile($dump = FALSE)
{
    static $profile;
    if ($dump) {
        $temp = $profile;
        unset($profile);
        return ($temp);
    }
    $profile[] = microtime();
}

// 注册 tick 指令处理函数
register_tick_function("profile");

// 初始时间
profile();

// 评估的代码，两条低级语句就记录一次时间
declare(ticks=2) {
    for ($x = 1; $x < 50; ++$x) {
        echo similar_text(md5($x), md5($x*$x)), "<br />;";
    }
}

// 显示调试数据
print_r(profile (TRUE));
?>
```

通常在程序开发中，有 IDE（如 Zend Studio）可以调试，或有另外功能强大的专业测试工具，因此这个指令很少被使用，这里仅做了解。

## 6.7　流程控制强化训练

在学习语言中，有很多的教程中都有一些经典题目，下面有两个题，用于巩固学习到的知识。
- 第 1 题：用所学到的知识输出以下内容。

```
1
12
123
1234
12345
123456
1234567
12345678
123456789
```

看到此题目，可能有人已经快速给出了答案，如下所示。

```
<?php

echo "1<br>\n";
```

```
echo "12<br>\n";
echo "123<br>\n";
… …
?>
```

如果有老师打分,这样肯定得 0 分,这叫取巧。这道题目将会使用到双层循环,外层循环用于控制输出 9 行,内层循环用于输出每行的数字。每一行都是从 1 开始,但第一行输出 1 个数字,第二行输出 2 个,第三行输出 3 个……

运行 Zend Studio,打开项目 php,新建文件"f1.php",并输入代码 6-10。

代码 6-10　输出的例子

```
<?php

for ($i = 1; $i <= 9; $i++)
{
    for ($j = 1; $j <= $i; $j++)
    {
        echo $j;
    }
    echo "\n";
}
?>
```

保存代码并按"F5"键,这时在 Zend Studio 的 Debug output 区域输出了结果。

> **注意** 如果 Debug output 区域是 HTML 视图,那么结果将是以空格隔开,要用 HTML 视图查看可以将代码中的"\n"换成"<br>"。

- 第 2 题:输出以下九九乘法表。

```
1*1=1
1*2=2  2*2=4
1*3=3  2*3=6  3*3=9
1*4=4  2*4=8  3*4=12  4*4=16
1*5=5  2*5=10 3*5=15  4*5=20  5*5=25
1*6=6  2*6=12 3*6=18  4*6=24  5*6=30  6*6=36
1*7=7  2*7=14 3*7=21  4*7=28  5*7=35  6*7=42  7*7=49
1*8=8  2*8=16 3*8=24  4*8=32  5*8=40  6*8=24  7*8=56  8*8=64
1*9=9  2*9=18 3*9=27  4*9=36  5*9=45  6*9=36  7*9=63  8*9=72  9*9=81
```

这个题和第 1 题类似,也是输出一个三角形,解题思路也一样,逐行打印,每一行输出的内容都是 i*j=k,其中 k 是积,由 i 和 j 决定。第 1 行是 1*1,只有一个,看不出有什么特点。第 2 行是 1*2 2*2 等,这些数字都是分别乘以 2。第 3 行是 1*3 2*3 3*3 等,这些数字都是分别乘以 3。所以,在第 1 题的基础上,设当前行为第 i 行,则输出 n*i,n 为 1 到 i。

运行 Zend Studio,打开项目 php,新建文件"f2.php",并输入代码 6-11。

代码 6-11　九九乘法表

```
<?php

for ($i = 1; $i <= 9; $i++)
{
    for ($j = 1; $j <= $i; $j++)
    {
```

```
            echo $j . '*' . $i . '=' . $j*$i . ' ';
    }
    echo "\n";
}
?>
```

保存代码并按"F5"键,这时在 Zend Studio 的 Debug output 区域输出了结果。

## 6.8 典型实例

【实例 6-1】if 分支控制语句,在程序流程控制中是最简单,也是使用最多的语句。其主要用于根据给出的条件,运行相关的语句。

在程序运行时,为 if 提供一个表达式,如果表达式是 TRUE 值,将执行 if 后面的语句,如果为 FALSE 值,则忽略 if 后面的代码,继续执行其他代码段。

elseif 是 if 语句的延伸,其自身也有条件判断的功能,在 if 运行条件为 FALSE 值时,elseif 会判断自身的运行条件,如果为 TRUE 值时,则执行 elseif 内的代码段,如果运行条件为 FALSE 值,则跳过该代码段。

else 也是 if 语句的延伸,其用在 if 或 elseif 语句后,当这两个语句的运行条件都为 FALSE 值时,运行其内的代码。

if、elseif、else 结合使用,可以根据表达式的值来指定要运行的代码段,使程序在运行时,流程变得更加清晰。

代码 6-12    if、elseif、else 结合使用

```php
<?php
//自定义变量
$n1  = "Tom";
$n2  = "Kite";
$m1  = "中学";
$m2  = "大学";
$m3  = "篮球队员";
$m4  = "啦啦队员";
//使用 if elseif else 语句判断条件
function s($age,$sex){
    global $n1,$n2,$m1,$m2,$m3,$m4;   //使用 global 关键字,使函数可以访问已经定义的外部变量
    $string = "";
    if($sex == 1){                    //当变量$sex 值等于 1 时,运行下面的代码
        $string .= $n1;               //在变量$string 后,添加变量$n1 的内容
        if($age>=18){  //嵌套演示    //在 IF 语句中嵌套使用 IF 语句
$string .= "是".$m2.$m3;   //当变量$age 的值大于等于 18 时,在变量$string 后,连接变量$m2 和$m3 的值
        }else{
$string .= "是".$m1.$m3;   //当变量$age 的值小于 18 时,在变量$string 后,连接变量$m1 和$m3 的值

        }
    }elseif($sex==0){  //elseif 演示
        $string .= $n2;
        if($age>=18){
            $string .= "是".$m2.$m4;
        }else{
            $string .= "是".$m1.$m4;
        }
```

```
        }else{    //在变量$sex 不等于1，也不等于0 的情况下，运行下面的代码
            $string .= "无法判断性别";
        }
        echo $string;
}
s(19,1);    //运行函数 s()，并给定两个参数
echo "<br>";
s(17,0);    //运行函数 s()，并给定两个参数
?>
```

运行该程序后，运行结果如图6.14 所示。

图6.14　程序运行结果

【实例6-2】PHP 中最简单的循环就是 while 语句，其可以根据指定的条件，循环运行语句体内的代码。与 while 语句相似的还有 do-while 语句。

本章前面使用 for 语句输出九九乘法表，本实例演示使用 while 语句输出九九乘法表的方法，具体代码如下。

代码6-13　使用 while 语句输出九九乘法表

```
<?php
//while 循环嵌套使用
$i = 1;
while($i<=9){          //当变量$i 的值小于等于9 时，退出循环
    $j=1;
    //在 while 语句中，嵌套使用 while 语句
    while($j<=$i){     //当变量$j 的值小于等于变量$i 的值时，退出循环
        echo $i."×".$j."=".$i*$j." ";
        $j++;          //修改退出循环的条件
    }
    echo "<br>";
    $i++;    //修改退出循环的条件
}
?>
```

运行该程序后，运行结果如图6.15 所示。

图6.15　程序运行结果

【实例 6-3】"break"和"continue"都是流程控制语句，在前面的小节中已经介绍过"break"语句和"continue"的使用方法，"break"语句主要用于跳出指定的循环，而"continue"语句也可以用于跳出指定的循环。

虽然"break"和"continue"都是用于跳过循环，但是也有不同之处，即"break"跳出循环时，同时结束循环。而"continue"只是跳过本次循环，而继续执行下一次循环。

代码 6-14  break 和 continue 的使用方法

```php
<?php
echo "<strong>在循环中使用 continue</strong><br>";
for($i=1;$i<=6;$i++){      //建立一个循环 6 次的 for 语句
    if($i==4){             //当循环条件变量等于 4 时, 运行 continue
        continue;          //当条件满足,跳过此次循环
    }
    echo $i."<br>";
}
echo "<strong>在循环中使用 break</strong><br>";
for($i=1;$i<=6;$i++){
    if($i==4){
        break;    //当条件满足,结束循环
    }
    echo $i."<br>";
}
?>
```

运行该程序后，程序运行结果，如图 6.16 所示。

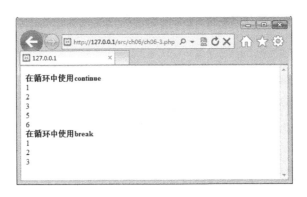

图 6.16  程序运行结果

## 6.9  小结

记得上学时，有个同学曾经问我：本来 i=1，为什么循环之后它等于 2 了呢？它本来就是 1 啊！i 不是常量，是变量，变量就是变化的数据。在循环中，它进行了运算，所以它的值会发生变化。从第 2 章到现在，每个基础知识点都很小，却凝聚了 PHP 语言最基础的语法，只要读者掌握了本章知识，开发一个小型程序已经是可能的了。

## 6.10 习题

**一、填空题**

1. PHP 语言中比较常用的流程控制语句主要有_____、_____、_____等。
2. if 判断语句中如果其值为_____，则相应语句被执行。
3. switch 语句后面括号内的表达式可以是_____、_____、_____。
4. 若 case 语句中的常量表达式的值都没有与表达式的值匹配，则执行_____后面的语句。

**二、选择题**

1. 从循环体内跳出循环，即提前结束循环的语句是（    ）。
   A．break 语句             B．continue 语句
   C．if 语句                D．switch 语句
2. 下面程序的运行结果是（    ）。

```
<?php
    $i=1;
    do{
        echo "您在该网站购买了".$i."件商品<br>";
        $i++;
    }while($i%10==0);
    echo 浏览了.$i."件商品";
?>
```

   A．您在该网站购买了 1 件商品         B．您在该网站购买了 2 件商品
   　  浏览了 1 件商品                     浏览了 2 件商品
   C．您在该网站购买了 1 件商品         D．您在该网站购买了 2 件商品
   　  浏览了 2 件商品                     浏览了 1 件商品

# 第 7 章 函数

当程序代码多了以后，如何组织这些程序？PHP 语言和其他一些编程语言一样，最初的设计原则是用函数来组织，这样可以让一段代码形成一个"程序模块"，不管在什么地方使用到相同功能时，即可调用该函数，省去了重复编写代码的麻烦，也方便了代码的审阅、修改和完善。

## 7.1 使用函数

有一个疯狂的程序员，非常喜欢吃红烧肉，但是又怕麻烦不想做，于是这个程序员就在想，要是有一个盒子能自动化做菜，放进土豆、醋和青椒就出来酸辣土豆丝；放进五花肉和红萝卜就出来红烧肉……这该有多好！其实这个程序员是将生活中的事程序化了，非常多的程序员都将函数看成黑盒子，即输入五花肉和红萝卜，输出红烧肉，至于在盒子里面具体怎么烧肉、烧萝卜的过程则不关心。

运行 Zend Studio，打开项目 php，新建文件"useFunction.php"，并输入代码 7-1。

代码 7-1 使用函数的例子

```php
<?php
// 打印文字为粗体函数
function printBold($text)
{
    print("<b>$text</b>");
}

print("这一行不是粗体<br>\n");
printBold("这一行是粗体");
print("<br>\n");
print("这一行不是粗体<br>\n");
?>
```

保存代码，按"F5"键运行，结果显示如图 7.1 所示。

图 7.1 函数使用

## 7.2 系统（内置）函数

PHP 有很多标准的函数，这些函数分为两部分，一部分是核心函数，例如字符串和变量函数，在各个版本的 PHP 安装后，默认就有。还有一些函数需要和特定的 PHP 扩展模块一起安装，否则在使用它们的时候就会得到一个致命的"未定义函数"错误。例如，要使用图像函数 imagecreatetruecolor()，需要在安装 PHP 的时候加上 GD（一个图像处理库）的支持。或者，要使用 MySQL 数据库的连接函数 mysql_connect()，就需要在安装 PHP 的时候加上 MySQL 数据库的支持。要知道当前使用的 PHP 有哪些函数，可以调用 phpinfo()函数或者 get_loaded_extensions() 函数得到 PHP 加载了哪些扩展库。

运行 Zend Studio，打开项目 php，新建文件"phpinfo.php"，并输入以下代码。

```
<?php

phpinfo();
?>
```

保存代码，按"F5"键运行，查看结果。

> **注意** 对于默认就是有效的函数库，PHP 手册中的函数参考章节按照不同的扩展库组织了它们的文档。

## 7.3 自定义函数

学会调用核心函数后，自己动手写一个函数，运行 Zend Studio，打开项目 php，新建文件 "function.php"，并输入以下代码 7-2。

代码 7-2 自定义函数

```
<?php

function hongShaoRou( $wuHuaRou, $hongLuoBu )
{
    Echo '洗红萝卜和五花肉';
    Echo '<br>';
    Echo '切红萝卜和五花肉';
    Echo '<br>';
    Echo '将原料和调料放入锅';
    Echo '<br>';
    Echo '烧肉…';
    Echo '<br>';
    Echo '起锅！';

    return '红烧肉';
}
?>
```

代码分析：以上是一个函数，函数是以关键字"function"开头，然后是空格，紧接着是本函数的函数名称"hongShaoRou",接着是一对括号,里面有两个变量一样的东西$wuHuaRou 和 $hongLuoBu,这叫函数参数,接下来是一对大括号和其中的内容,这是函数体,即实现函数功能的代码,大括号用来界定函数代码的范围,表明其内的代码属于此函数,注意最后一行是 return 语句,这表明函数返回结果。

> **注意** 函数名和 PHP 中的其他标签命名规则相同。有效的函数名以字母或下画线打头,后面跟字母、数字或下画线。

在目前的 PHP 版本中,函数具有全局属性,也就是定义一个函数后,可以在程序的任何地方使用,定义函数的位置可以在程序的任何地方,甚至可以放在另一个函数的内部。运行 Zend Studio,打开项目 php,新建文件"defineFunction.php",并输入代码 7-3。

代码 7-3 调用函数

```php
<?php

// 调用 etc 函数
etc();

// 定义 foo 函数
function foo()
{
    echo "我是函数 foo\n";

    // 定义 bar 函数
    function bar()
    {
        echo "我是函数 bar\n";
    }
}

// 定义 etc 函数
function etc()
{
    echo "我是函数 etc\n";
}

// 调用 foo 函数
foo();
// 调用 bar 函数
bar();
?>
```

保存代码,并按"F5"键,结果打印了 3 个函数的调用结果。

代码分析:代码第 4 行调用 etc 函数,而 etc 函数是在第 19~22 行定义的,由此可见在 PHP 中,函数可以定义在需要调用代码之后。第 7~16 行定义了 foo 函数,在 foo 函数里面的第 12~15 行又定义了 bar 函数,这叫函数中的函数,在实际项目中很少有这样定义的,最后第 25 行和第 27 行调用了 foo 函数和 bar 函数,运行正常,再次证明了 PHP 中函数可以定义在任何地方,且在任何地方均可调用。

由于 PHP 函数有全局特性,造成了函数不能重名,在大型项目开发中,往往会出现不同模块开发者定义了相同的函数名，造成维护成本的增加。好在 PHP 在 5.3.0 版本中加入了命名空间支持，这样只要是在不同名称空间下，同名也可以，相当于增加了一个管理维度。

> **Tips** 使用逐步调试，查看程序运行时如何调用函数。

 ## 7.4 函数参数

函数的参数是用来和函数沟通的途径，参数以逗号作为分隔符，例如上面 7.3 节中的红烧肉函数。

```
<?php
function hongShaoRou( $wuHuaRou, $hongLuoBu )
{
 //…..
}
?>
```

代码中的"$wuHuaRou, $hongLuoBu"为函数 hongShaoRou 的参数，调用函数时，需要给参数传值，传值有 3 种方式。

- 按值传递：函数默认按值传递，相当于将值赋给了参数。下面是一个按值传递的例子，运行 Zend Studio，打开项目 php，新建文件"paramFunction.php"，并输入以下代码 7-4。

代码 7-4 函数默认按值传递例子

```
<?php
$n = 3; // 初始化一个变量

// 定义函数
function byValue($num)
{
    $num = $num + 1; // 改变参数的值
    echo $num;
}

byValue($n);
echo "\n"; // 换行
echo $n;
?>
```

保存代码，按"F5"键，结果中可以看到输出了 4 和 3。

代码分析：第 3 行初始了变量$n 的值为 3，第 6~9 行定义了函数 byValue，实现的功能是将接收到的参数值做加 1 操作，第 11 行调用函数 byValue，给参数$num 的值为$n（即 3），函数 byValue 实现了$num+1 并打印出结果 4，完成函数调用，第 12 行输出了一个换行，第 13 行打印变量$n 的值为 3。

- 引用传递：引用传递和 C 语言的传址类似，传值是一个拷贝，引用传递是传递了一个别名，而不是拷贝一个值。继续看例子，运行 Zend Studio，打开项目 php，打开文件"paramFunction.php"，并修改代码如 7-5 所示。

代码 7-5　传址

```php
<?php

$n = 3; // 初始化一个变量

// 定义函数
function byValue(&$num) // 参数前多了一个 & 符号
{
    $num = $num + 1; // 改变参数的值
    echo $num;
}

byValue($n);
echo "\n"; // 换行
echo $n;
?>
```

保存代码，按"F5"键，结果中$n 的值不一样了，在按值传递中，$n 的值为 3，现在的结果是 4，这就是引用传递。如果希望允许函数修改它的参数值，必须通过引用传递参数。

- 默认值：函数的参数可以设置一个默认值，修改 paramFunction.php 如代码 7-6 所示。

代码 7-6　设置参数默认值

```php
<?php

$n = 3; // 初始化一个变量

// 定义函数
function byValue($num=1)
{
    $num = $num + 1; // 改变参数的值
    echo $num;
}

byValue($n);
echo "\n"; // 换行
byValue();
?>
```

保存代码，并按"F5"键，结果为 4 和 2。

代码分析：这次修改是在参数$num 后面添加了一个默认值，第 12 行和第 14 行各调用一次 byValue 函数，不同的是第 12 行调用给了参数值$n，第 14 行调用时没有给参数，结果显示给了参数$n（$n 的值是 3）的结果是 4，没有给参数时的值为 2，这说明当函数参数有默认值的时候，调用时没有给参数，那么函数使用默认值。

> **注意** 默认值必须是常量表达式，不是变量、类成员，或者函数调用等。

在函数参数使用默认值时，如果有多个参数，那么需要将有默认值参数放在任何非默认值参数的右边，注意下面的例子。

```php
<?php
```

```php
// 定义函数
function hello($name = 'longyang', $time)
{
    return '你好, ' . $name . '。 现在的时间是:' . $time;
}

echo hello('9点');
?>
```

运行结果将会得到一个警告信息,下面是正确的代码片断。

```php
<?php
// 定义函数
function hello($time,$name = 'longyang')
{
    return '你好, ' . $name . '。 现在的时间是:' . $time;
}

echo hello('9点');
?>
```

这将得到正确的结果。

## 7.5 返回值

函数值通过使用可选的返回语句返回。通常使用 return 语句,任何类型都可以返回,其中包括列表和对象。在 return 语句中已经提到,如果 return 语句在函数中,那么执行后将立即停止该函数运行,并且将控制权传递回它被调用的行,如果忘了 return 语句的使用方法,可以回头复习。函数不能返回多个值,但可以返回一个数组来得到多个值,关于数组的知识将在后面的章节中讲到。

同样,函数也可以返回一个引用,这和变量的引用类似,只需要在函数前加上符号"&",下面是一个例子。

```php
<?php

function &returnReference()
{
    $someReference = 'alskdjfaskdjfkalsdjf';
    return $someReference;
}

$reference =&returnReference();
?>
```

变量$reference 是函数 returnReference 返回的一个引用。

## 7.6 动态调用函数

假设一个状况,在一个项目中,客户要求自己设置字符串转换成大写或小写,按照之前学习到的知识,实现的代码如下。

```php
<?php
/**
```

```php
 * 设置字符串转换方式，小写:strtolower，大写:strtoupper
 */
$functionName = 'strtolower'; // 假设用户设置为小写
$string = 'ABCDEFG'; // 要处理的字符串
// 判断用户设置
if ($functionName == 'strtolower')
{
    // 调用函数处理
    $string = strtolower($string);
}
?>
```

实际上这个实现很简单了，但 PHP 还有一个更加简单的实现方法，请参考下面的实现代码。

```php
<?php
/**
 * 设置字符串转换方式，小写:strtolower，大写:strtoupper
 */
$functionName = 'strtolower'; // 假设用户设置为小写
$string = 'ABCDEFG'; // 要处理的字符串

$functionName($string);
?>
```

这就是 PHP 中的动态调用函数，注意第 8 行，变量后面有圆括号，这意味着 PHP 将寻找与变量$functionName 的值同名的函数，并且将尝试执行它，结果为处理$string 的函数是 strtolower。如果用户设置为 strtoupper，那么处理$string 的函数则是 strtoupper。

> **注意** 动态调用函数不能用于语言结构，例如 echo()、print()、unset()、isset()、empty()、include()、require() 及类似的语句，除非将这些语言结构重新用自定义函数包装起来，然后使用包装的函数调用。

## 7.7 作用域

学到现在，从变量到运算，从流程到函数，一个 PHP 代码文件就越来越复杂了，这时候有一个问题，即这些变量和函数产生后，其有效期有多长，在哪些结构里面起作用，在这一节将详细说明变量和函数在文件结构中的作用域及一些改变其作用域的方法。

### 7.7.1 局部作用域

局部作用域即只是在某一个区间有效。首先来看一个例子，运行 Zend Studio，打开项目 php，新建文件 "see.php"，并输入以下代码 7-7。

代码 7-7　局部作用域例子

```php
<?php

function test()
{
    $abc = 123;
```

```
}
echo $abc;
?>
```

保存代码,并按"F5"键,结果有一条提示信息显示"Notice: Undefined variable: abc in……"。

代码分析:代码第 3~6 行定义了函数 test,函数里面定义了一个变量$abc,值为整数 123,第 8 行显示$abc 变量,结果显示$abc 变量未定义,这说明变量$abc 在 test 函数外是无效的。

下面再看一个在函数外声明的变量,是否在函数内有效,将 see.php 的代码改为下列代码。

```
<?php

$abc = 123;
function test()
{
    echo $abc;
}
test();
?>
```

保存代码,并按"F5"键,结果还是显示了一条信息"Notice: Undefined variable: abc in……"。

代码分析:第 3 行在函数外定义了变量$abc,第 4~7 行定义函数 test,第 8 行调用 test 函数,结果打印变量$abc 时提示变量未定义。

这时候可能有人要问,如果函数内需要使用函数外定义的变量该如何做?修改 see.php 代码如下。

```
<?php

$abc = 123;
function test()
{
    global $abc;

    echo $abc;
}
test();
?>
```

保存代码,并按"F5"键,结果输出 123。

代码分析:这次修改在函数中加入了关键字"global",后面是空格和变量$abc,这样函数内就可以使用函数外的变量了,如果有多个变量,那么使用逗号(,)隔开,依然是分号结束,如下面代码片断所示。

```
<?php

$abc = 123;
$def = 456;
function test()
{
    global $abc, $def;

    echo $abc . $def;
}
test();
```

```
?>
```

保存代码，并按"F5"键，结果输出 123456。

还有一种方法是使用超全局变量来访问具有全局作用的变量，通常情况不这样做，相关知识请见下一节的学习。

## 7.7.2 全局作用域

在 7.3 节中提到，函数具有全局作用域，也就是定义一个函数，那么该函数可以在程序中的任何地方使用。在 PHP 中，虽然直接在文件开头定义的变量是全局变量，但在函数中却需要加关键字 global 才可以使用，但如果有必要可以将变量定义在预定义变量中，因为 PHP 预定义变量是超全局变量，超全局变量是可以在 PHP 中任何地方使用的，这个特性和函数的特性一样。下面看一个例子。

运行 Zend Studio，打开项目 php，新建文件"supperVar.php"，并输入代码 7-8。

代码 7-8　全局作用域例子

```
01    <?php
02
03    // 定义变量$test
04    $test = 'abcd';
05    // 定义函数 printVar
06    function printVar()
07    {
08        echo '在函数 printVar 内显示的$GLOBALS[\'test\']: ' . $GLOBALS['test'];
09        echo "\n";
10    }
11
12    printVar();
13    echo '直接显示的$GLOBALS[\'test\']: ' . $GLOBALS['test'];
14    echo "\n";
15    echo '直接显示的$test: ' . $test;
16    ?>
```

保存代码，并按"F5"键，查看运行结果。

代码分析：第 4 行定义变量$test，值为 abcd，第 6~10 行定义函数 printVar，函数的作用是打印$GLOBAL['test']这个变量，并输出了一个换行符"\n"，第 12 行调用函数 printVar，此时得到第一个结果"在函数 printVar 内显示的$GLOBALS['test']: abcd"，第 13 行打印字符串"直接显示的$GLOBALS[\'test\']: "，后面是一个字符串运算符"."，是将"直接显示的$GLOBALS[\'test\']: "加上变量"$GLOBALS['test']"的值，结果为"直接显示的$GLOBALS['test']: abcd"，细心的人可能发现了，字符串"直接显示的$GLOBALS[\'test\']: "中的"$GLOBALS[\'test\']"和其他的有点不一样，在单引号前多了一个反斜线，这是因为打印的这个字符串含有变量，如果使用双引号将不会显示"$GLOBAL['test']"，而是显示"$GLOBAL['test']"的值，使用单引号是为了让这个变量以字符串输出，但是使用单引号就会和"$GLOBAL['test']"中的两个单引号冲突，此时使用反斜线来转义这两个单引号，这样就准确地输出了字符串"$GLOBAL['test']"。第 14 行输出一个换行，第 15 行直接输出变量$test 的值，结果为"直接显示的$test: abcd"。

这说明，只要定义的变量具有全局属性，那么该变量都可以用"$GLOBAL['定义的变量名字']"来访问，不论在何时何地。具有全局属性的变量通常指没有在任何条件或一些结构下定义的变量，将 supperVar.php 的代码改为以下代码 7-9。

代码 7-9　全局属性例子

```php
<?php

// 定义变量$test
$test = 'abcd';
// 定义函数 printVar
function printVar()
{
    $wahaha = 'wahaha';
}

echo '显示的$GLOBALS[\'test\']: ' . $GLOBALS['test'];
echo "\n";
echo '显示的$GLOBALS[\'wahaha\']: ' . $GLOBALS['wahaha'];
?>
```

保存代码,并按"F5"键。结果发现一条消息,提示"Notice: Undefined index: wahaha in……"意思是未定义的索引"wahaha","$GLOBALS['wahaha']:"后面没有显示结果。

代码分析:定义$test 变量没有在任何函数内或 foreach 等结构内,所以具有全局属性,这些变量可以用超全局变量$GLOBAL 访问,反之,在函数 printVar 内定义的变量$wahaha 则具有局部属性,只是在函数 printVar 中有效,所以不能用$GLOBAL 访问到。

**Tips** 使用 Zend Studio 编写代码时,如果该变量具有全局属性,那么当在编辑器中输入"$GLOBALS["时,编辑器自动出现下拉列表,可以在里面找到具有全局属性的变量。

## 7.8 生存期

变量和函数放在不同的地方会有不一样的生存期,变量生存期的内容放在函数的章节里面,是因为变量的生存期和函数及结构息息相关。

运行 Zend Studio,打开项目 php,新建文件"varLife.php",并输入代码 7-10。

代码 7-10　变量生存期的例子

```php
<?php

// 定义函数 test
function test()
{
    $a = 0;
    echo $a;
    $a++;
}

// 调用函数 test 两次
test();
test();
?>
```

保存代码,并按"F5"键,结果输出 0 0。函数内的变量$a 是一个局部作用域变量,每次调用时都会将$a 的值设为 0 并输出"0"。将变量自加 1 的$a++没有作用,因为一旦退出本函数变量$a 就不存在了。

那么,要将函数内的变量保留下来,除了 return 返回值之外,还可以使用静态变量,修改 varLife.php 代码,在变量$a 之前加上 static 关键字。

```php
<?php
// 定义函数 test
function test()
{
    static $a = 0;
    echo $a;
    $a++;
}

// 调用函数 test 两次
test();
test();
?>
```

保存代码,并按"F5"键,结果为 0 1。这说明情况发生了变化,变量$a 的生存期不仅仅因为第一次函数 test 的调用结束而结束,当第二次调用该函数时,变量$a 的值还存在。

现在来看一下函数的生存期,先前提到函数是有全局域的,无论在哪都能使用,但下面这个例子会出现一些例外。

运行 Zend Studio,打开项目 php,新建文件"functionLife.php",并输入代码 7-11。

代码 7-11 函数生存期的例子

```php
<?php
// 定义函数 parent_fun 和函数中的函数 child_fun
function parent_fun()
{
    echo 'parent_fun';

    function child_fun()
    {
        echo ' child_fun';
    }
}
// 第一个注释
//parent_fun();

// 第二个注释
//parent_fun();

child_fun();

?>
```

保存代码,并按"F5"键运行。结果出现一个致命错误"Call to undefined function child_fun()",这是因为没有运行 parent_fun 函数,child_fun 函数就没有定义,现在编辑 functionLife.php 去掉第一个注释,保存并运行,结果显示正常,再继续去掉第二个注释,保存并运行,结果出现一个致命错误"Cannot redeclare child_fun() (previously declared in……)",意思是 child_fun 函数已经定义了,第一次调用 parent_fun 函数时,定义了函数 child_fun,第二次调用就出现了错误,这就是为什么不推荐在函数中定义函数的原因,因为定义了函数中的函数,那么上层函数就只能被调用一次。

## 7.9 典型实例

【实例 7-1】递归函数类似于一个循环,其在很多方面都有应用,例如无限分级的目录树或菜单等。在创建递归函数时也和循环一样,就是不能产生像无限循环一样的结果。递归调用函数最好在 100 至 200 层以内。本实例通过递归函数创建一个无限分级的目录树。

代码 7-12 通过递归函数创建一个无限分线的目录树

```php
<?php
//定义一个保存目录树数据的数组
$tree = array(
    array("id"=>1,"pid"=>0,"t"=>"总公司"),
    array("id"=>2,"pid"=>1,"t"=>"分公司1"),
    array("id"=>3,"pid"=>1,"t"=>"分公司2"),
    array("id"=>4,"pid"=>2,"t"=>"分公司1部门"),
    array("id"=>5,"pid"=>3,"t"=>"分公司2部门"),
    array("id"=>6,"pid"=>4,"t"=>"分公司1部门"),
    array("id"=>7,"pid"=>6,"t"=>"分公司1部门"),
    array("id"=>8,"pid"=>7,"t"=>"分公司1部门"),
    array("id"=>9,"pid"=>8,"t"=>"分公司1部门")
);
//定义一个查询数组内容函数
function getline($id){
    //访问全局变量$tree
    global $tree;
    //定义一个空数组
    $r = array();              //定义一个空的数组,用于保存获取的变量
    foreach($tree as $v){      //使用foreach遍历数组$tree
        if($v["pid"]==$id){    //当数组中键名为pid的元素的值等于给出的值时,将这个值保存到新创建的数组中
            $r[] = $v;         //记录属于同一个上级结点的数组
        }
    }
    //返回数组
    return $r;
}
//定义一个递归函数
function comtree($pid=0,&$result="",$d=1){
    //取得数组中相关的数据
    $data = getline($pid);
    //遍历取回的数组,构建目录树
    foreach($data as $v){
        //处理目录树显示数据
        $result.=str_repeat("-",$d-1).$v["t"]."<br>";  //根据部门的级别,设置部门前方显示的符号
        //递归调用函数本身
        comtree($v["id"], $result,$d+1);
    }
    //当上级结点为0时,才显示树结构
    if($pid==0){
        print $result;
```

```
    }
}
comtree();
?>
```

运行该程序后，运行结果如图 7.2 所示。

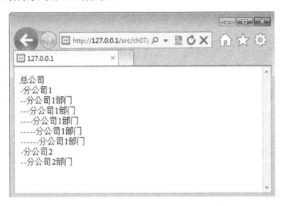

图 7.2　程序运行结果

【实例 7-2】在 PHP 变量知识的介绍中，提到过可变变量。通过在字符型变量前添加"$"符号，可以产生一个新变量。而函数也可以通过改变其函数名称，达到类似可变变量的效果，这类函数称为变量函数。

在了解了变量函数的特点后，在实际应用中，可以使用变量函数的这一特点，实现函数调用。特别是在软件项目中，函数特别多的情况下，使用变量函数，可以根据用户的输入调用相关的函数，方便程序模块化。在使用变量函数时需要注意两点：

（1）检查目标函数是否存在，这样才能更有效地防止程序出现调用未知函数的错误。

（2）如果要使用变量函数动态地调用对应函数，一定要检查目标函数的安全性，防止非法用户调用到权限之外的函数，影响系统安全。

代码 7-13　函数调用

```php
<?php
function u_1() {
    echo "这是函数u_1<br />";
}

function u_2($title) {
    echo "这是函数u_2,其参数是".$title.".<br />\n";
}

class runf{
    function u_3(){
        echo "这是运行于类中的函数u_3";
    }
}

$function = "u_1";        //给变量$function赋值
$function();              //运行以$function变量值同名的函数
$function = "u_2";        //给变量$function赋值
$function("2");           //运行以$function变量值同名的函数，并为函数设置参数
$function = "u_3";        //给变量$function赋值
```

```
$nrunf = new runf();      //实例化类
$nrunf->$function();      //运行类中的函数
?>
```

运行该程序后，运行结果如图 7.3 所示。

图 7.3　程序运行结果

## 7.10　小结

本章介绍了函数的结构、函数的使用、系统函数和自定义函数，以及变量和函数的作用域、生命期等。从第 1 章到第 7 章是 PHP 的基础部分，其中的变量、流程结构和函数又是基础中的重点，对这些知识掌握的程度直接影响从第 8 章开始的高级部分，建议多复习几次第 1~7 章的内容，重新消化一遍。

## 7.11　习题

**一、填空题**

1. PHP 自定义函数的关键字是_____。
2. 在主程序中定义的变量，不但在主程序中有效，函数内也能调用；同样在函数中定义的变量也能被函数以外的程序调用，这类变量称为_____。
3. 当函数执行完毕后，变量的存储空间将自动被释放出去，这类变量称为_____；在函数执行完毕后，仍能保留其存储空间的变量称为_____。

**二、选择题**

1. return 语句可以返回（　　）类型的数据。
   A．整型　　　　　　　　　　B．浮点型
   C．数组　　　　　　　　　　D．以上都有
2. 下面程序的运行结果是（　　）。

```
$a=2008;
function add (&$a){
    $a=$a+1;
    echo $a."<br>";
    }
add($a);
echo $a;
```

A. 2008  B. 2009  C. 2009  D. 编译有误
   2008     2008     2009

3. 下面程序的运行结果是（　　）。

```
$int=1;
function num(){
    $int=$int+1;
    echo "$int<br>";
    }
num();
```

A. 程序无输出  B. 1  C. 2  D. 以上都不对

# 第 8 章　PHP 数组类

在进行程序开发的过程中，有时会需要创建许多相似的变量。对于这些相似的变量，可以把数据作为元素存储在数组中。PHP 的数组除了具有一般数组的特性外，它还提供了与数组操作有关的大量行为和函数。本章以一个循序渐进的方式来探讨 PHP 所支持的基于数组的特性和常用功能。

## 8.1　什么是数组

本节主要介绍数组的基础知识，包括什么叫数组及如何创建 PHP 中的几种数组。

### 8.1.1　什么是 PHP 的数组

数组，顾名思义就是数据的组合。那么什么样的数据会被组合在一起呢？在现实生活中，往往会把具有相似性的事物组放在一起，例如会把学习用的书本放在书架上，写字的笔放在笔筒里，餐具放在厨房的橱柜里等。

在程序设计中通常把数组（array）定义为一组由某种共同特性的元素组成的集合，如具有相似性的集合（车模、棒球队、水果类型等）和相同类型的集合（例如所有元素都是字符串或整数）。每个元素都包括键（key）和值（value）两个项。其中一个集合中的键都是唯一的，可以通过查询"键"来获取其相应的"值"。

PHP 中的数组实际上是一个有序图。图是一种把 values 映射到 keys 的类型。此类型在很多方面做了优化，因此可以把它当成真正的数组来使用，或列表（矢量）、散列表（是图的一种实现）、字典、集合、栈、队列及更多可能性。因为可以用另一个 PHP 数组作为值，也可以很容易地模拟树。由此可见 PHP 数组的功能强大。

### 8.1.2　创建 PHP 的数组

PHP 中的数组基本可分为三大类，分别是数值数组、关联数组、多维数组。下面就分别举几个例子来说明如何创建这些数组。

#### 1. 创建数值数组

数值数组存储的每个元素都带有一个数字标识键。可以使用不同的方法来创建数值数组。创建时自动分配数字标识键，代码如下。

```
$names = array("张三", "李四", "王五");
```

这段代码是使用 array 函数来创建一个含有三个元素的数值数组。

> **注意**　这里的数值索引数组以位置 0 起始，而不是 1。

也可以用人工分配数字标识键的方式创建相同的一个数组,代码如下。

```
$names[0] = "张三";
$names[1] = "李四";
$names[2] = "王五";
```

代码 8-1 演示了如何打印数值数组的结构并使用数字标识键读取相应的值。

代码 8-1　打印数值数组并使用数字标识键读取相应的值

```
<pre>
<?php
//以人工分配数字标识键的方式创建数组
$names[0] = "张三";
$names[1] = "李四";
$names[2] = "王五";
print_r($names);
echo $names[1] . " 和 " . $names[2] . " 都是 ". $names[0] ."的小学同学";   //在页面上输出结果
?>
</pre>
```

运行后的输出结果如图 8.1 所示。

### 2．创建关联数组

关联数组,它的每个标识键都关联一个值。在存储有关具体命名的值的数据时,使用数值数组可能不是最好的做法。通过关联数组,程序中可以把值作为键,并向它们赋值。

使用一个数组把年龄分配给不同的人,代码如下。

```
$ages = array("张三"=>32, "李四"=>30, "王五"=>34);
```

用自定义标识的方式创建一个相同的数字,代码如下。

```
$ages['张三'] = "32";
$ages['李四'] = "30";
$ages['王五'] = "34";
```

图 8.1　数值数组打印和输出

代码 8-2 演示了打印关联数组的结构并演示如何读取所创建的关联数组。

代码 8-2　读取关联数组的值

```
<pre>
<?php
//以人工分配关联标识键的方式创建数组
$ages['张三'] = "32";
$ages['李四'] = "30";
$ages['王五'] = "34";
print_r($ages);
echo "李四现在有" . $ages['李四'] . "岁了";  //在页面上输出结果
?>
</pre>
```

运行后的输出结果如图 8.2 所示。

### 3．创建多维数组

在多维数组中,主数组中的每个元素也是一个数组。在子数组中的每个元素也可以是数组,以此类推。创建一个带有自动分配的标识键的多维数组,代码如下。

图 8.2　读取关联数组的值

```
$families = array
(
    "brother"=>array("大明", "二明", "三明"),
    "sister"=>array("MeiMei"),
    "nuncle"=>array("张三", "李四", "王五")
);
```

代码 8-3 演示了如何读取所创建的多维数组的某个值。

代码 8-3 读取多维数组的某个值

```
<pre>
<?php
//创建多维数组
$families = array
(
    "brother"=>array("大明", "二明", "三明"),
    "sister"=>array("MeiMei"),
    "nuncle"=>array("张三", "李四", "王五")
);
print_r($families);
echo "我有一个表妹,她的名字叫 " . $families[sister][0]; //输出
?>
</pre>
```

运行后的输出结果如图 8.3 所示。

图 8.3 读取多维数组的值

##  8.2 增加删除数组元素

在前一节,对什么是数组及如何创建数组做了全面的讲解。那创建数组以后,如何对其进行增加和删除的操作? PHP 提供了一系列有用的函数,使这些操作变得非常方便。

### 8.2.1 使用$arrayname[ ]增加数组元素

这不是一个函数,而是 PHP 语言的一个特性。只要通过赋值就能增加数组元素,例如有如下一个数组。

```
$goods = array('毛衣', '领带', '头巾');
```

可以用如下代码,直接添加一个元素上去。

```
$goods['new'] = '裤子';
```

添加后,这个数组如果用 print_r 函数打印出来的话,应该是如下结果。

```
Array
(
    [0] => 毛衣
    [1] => 领带
    [2] => 头巾
    [new] => 裤子
)
```

对于这个数值数组,还有一种方式来添加元素,代码如下。

```
$goods[] = '毛衣';
```

追加后数组的结果如下。

```
Array
(
    [0] => 毛衣
    [1] => 领带
    [2] => 头巾
    [3] => 毛衣
)
```

可以从结果中看出,使用这种方式添加的数据元素,它的数值标识会是这个数值中已存在的那个最大标识数自动加 1。这种自动递增的特点在动态增加数组元素时能给程序设计带来很大的方便,省去了用程序来判断最大的数值标识并递增的过程。

### 8.2.2 使用 unset()删除数组中的元素

实际上 unset()是用来销毁指定的变量的,但是也使用它来删除数组中的元素,而且在删除数组中指定的某个元素时,使用这个方法是非常方便的。

比如有如下的一个数组,需要删除其中值为 summer 的元素。

```
$seasons = array(1=>'spring', 2=>'summer', 3=>'autumn', 4=>'winter');
```

观察后可以发现这个元素的键为"2",所以使用如下语句。

```
unset($seasons[2]);
```

这样就可以把数组中的值为 summer 的元素删除,最后得到的数值结果如下。

```
Array
(
    [1] => spring
    [3] => autumn
    [4] => winter
)
```

> **注意** 在 PHP 3 中，unset()将返回 TRUE（实际上是整型值 1），而在 PHP 4 或更高版本中，unset()不再是一个真正的函数：它现在是一个语句。这样就没有了返回值，试图获取 unset()的返回值将导致解析错误。

### 8.2.3 使用 array_push()压入数组元素

PHP 提供一个入栈函数 array_push()，可以将一个或多个单元压入数组的末尾（入栈）。该函数的语法如下所示。

```
int array_push ( array &array, mixed var [, mixed ...] )
```

该函数将 array 当成一个栈，并将传入的变量压入 array 的末尾。array 的长度将根据入栈变量的数目增加。代码 8-4 演示该函数的用法，如下所示。

代码 8-4　使用 array_push()压入数组元素

```
<pre>
<?php
$stack = array("orange", "banana");            //创建数组
echo "原数组：";
echo "<br />";
print_r($stack);                                //打印数组
array_push($stack, "apple", "raspberry");       //入栈，压入到最后一个元素
echo "入栈后的数组：";
echo "<br />";
print_r($stack); //打印数组
?>
</pre>
```

执行代码后的结果如图 8.4 所示。

图 8.4　使用 array_push()压入数组元素

### 8.2.4 使用 array_pop()弹出数组元素

PHP 提供一个入栈函数 array_pop()，将数组最后一个单元弹出（出栈）。该函数的语法如下所示。

```
mixed array_pop ( array &array )
```

该函数弹出并返回 array 数组的最后一个单元,并将数组 array 的长度减 1。如果 array 为空(或者不是数组)将返回 NULL。代码 8-5 演示了该函数的用法,如下所示。

代码 8-5　使用 array_pop()弹出数组元素

```
<pre>
<?php
$stack = array("orange", "banana", "apple", "raspberry");      //创建数组
echo "原数组: ";
echo "<br />";
print_r($stack);                                                //打印数组
$fruit = array_pop($stack);                                     //出栈,弹出最后一个元素
echo "出栈后的数组: ";
echo "<br />";
print_r($stack);                                                //打印数组
?>
</pre>
```

执行代码后的结果如图 8.5 所示。

图 8.5　使用 array_pop()弹出数组元素

## 8.3　遍历输出数组

在前几节中已经介绍了如何创建一个数组并对数组进行添加和删除。既然有了这些数组,那么接下来就是怎么显示数组的问题。所以本小节主要讲述用 print_r 来显示数组信息,以及如何用 for 和 foreach 语句遍历并显示这些数组的内容。

### 8.3.1　使用 print_r()打印数组

PHP 提供一个输出变量详情的函数 print_r(),用来打印关于变量的易于理解的信息。该函数的语法如下所示。

```
bool print_r ( mixed expression [, bool return] )
```

该函数显示关于一个变量的易于理解的信息。其中 expression 就是需要显示的参数,如果给出的是 string、integer 或 float,将打印变量值本身。如果给出的是 array,将会按照一定格式显示

键和元素。object 与数组类似。记住，print_r()将把数组的指针移到最后边。使用 reset()可让指针回到开始处。

return 是一个可选参数，可以用来修改函数的行为，将输出返回给调用者，而不是发送到标准输出。

代码 8-6 是使用 print_r 函数的例子，如下所示。

代码 8-6　使用 print_r 输出数组 1

```
<?php
$country = array("Chinese", "Korea", "America", "Japan");    //创建数组
print_r($country);                                            //打印数组
?>
```

运行此代码后的结果如图 8.6 所示。

但是，对于这个输出的样式，如果数据一多，就不好识别。为了解决这个问题，可以多加一个 HTML 语言的"<pre>"标签。这个标签可以把包含在其中的空格、回车、换行、制表符等按照文本原先的格式显示出来。代码 8-7 就是使用了"<pre>"标签和 print_r 函数打印数组的例子。

代码 8-7　使用 print_r 输出数组 2

```
<pre><!-- 原格式开始标签-->
<?php
$country = array("Chinese", "Korea", "America", "Japan");    //创建数组
print_r($country);                                            //打印数组
?>
</pre><!-- 原格式结束标签-->
```

运行此代码后的结果如图 8.7 所示。

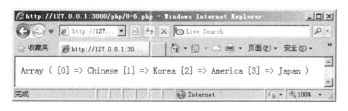

图 8.6　使用 print_r 输出数组 1

图 8.7　使用 print_r 输出数组 2

可以发现，现在的输出格式要比没有使用标签时清楚许多。

## 8.3.2　使用 for 循环语句输出数组

对于一个按照整数顺序索引的数值数组，可以使用 for 循环语句来依次访问其中的数组元素，如代码 8-8 所示。

代码 8-8　使用 for 循环语句输出数组

```
<pre>
<?php
$country = array("Chinese", "Korea", "America", "Japan");    //创建数组
$count = count($country);
```

```
echo "使用 for 语句遍历数组";
echo "<br /> <br />";
for($i = 0; $i < $count; $i++)                              //使用 for 语句遍历数组
{
    $j = $i + 1;                        //自动分配的下标是从 0 开始的
    echo "第{$j}个元素是：$country[$i]";  //根据数值标识，打印数值元素
    echo "<br /> <br />";
}
?>
</pre>
```

运行上述代码后，显示的结果如图 8.8 所示。

图 8.8　使用 for 循环语句输出数组

### 8.3.3　使用 foreach 循环语句输出数组

for 循环语句提供一种遍历数组的方式，这种方式虽然很简便，但是也有它的局限性。如果一个数组是关联数组，那么用 for 语句就显得不合适了。这个时候就可以用 PHP 专门为数组和对象遍历提供的 foreach 循环语句。它的语法结构如下所示。

```
foreach (array_expression as $value)
    statement
foreach (array_expression as $key => $value)
    statement
```

第一种格式遍历给定的 array_expression 数组。每次循环中，当前单元的值被赋给$value 并且数组内部的指针向前移一步（因此下一次循环中将会得到下一个单元）。

第二种格式做同样的事，除了当前单元的键名也会在每次循环中被赋给变量$key。

> **注意**　当 foreach 开始执行时，数组内部的指针会自动指向第一个单元。这意味着不需要在 foreach 循环之前调用 reset()。

代码 8-9 是一个使用 foreach 遍历数组的例子，如下所示。

代码 8-9　使用 foreach 遍历数组

```
<pre>
<?php
$country = array('C'=>"Chinese", 'K'=>"Korea", 'A'=>"America", 'J'=>"Japan");
//创建数组
```

```
echo "使用 foreach 语句遍历数组";
echo "<br /> <br />";
foreach($country as $key=>$value)                          //使用 foreach 语句遍历数组
{
    echo "$key 代表: $value";                              //打印键和值
    echo "<br /> <br />";
}
?>
</pre>
```

在这段代码中,每次 foreach 循环都会将数组的一个索引赋值给变量$key,把对应的值赋值给遍历$value。执行以上代码后,得到的结果如图 8.9 所示。

图 8.9 使用 foreach 遍历数组

## 8.4 数组排序

众所周知,数据排序是计算机科学的一个重要问题。任何上过入门级编程课的人都知道一些排序算法,如冒泡排序、堆排序、希尔排序和快速排序等。这个问题在日常编程任务中出现得非常频繁,对数据排序就如同创建 if 条件或 while 循环一样成为常事。PHP 提供了能以多种不同方式对数组排序的大量有用的函数,从而简化了这个过程。本节就针对这些函数做详细的介绍。

### 8.4.1 使用 sort 对数组进行排序

PHP 提供排序的 sort()函数使用语法如下所示。

```
bool sort ( array &array [, int sort_flags] )
```

该函数会对 array 进行排序,各元素按值由低到高的顺序排列。sort_flags 参数可选,将根据这个参数指定的值修改该函数的默认行为。其代表的含义如下所示:
- SORT_NUMBERIC:按数值排序。对整数或浮点数排序时很有用。
- SORT_REGULAR:按照相应的 ASCII 值对元素排序。例如,这意味着 B 在 a 的前面。在网上很快就能查到很多 ASCII 表,所以本书就不再列出。
- SORT_STRING:按接近于人所认知的正确顺序对元素排序。有关的更多信息请参阅本节后面介绍的 natsort()。
- SORT_LOCALE_STRING:根据当前的区域(locale)设置来把单元当做字符串比较。

> **注意** 它不返回排序后的数组。相反，它只是"就地"对数组排序，不论结果如何都不返回任何值。

代码 8-10 是使用 sort()对数组排序的例子，如下所示。其输出效果如图 8.10 所示。

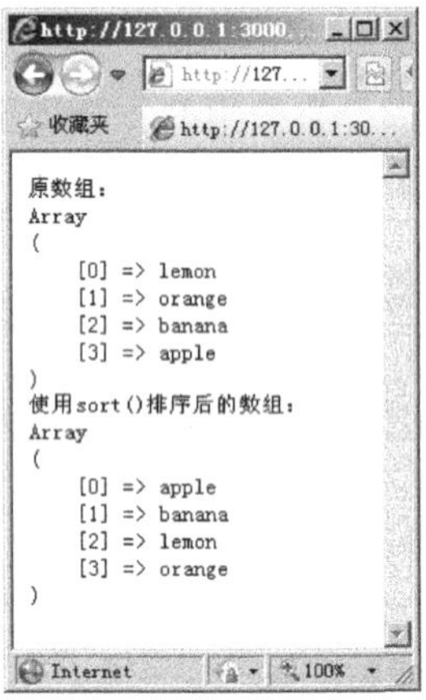

图 8.10　使用 sort()对数组排序

代码 8-10　使用 sort()对数组排序

```
<pre>
<?php
$fruits = array("lemon", "orange", "banana", "apple");
echo "原数组：";
echo "<br />";
print_r($fruits);
echo "使用sort()排序后的数组：";
echo "<br />";
sort($fruits);
print_r($fruits);
?>
</pre>
```

## 8.4.2　使用 rsort 对数组进行逆向排序

rsort()函数与 sort()相同，只是它以相反的顺序（降序）对数组元素排序。

```
bool rsort ( array &array [, int sort_flags ] )
```

该函数接受一个数组作为输入参数，如果处理成功返回 TRUE，否则返回 FALSE。如果包括了可选的 sort_flags 参数，那么具体的排序行为将由这个值来确定，请参见 8.4.1 节中的解释。

> **注意** 它不返回排序后的数组。相反，它只是"就地"对数组排序，不论结果如何都不返回任何值。

代码 8-11 是使用 rsort()对数组排序的例子，如下所示。其输出效果如图 8.11 所示。

代码 8-11 使用 rsort() 对数组排序

```php
<pre>
<?php
$fruits = array("lemon", "orange", "banana", "apple");
echo "原数组：";
echo "<br />";
print_r($fruits);
echo "使用 rsort()排序后的数组：";
echo "<br />";
rsort($fruits);
print_r($fruits);
?>
</pre>
```

图 8.11 使用 rsort() 对数组排序

## 8.4.3 数组的随机排序

PHP 提供一个可对数组进行随机排序的函数 shuffle()，使用该函数的语法如下。

```
bool shuffle ( array &array )
```

使用该函数很简单，只传入一个需要对其进行随机排序的数据即可，如果排序成功返回 TRUE，否则返回 FALSE。

> **注意** 该函数排序后会删除原函数的键名，并自动生成。

代码 8-12 演示了该函数的用法，如下所示。

代码 8-12 数组的随机排序

```php
<pre>
<?php
$test_array = array("first" => 1,"second" => 2,"third" => 3,"fourth" => 4);
echo "原数组：";
echo "<br />";
print_r($test_array);
echo "使用 shuffle()随机排序后的数组：";
```

```
    echo "<br />";
    shuffle($test_array);
    print_r($test_array);
?>
</pre>
```

上述代码运行后第一次的结果如图 8.12 所示，可以看到数组经过 shuffle()函数的排序以后，其中的元素被随机排序。然后刷新页面，再次执行代码，得到的结果如图 8.13 所示。两次得到的结果不一致，证明数组被再次随机排序。

图 8.12　数组的随机排序 1　　　　　　图 8.13　数组的随机排序 2

### 8.4.4　数组的反向排序

PHP 提供一个 array_reverse()函数用来对数组进行反向排序的操作，其使用的语法如下所示。

array array_reverse ( array array [, bool preserve_keys] )

该函数接受数组 array 作为输入并返回一个单元为相反顺序的新数组，如果 preserve_keys 为 TRUE 则保留原来的键名。代码 8-13 是使用这个函数的示例，代码如下。

代码 8-13　数组的反向排序

```
<pre>
<?php
$input = array("test", 5.0, array("green", "red", "blue"));    //创建一个多维数组
echo "原数组：";
echo "<br />";
print_r($input);                                                //打印原数组
$result = array_reverse($input);                                // 使用array_reverse对数组逆向排序
echo "使用array_reverse()反向排序后的数组：";
echo "<br />";
print_r($input);                                                //打印排序后数组
$result_keyed = array_reverse($input, TRUE);                    //设置第二个参数为TRUE
echo "使用array_reverse()反向排序，而且第二个参数为TRUE的结果：";
echo "<br />";
print_r($result_keyed);                                         //打印排序后数组
?>
</pre>
```

运行代码后，得到如图 8.14 所示的结果。从中可以了解到，使用 array_reverse()函数时，示例中的多维数组进行一次逆向排列，其中的元素键值也发生了相应的改变。当第二个参数设置为 TRUE 时，数组逆转但元素的键值没有发生改变。

> **注意** 使用 array_reverse 只能对当前数组的第一维元素进行反向。如果第一维中还含有数组，那么将保持原来的顺序不变。

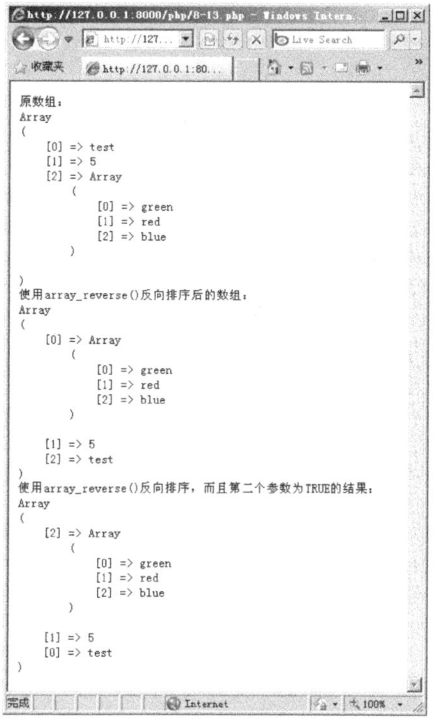

图 8.14 数组的反向排序

## 8.5 合并与拆分数组

本节介绍的函数能完成一些更复杂的数组处理任务，例如，接合和合并多个数组、从数组元素中提取一部分，以及完成数组比较。

### 8.5.1 合并数组

array_merge()将一个或多个数组的单元合并起来，一个数组中的值附加在前一个数组的后面，其使用的语法如下所示。

```
array array_merge ( array array1 [, array array2 [, array ...]] )
```

该函数返回作为结果的数组。如果输入的数组中有相同的字符串键名，则该键名后面的值将覆盖前一个值。然而，如果数组包含数字键名，后面的值将不会覆盖原来的值，而是附加到后面。

如果只给了一个数组并且该数组是数字索引的，则键名会以连续方式重新索引。

代码 8-14 是使用这个函数的示例，代码如下。

代码 8-14　合并数组

```
<pre>
<?php
$array1 = array("颜色" => "蓝色", 2, 4);                              //创建一个数据
$array2 = array("类型", "名称", "颜色" => "红色", "笔刷" => "毛笔", 4); //创建另外一个数组
$result = array_merge($array1, $array2);                              //合并数组
print_r($result);                                                     //输出合并后的数组
?>
</pre>
```

以上代码首先创建两个数组变量$array1 和$array2，然后使用 array_merge()函数将这两个数组合并。代码运行后的结果如图 8.15 所示。

图 8.15　合并后的数组

## 8.5.2　拆分数组

array_slice()函数返回根据 offset 和 length 参数所指定的 array 数组中的一段序列，其使用的语法如下所示。

```
array array_slice ( array array, int offset [, int length [, bool preserve_keys]] )
```

如果 offset 非负，则序列将从 array 中的此偏移量开始。如果 offset 为负，则序列将从 array 中距离末端这么远的地方开始。

如果给出了 length 并且为正，则序列中将具有很多的单元。如果给出了 length 并且为负，则序列将终止在距离数组末端这么远的地方。如果省略，则序列将从 offset 开始一直到 array 的末端。

> 注意　array_slice()默认将重置数组的键,可以通过将 preserve_keys 设为 TRUE 来改变此行为。

代码 8-15 是使用这个函数的示例。

代码 8-15　拆分数组

```
<b>拆分数组</b><hr>
<pre>
<?php
$fruits = array("苹果", "桔子", "西瓜", "香蕉", "葡萄", "柚子"); //创建一个数据
```

```
$output1 = array_slice($fruits, 4);              //取第 4 个以后的数据
$output2 = array_slice($fruits, 2, -2);          //取第 2 个以后且是倒数第 2 个以前的数据
echo "原数组：";
echo "<br />";
print_r($fruits);
echo "取第 4 个以后的数据：";
echo "<br />";
print_r($output1);
echo "取第 2 个以后且是倒数第 2 个以前的数据：";
echo "<br />";
print_r($output2);
?>
</pre>
```

以上代码创建一个包含各种水果的数组，分别用 array_slice()函数来取得其第 4 个以后的数据和第 2 个以后且是倒数第 2 个以前的数据。代码运行后的结果如图 8.16 所示。

图 8.16　拆分数组

## 8.6　典型实例

【实例 8-1】数组的元素是由键名与值组成的，使用 list()可以把数组中的值赋给指定变量。List()只能用于一维数组的访问。而 each()函数可以返回指定数组的键名与值，并把数组的指针向下移动一步。使用这两个函数，再配合 while 循环，就可以完成对二维数组的遍历了。

本实例代码主要演示了使用 list()与 each()函数，配合 while 循环完成数组遍历的操作，代码中的函数使用方法如下所示。

list()并不是一个函数，而是一种语言结构，其使用方法很特别，方法如下所示。

```
list(变量列表) = 数组变量;
```

其中变量列表中变量的值，将根据数组变量中的元素取得。而 list()函数本身，只能读取数组的第一维数据。

list()仅能用于数字索引的数组，并且索引值是从 0 开始的数组。

each()函数的参数是数组，其返回值也是一个数组，内容是当前数组的键名和值。

代码 8-16　使用 list()与 each()函数

```php
<?php
/***************************设置变量*****************************/
$teacher = array("老张","28","讲师");
$student = array(
    array("小李",19,"计算机"),
    array("小张",18,"计算机"),
    array("小刘",19,"计算机"),
    array("小苑",20,"计算机"),
    array("小吴",20,"计算机"),
    array("小王",20,"计算机"),
    array("小朱",18,"计算机")
);
//使用list()读取$teacher数组
list($tname,$tage,$tjob) = $teacher;
echo "姓名: ".$tname."，今年".$tage."岁，职业: ".$tjob;
//使用each()返回数组的键/值
$kv = each($student);
echo "<pre>";
print_r($kv);
echo "</pre>";
//使用list()、each()配合while读取二维数组并转化为表格。
$table = "<table border='1'><tr><th>姓名</th><th>年龄</th><th>专业</th></tr>"; //表格头部数据
while(list($key,$val)=each($student)){   //使用while语句遍历数组
    $table .= "<tr><td>".$val[0]."</td><td>".$val[1]."</td><td>".$val[2]."</td></tr>";
//保存有数组内容的表格数据
}
$table .= "</table>";  //表格结束数据
echo $table;
?>
```

运行该程序后，运行结果如图 8.17 所示。

图 8.17　程序运行结果

【实例 8-2】既然 while 循环可以遍历数组，那么 for 循环也可以现实这一功能，而 foreach 是一种专门用于遍历数组的方法，对于 while 和 for 循环来说更加简单，本实例将介绍如何使用 for、foreach 遍历数组。

本实例代码中使用了 count()函数，其作用是取得数组的元素数量。for 循环只有在知道数组元素个数的情况下，才能正确地遍历数组。

使用 for 循环遍历数组，也只能遍历以数字索引的数组，并且索引值是从 0 开始的数组。而 foreach 遍历数组时，可以遍历任何数组，包括以字符索引的数组。

代码 8-17　使用 for、foreach 遍历数组

```php
<?php
/*********************设置变量***************************/
$student = array(
    array("小李",19,"计算机"),
    array("小张",18,"计算机"),
    array("小刘",19,"计算机"),
    array("小苑",20,"计算机"),
    array("小吴",20,"计算机"),
    array("小王",20,"计算机"),
    array("小朱",18,"计算机")
);
echo "使用for遍历二维数组并转化为表格。";
$table = "<table border='1'><tr><th>姓名</th><th>年龄</th><th>专业</th></tr>";
for($i=0;$i<=count($student);$i++){  //使用count()函数，获取数组元素的个数
    $table .= "<tr><td>".$student[$i][0]."</td><td>".$student[$i][1]."</td><td>".$student[$i][2]."</td></tr>";   //带有数组内容的表格代码
}
$table .= "</table>";
echo $table;
echo "使用foreach遍历二维数组并转化为表格。";
$table = "<table border='1'><tr><th>姓名</th><th>年龄</th><th>专业</th></tr>";
foreach($student as $key=>$val){
//使用foreach语句，将数组$student的单个元素的键名和值，保存到变量$key和$val中，并将数组指针向下移动一位
    $table .= "<tr><td>".$val[0]."</td><td>".$val[1]."</td><td>".$val[2]."</td></tr>";
}
$table .= "</table>";
echo $table;
?>
```

运行该程序后，运行结果如图 8.18 所示。

## 8.7 小结

在编程中数组的作用不可或缺，不论是否基于 Web 的，或者在其他的各种应用程序中，都不乏数组的身影。本章从简单数组讲解入手，逐步深入地学习了各种数组操作方法和技巧。本章的目的是使读者了解 PHP 的众多数组函数，这些函数能让处理数组的工作更轻松。

图 8.18　程序运行结果

## 8.8 习题

**一、填空题**

1. 数组由_____、_____、_____三部分构成。
2. 能作为数组键名的数据类型为_____、_____。
3. 函数_____能够判断变量是不是数组。
4. 利用函数 print r()输出数组，该函数能够直接输出数组的_____及其_____。
5. 函数_____返回与当前元素相关联的值，而函数_____返回与当前元素相关联的键名。
6. 如果数组的元素相同，键名不同，利用_____运算符作出判断，返回false。
7. 进行数组排序可以按数组的_____或_____进行排序，排列方式可以是_____，也可以是_____。
8. sort函数不仅是重新排序，删除$array数组中原有的_____，而且为数组中的单元赋予新的_____，当本函数运行结束时，数组单元将被_____重新排列。

**二、选择题**

1. 能够计算数组元素个数的函数为（   ）。
   A. array          B. list          C. count          D. sort
2. 对数组的元素值按从大到小进行排序的是（   ）。
   A. sort()         B. rsort()       C. usort()        D. assort()
3. 程序返回的数组元素个数为（   ）。

```
01 $animal=array("horse",
02         "monkey",
03         "lion");
04 $num=eacho($animal)
```

   A. 1              B. 2             C. 3              D. 4
4. 下面程序的运行结果为（   ）。

```
01 $numb=array(array(10,15,30),
02         array(10,15,30),
03         array(10,15,30)
04         );
05     echo count($numb, 1) ;
```

   A. 3              B. 6             C. 9              D. 12
5. 下面程序的运行结果为（   ）。

```
$a = array("a","b","c","d") ;
$index = array_search("a",$a) ;
if ($index ==false)
echo "在数组a中发现字符'a' ";
else
echo "Indes = $index";
```

A. 在数组 a 中未发现字符 'a'    B. 0
C. 1                              D. 2

## 三、简答题

1. 简述创建数组的方法。
2. 简述 each 遍历数组返回的 4 个单元的数组的意义。
3. 列出按元素值排序的 6 个函数。

## 四、编程题

1. 把下列信息存放到一个二维表，然后遍历输出。

张三    李四    王五    赵六
86      90      82      85

2. 将学生成绩（87，67，92，65，84，72，78）放进一个数组中，显示其元素个数，然后按降序排列。

# 第二篇 PHP 参考函数

# 第 9 章 浏览器和输入输出

在前几章中介绍了 PHP 这门语言的基本知识，关于什么是 PHP，为何使用 PHP，怎么使用 PHP 等。通过循序渐进的学习，相信读者现在已经对 PHP 有了一个基本的了解。从本章开始就进一步介绍 PHP 自带的函数。初学者对于函数越了解，就越能提高开发效率。

## 9.1 检测来访者的浏览器版本和语言

常常在浏览论坛的时候，看见很多人的个性签名上会显示来访者现在使用的是哪个版本的浏览器及语言。是否觉得它很神奇呢？其实 PHP 就能实现这个效果，而且使用方法也很简单。这节就介绍如何使用 PHP 来检测来访者的浏览器版本和语言。

要达到这个目的，需要检查用户的 agent 字符串，它是浏览器发送的 HTTP 请求的一部分。该信息是被存储在一个变量中的。在 PHP 语言中，变量总是以一个美元符号开头。

> **注意** $_SERVER 是一个特殊的 PHP 保留变量，它包含了 Web 服务器提供的所有信息，被称为自动全局变量（或"超全局变量"）。这些特殊的变量是在 PHP 4.1.0 版本之后引入的。在这之前使用$HTTP_*_VARS 数组，如$HTTP_SERVER_VARS。尽管现在已经不用了，但它们在新版本中仍然存在。

判断浏览器版本信息需要用到的变量是$_SERVER['HTTP_USER_AGENT']，可以使用如下代码显示该变量所包含的浏览器信息：

```
<?php echo $_SERVER['HTTP_USER_AGENT']; ?>
```

以上脚本的输出可能是：

```
Mozilla/4.0 (compatible; MSIE 8.0; Windows NT 5.1; Trident/4.0; CIBA; .NET CLR 2.0.50727; .NET CLR 3.0.4506.2152; .NET CLR 3.5.30729)
```

从输出的信息中可以得知访问者使用的是何种浏览器、何种操作系统等信息。比如这段输出字符中的"MSIE 8.0"就表示是 Internet Explorer 8.0 浏览器，"Windows NT 5.1"表示的是 Windows XP 操作系统。

判断客户端系统语言需要用到的变量是$_SERVER['HTTP_ACCEPT_LANGUAGE']，可以使用如下代码显示该变量所包含的浏览器信息：

```
<?php echo $_SERVER["HTTP_ACCEPT_LANGUAGE"]; ?>
```

以上脚本的输出可能是：

```
zh-cn,zh;q=0.5
```

其中的"zh-cn"表示简体中文。

有意思的是两个变量提供的信息，就可以使用 PHP 检测来访者的浏览器版本和语言。具体的实现如代码 9-1 所示。

代码 9-1　检测来访者的浏览器版本和语言

```php
<?php
echo "<b>判断浏览器类型</b><hr />";

echo "<b>您当前使用的浏览器是：</b>";
if(strpos($_SERVER["HTTP_USER_AGENT"],"MSIE 8.0"))
    echo "Internet Explorer 8.0";
else if(strpos($_SERVER["HTTP_USER_AGENT"],"MSIE 7.0"))
    echo "Internet Explorer 7.0";
else if(strpos($_SERVER["HTTP_USER_AGENT"],"MSIE 6.0"))
    echo "Internet Explorer 6.0";
else if(strpos($_SERVER["HTTP_USER_AGENT"],"Firefox/3"))
    echo "Firefox 3";
else if(strpos($_SERVER["HTTP_USER_AGENT"],"Firefox/2"))
    echo "Firefox 2";
else if(strpos($_SERVER["HTTP_USER_AGENT"],"Chrome"))
    echo "Google Chrome";
else if(strpos($_SERVER["HTTP_USER_AGENT"],"Safari"))
    echo "Safari";
else if(strpos($_SERVER["HTTP_USER_AGENT"],"Opera"))
    echo "Opera";
else echo $_SERVER["HTTP_USER_AGENT"]; //输出浏览器类型

echo "<br />";
echo "<br />";

echo "<b>您当前使用的语言是：</b>";
//只取前 4 位，这样只判断最优先的语言。如果取前 5 位，可能出现 en.zh 的情况，影响判断
$lang = substr($_SERVER['HTTP_ACCEPT_LANGUAGE'], 0, 4);
if (preg_match("/zh-c/i", $lang))
    echo "简体中文";
else if (preg_match("/zh/i", $lang))
    echo "繁體中文";
else if (preg_match("/en/i", $lang))
    echo "English";
else if (preg_match("/fr/i", $lang))
    echo "French";
else if (preg_match("/de/i", $lang))
    echo "German";
else if (preg_match("/jp/i", $lang))
    echo "Japanese";
else if (preg_match("/ko/i", $lang))
    echo "Korean";
else if (preg_match("/es/i", $lang))
    echo "Spanish";
else if (preg_match("/sv/i", $lang))
```

```
        echo "Swedish";
    else echo $_SERVER["HTTP_ACCEPT_LANGUAGE"]; //输出系统语言
?>
```

代码中首先使用$_SERVER["HTTP_USER_AGENT"]来得到用户的 agent 信息，然后根据strpos()函数来判断信息中的浏览器类型。当判断浏览器语言时，使用$_SERVER["HTTP_ACCEPT_LANGUAGE"]来提取语言信息，用 preg_match()正则匹配函数来判断语言类型。图 9.1 是使用 IE 浏览器浏览时的输出结果，图 9.2 是使用 Firefox 浏览器浏览时得到的结果。

图 9.1　检测来访者的浏览器版本和语言 1　　　　图 9.2　检测来访者的浏览器版本和语言 2

## 9.2 处理表单提交的数据

动态网页核心的特点就是能动态响应客户端请求。那么表单就成为了动态网页与客户端交互的最重要的途径之一。本节内容就是介绍如何用 PHP 来处理表单提交过来的数据。

首先需要熟悉一下 HTML 语言中创建表单的相关标签，然后创建一个表单，把表单的 action 属性设为需要提交数据的 PHP 文件所在位置、method 属性设为 post。加入两个文本框，把其中一个文本框的 name 属性设为 name，另外一个设置为 age。创建完成后的表单代码大致如下所示：

```
<form action="__URL__" method="post">
    姓名：
    <input type="text" name="name" />
    年龄：
    <input type="text" name="age" />
    <input type="提交" />
</form>
```

当这段代码运行时，输入相关数据并单击"提交"按钮以后，表单中的数据就会被提交到服务端去。PHP 提供$_POST 自动全局变量用来接收客户端通过 POST 方式提交上来的数据。$_POST 是一个数组，所以可以像数组一样提取其中的值。代码 9-2 是使用$_POST 变量来接受提交上来的数据的例子。

代码 9-2　处理表单提交的数据

```
<b>处理表单提交的数据</b><hr />
<?php
if(isset($_POST['submit'])) { //如果用户单击"提交"按钮，那么就开始处理
    echo "<b>接收到的数据</b><br /><br />";
    echo "你好，" . $_POST['name'] . "。";
```

```
        echo "<br />";
        echo "你现在有".$_POST['age']."岁了。";
        die();  //程序结束
    }
?>
<b>表单内容</b>
<form action="9-2.php" method="post">
    姓名：
    <input type="text" name="name" /><br />
    年龄：
    <input type="text" name="age" /><br />
    <input type="submit" name="submit" value="提交" />
</form>
```

该脚本进行的工作应该已经很明显了，这儿并没有其他更复杂的内容。PHP 将自动设置 $_POST['name']和$_POST['age']变量。在这之前使用了自动全局变量$_SERVER，现在引入了自动全局变量$_POST，它包含了所有的 POST 数据。

> **注意** 示例中使用的表单提交数据的方法（method）是 POST，服务器端使用$_POST 变量来处理数据。如果使用了表单提交 GET 方法，那么表单中的信息将被储存到自动全局变量 $_GET 中，此时就需要使用$_GET 变量来处理数据。如果并不关心请求数据的来源，也可以用自动全局变量$_REQUEST，它包含了所有 GET、POST、Cookie 和 FILE 的数据。

以上代码运行后，得到的结果如图 9.3 所示。在输入框中分别输入名字和年龄，然后单击"提交"按钮提交表单。服务器接收到提交上来的数据并进行处理后，得到如图 9.4 所示的结果。

图 9.3  提交数据的表单

图 9.4  处理表单提交的数据

## 9.3  上传文件处理

互联网的时代是一个信息分享的时代，互联网上除了必要的文字信息，还有许许多多的图片、视频、音乐、文档等信息。这些大大小小的信息文件，很多都是互联网用户通过表单上传上去的，有了这些内容后，互联网才会如此受欢迎，如此绚丽多彩。所以允许用户从表单上传文件是非常有用且重要的。

同提交文本数据一样，上传文件也需要先建立一个表单。下面就建立一个特殊的表单来支持文件上传，代码如下：

```html
<!-- 表单中的 enctype 属性，必须和以下定义的一致 -->
<form enctype="multipart/form-data" action="__URL__" method="POST">
    <!-- MAX_FILE_SIZE 必须在所有 input 域的前面 -->
    <input type="hidden" name="MAX_FILE_SIZE" value="30000" />
    <!-- 上传文件的名称 -->
    上传的文件：
    <input name="userfile" type="file" />
    <input type="submit" value="上传文件" />
</form>
```

以上范例中的__URL__应该被换掉，指向一个真实的PHP文件。MAX_FILE_SIZE隐藏字段（单位为字节）必须放在文件输入字段之前，其值为接收文件的最大尺寸。这是对浏览器的一个建议，PHP也会检查此项。在浏览器端可以简单绕过此设置，因此不要指望用此特性来阻挡大文件。实际上，PHP设置中的上传文件最大值是不会失效的。但是最好还是在表单中加上此项目，因为它可以避免用户在花时间等待上传大文件之后才发现文件过大上传失败的麻烦。

> **注意** 要确保文件上传表单的属性是 enctype="multipart/form-data"，否则文件上传不了。

当用户提交文件表单以后，服务器端就可以接收数据了。PHP提供一个全局变量$_FILES来处理这些信息，该数组包含所有上传的文件信息。以上范例中$_FILES数组的内容如下所示。假设文件上传字段的名称如上例所示，为userfile。名称可随意命名。

- $_FILES['userfile']['name'] 客户端机器文件的原名称。
- $_FILES['userfile']['type'] 文件的MIME类型，如果浏览器提供此信息的话。一个例子是"image/gif"。不过此MIME类型在PHP端并不检查，因此不要想当然地认为有这个值。
- $_FILES['userfile']['size'] 已上传文件的大小，单位为字节。
- $_FILES['userfile']['tmp_name'] 文件被上传后在服务端储存的临时文件名。
- $_FILES['userfile']['error'] 和该文件上传相关的错误代码。此项目是在 PHP 4.2.0 版本中新增加的。

文件被上传后，默认地会被储存到服务端的默认临时目录中，除非php.ini中的upload_tmp_dir设置为其他的路径。服务端的默认临时目录可以通过更改PHP运行环境的环境变量TMPDIR来重新设置，但是在PHP脚本内部通过运行putenv()函数来设置是不起作用的。该环境变量也可以用来确认其他的操作也是在上传的文件上进行的。

对于PHP上传文件还需要讲解一个move_uploaded_file()函数，该函数使用的语法如下：

```
bool move_uploaded_file ( string filename, string destination )
```

本函数检查并确保由filename指定的文件是合法的上传文件（即通过PHP的HTTP POST上传机制所上传的）。如果文件合法，则将其移动为由destination指定的文件。如果filename不是合法的上传文件，不会出现任何操作，move_uploaded_file()将返回FALSE。如果filename是合法的上传文件，但出于某些原因无法移动，不会出现任何操作，move_uploaded_file()将返回FALSE。此外还会发出一条警告。如果上传的文件有可能会造成对用户或本系统的其他用户显示其内容的话，这种检查显得格外重要。

> **注意** 使用该函数时，如果目标文件已经存在，将会被覆盖。

代码 9-3 示范处理由表单提供的文件上传的过程，如下所示。

代码 9-3　文件上传处理

```php
<b>上传文件处理</b><hr />
<?php
if(isset($_FILES['userfile'])) {
    $uploaddir = 'upload/';                                           //上传文件放置的路径
    $uploadfile = $uploaddir . basename($_FILES['userfile']['name']);

    echo '<pre>';
    if (move_uploaded_file($_FILES['userfile']['tmp_name'], $uploadfile)) {//上传文件至指定目录
        echo "文件上传成功!\n";
    } else {
        echo "上传文件失败!\n";
    }

    echo "这里是上传的一些信息：\n";
    print_r($_FILES);                                                 //打印相关信息
    print "</pre>";
    die();
}
?>
<b>上传表单</b>
<!-- 表单中的 enctype 属性，必须和以下定义的一致 -->
<form enctype="multipart/form-data" action="9-3.php" method="POST">
    <!-- MAX_FILE_SIZE 必须在所有 input 域的前面 -->
    <input type="hidden" name="MAX_FILE_SIZE" value="30000" />
    <!-- 上传文件的名称 -->
    上传的文件：
    <input name="userfile" type="file" />
    <input type="submit" value="上传文件" />
</form>
```

以上代码的过程是这样的，首先判断是否有文件上传，如果有则显示上传的表单，效果如图 9.5 所示。当选择了文件并提交上传时，使用 move_uploaded_file()函数将上传的文件移到指定的目录完成上传，最后打印相关信息。效果如图 9.6 所示。

图 9.5　文件上传表单

图 9.6　文件上传处理结果

## 9.4　会话处理函数 Session

在浏览购物网站时，当你选中一个商品后，商品会自动放入网站的购物车中，以便于与以后所选的商品一同结账，或者删除不需要的商品。更奇妙的是，如果没有做清空购物车的操作，那么下次再浏览这个网站的时候，会发现以前所选择的那些商品依然还在！

这个功能可以使用 PHP 的会话处理函数来实现，本节就来介绍一些关键的会话处理事务和函数。

### 9.4.1　开始会话

在把用户信息存储到 session 之前，首先必须启动会话。PHP 提供 session_start() 函数来启动一个会话。该函数的使用语法如下所示：

```
bool session_start ( void )
```

函数 session_start() 创建一个新会话或者继续当前会话，这取决于是否拥有 SID。因为该函数没有输入参数，所以要开始一个会话只需使用如下方式调用函数。

```
<?php session_start();?>
<html>
<body></body>
</html>
```

> **注意 1** session_start() 函数必须位于 <html> 标签之前，也就说该函数必须在任何输出之前调用。常常写程序时不注意会多输入一个空格和回车，这时就会提示出错，这个现象时常发生。

> **注意 2** 无论结果如何，调用 session_start() 函数都会返回一个 TURE，因此使用任何异常处理都不起作用。

> **Tips** 可以启用配置指令 session.auto_start，从而不必执行这个函数。但是这样一来，每个 PHP 页面执行的时候都会开始或继续一个会话。

上面的代码会向服务器注册用户的会话，以便可以开始保存用户信息，同时会为用户会话分配一个 SID。

## 9.4.2 存储与读取会话

存储和读取 session 变量的正确方法是使用 PHP 的$_SESSION 变量。$_SESSION 是 PHP 提供的一个全局参数，用来存储和读取会话。

> **注意** 在$_SESSION 关联数组中的键名具有和 PHP 中普通变量名相同的规则，即不能以数字开头，必须以字母或下画线开头。

存储会话时，可以直接对这个全局数组进行如下所示的赋值。

```
$_SESSION['season'] = '秋天'
```

以上代码设置了一个键为"season"的会话元素，并设置它的值为"秋天"。当读取时，像读取数组元素的值一样，直接使用它的键值就能够取得。代码 9-4 和代码 9-5 一起展示如何存储并读取一个会话元素，如下所示。

代码 9-4　存储会话

```php
<?php
if(isset($_POST['submit'])) {
    session_start();                              //建立一个会话
    $_SESSION['season'] = $_POST['season'];    // 存储会话数据
    header("Location: 9-5.php");
}
?>
<b>存储会话</b>
<hr/>
选择需要设置的数据：
<form id="form1" name="form1" method="post" action="">
   <select name="season" id="season">
      <option value="春天">春天</option>
      <option value="夏天">夏天</option>
      <option value="秋天">秋天</option>
      <option value="冬天">冬天</option>
   </select>
   <br /><br />
   <input type="submit" name="submit" id="submit" value="提交" />
</form>
```

代码 9-5　存储会话

```php
<?php
session_start();//发起或继续一个会话
$season = $_SESSION['season'];//读取会话数据
echo "<b>读取会话</b><hr />";
```

```
switch($season) {
    case '春天':
        echo "现在是绿意盎然的 春天！";
        break;
    case '夏天':
        echo "现在是热情四溢的 夏天！";
        break;
    case '秋天':
        echo "现在是丰收果实的 秋天！";
        break;
    case '冬天':
        echo "现在是白雪皑皑的 冬天！";
        break;
    default:
        echo "对不起，会话中没有数据，或者不存在该会话。";
}
?>
```

在代码 9-4 中首先使用 session_start()函数创建一个会话，然后对提交的季节数据使用数组赋值的方式存储，最后使用 header()函数直接跳转到开始。在代码9-5中，也同样需要使用session_start()函数发起一个会话。读取对应的会话信息后，使用 switch()函数来判断并输出相应的信息。

通过以上代码，可以发现在 PHP 中对 session 的操作与对数组的操作基本是相同的。只不过需要注意的是，使用 session 前需要加一个 session_start()函数来发起或者继续一个会话。

运行代码后，得到如图 9.7 所示的含有一个下拉列表和"提交"按钮的网页。选择其中一个数据并单击"提交"按钮后，跳转到如图 9.8 所示的页面。

图 9.7　存储会话

图 9.8　读取会话

### 9.4.3　销毁会话

当会话不再被使用的时候，就需要人为地销毁它。虽然 PHP 有自动销毁会话的功能，但这样做会使程序的效率降低。这时就可以使用 unset()或 session_destroy()函数。

在前一个章节中已经介绍过使用 unset()函数来销毁一个数组中的元素，同样这个函数也能销毁一个会话中的元素。使用 unset()函数释放指定的 session 变量的代码如下所示：

```
<?php
unset($_SESSION['season']);
?>
```

也可以通过 session_destroy()函数彻底终结 session：

```
<?php
session_destroy();
?>
```

注意 session_destroy()将重置 session，将失去所有已存储的 session 数据。

##  9.5 Cookie 处理函数

cookie 常用于识别用户。它是服务器留在用户计算机中的小文件。每当相同的计算机通过浏览器请求页面时，它同时会发送 cookie。通过 PHP，能够创建并取回 cookie 的值。cookie 在 Web 开发中向来扮演着比较重要的角色，它是 Web 开发中历史悠久并且经常使用的技术之一，在 PHP 中体现得更为明显，在设计用户身份验证的系统中，往往都会使用 cookie。PHP 中可以通过函数方便地使用 cookie，本节将介绍如何在 PHP 程序中使用 cookie。

### 9.5.1 创建 cookie

函数 setcookie()可以在 PHP 程序中生成 cookie。由于 cookie 是 HTTP 头标部分的内容，因此必须在输出任何数据之前调用 setcookie()，这个限制和函数 header()类似。函数 setcookie()的语法如下所示。

```
bool setcookie ( string name [, string value [, int expire [, string path [, string domain [, bool secure [, bool httponly]]]]]] )
```

setcookie 共有 6 个参数。
- name：表示 cookie 的名称。
- value：表示该 cookie 的值，保存在客户端，因此不要保存敏感或机密的数据。这个参数为空字符串时，表示撤销客户端中该 cookie 的资料。
- expire：表示该 cookie 有效的截止时间，即过期时间，该参数必须是整型。
- path：表示该 cookie 有效的路径。
- domain：表示该 cookie 有效的域名。
- secure：表示在 https 的安全传输时才有效。

本函数除了第一个参数之外，其他参数都是可以省略的。下面的示例代码在客户端生成了一个名为 testcookie、值为 ilovephp 的 cookie。

```
<?php
setcookie("testcookie", "ilovephp");
?>
```

使用函数 setcookie()给一个 cookie 设定的值只能是数字或字符串，不能是数组或其他复杂的数据结构。

### 9.5.2 获取 cookie

当 cookie 设置后，可以通过 PHP 预定义变量$_COOKIE 来获取 cookie。不过，只能在其他页面使用这个变量来获取设置过的 cookie，因为在 PHP 中，被设置的 cookie 并不会在本页生效，除非该页面被刷新。代码 9-6 演示了设置一个 cookie 后，在页面打印出该 cookie 的值。

代码 9-6　显示 cookie 的值

```php
<?php
setcookie("testcookie", "ilovephp");
echo "cookie's value: ".$_COOKIE['testcookie'];
?>
```

这里之所以要刷新页面后才能看到 cookie 的值，是因为 cookie 的值不会在调用 setcookie() 之后立即出现在变量 $_COOKIE 中，而是在客户端再次请求该页面时，cookie 随请求一起发送至服务器，这时 cookie 才能存入到变量 $_COOKIE 中。

下面的代码 9-7 生成数组 cookie，这样可以设置多个 cookie，并将其作为数组单元。提取 cookie 时，所有的值都放在一个数组中。

代码 9-7　设置多个 cookie

```php
<?php
//设置多个 cookie，存放在数组 mycookie 中
setcookie("mycookie['three']", "cookiethree");
setcookie("mycookie['two']", "cookietwo");
setcookie("mycookie['one']", "cookieone");
//刷新页面后，将所有 cookie 显示出来
if(isset($_COOKIE['mycookie']))
{
foreach ($_COOKIE['mycookie'] as $name => $value)
{
echo "$name : $value <br />\n";
}
}
?>
```

通过浏览器访问代码 9-7 所示的程序 9-7.php，第一次会看到一个空白页面，然后刷新该页面，就会看到输出结果。这段代码通过循环，从变量 $_COOKIE 中取出了所有 cookie。

### 9.5.3　cookie 的有效期

cookie 有生命周期，即 cookie 只在一段时间内是有效的。通常，当用户退出 IE 或者 Mozilla 浏览器时，cookie 就会被删除。如果希望延长或者缩短 cookie 的有效期，可以向函数 setcookie() 传递第 3 个参数，来设置 cookie 的有效期。下面的示例代码演示了为 cookie 设置不同的失效时间。

```
setcookie('cookie_one','i_am_cookie1',time() + 60*60);        //设置 cookie 1 小时后失效
setcookie('cookie_two','i_am_cookie2',time() + 60*60*24);     //设置 cookie 1 天后失效
//设置 cookie 于 2008 年 1 月 1 日中午 12 点失效
setcookie('cookie_three','i_am_cookie3',mktime(12,0,0,1,1,2008));
```

这个用来接收 cookie 失效时间的参数，是第 7 章介绍的 UNIX 时间戳，即一个秒数。因此才会像上述代码那样，通过计算得到 cookie 的失效时间。

如果未指定 cookie 的失效时间，或者指定为 0，那么 cookie 将在会话结束时失效，通常是关闭浏览器后失效。如下代码设置了 cookier 的失效时间为 0，即使用默认的失效时间。

```
setcookie('mycookie','delicious',0);
```

## 9.5.4 cookie 的有效路径

通常，客户端的 cookie 只会回送给那些和设置这个 cookie 的程序在同一目录（或下级目录）的页面。例如，一个由 http://www.somesite.com/index.php 设置的 cookie，会被所有到 www.somesite.com 请求回送至服务器，因为 index.php 在服务器的根目录下。而由 http://www.somesite.com/users/list.php 设置的 cookie，随着请求，客户端的 cookie 会被回送到 users 目录下的其他页面，如可以将 cookie 回送到 http://www.somesite.com/users/login.php，但不能回送至 http://www.somesite.com/orders/info.php。

如果需要客户端的请求把 cookie 传回到不同的路径下，可以通过向函数 setcookie()传入第 4 个参数，通过该参数设置 cookie 在服务器端的有效路径。最灵活的方式是，设置 cookie 的有效路径为/，它表示用 setcookie()设置的 cookie 在整个服务器域名内有效。设置为/mypath/，那么，该 cookie 只在域名的/mypath/目录及其子目录下有效。下面的代码设置 cookie 的有效路径为一个指定的目录。

```
secookie('mycookie','delicious',0,'/ck_path/');
```

这样设置后，当请求/ck_path/目录下的页面或程序时，该 cookie 会被从客户端传回，而当请求/ot_path/时，该 cookie 不会从客户端传回至服务器。

## 9.5.5 删除 cookie

在 PHP 程序中删除 cookie 比较简单，也是通过函数 setcookie()完成。通过下面的代码就可以实现删除一个 cookie。

```
setcookie('mycookie','');
```

这段代码通过将 cookie 的值设为空，来达到删除 cookie 的目的。如果设置 cookie 时，为函数 setcookie()每个参数都提供了特定的值，那么在删除 cookie 时，仍然需要提供这些参数，以便 PHP 可以正确地删除 cookie。

## 9.6 使用 HTTP Header

标头（header）是服务器以 HTTP 协议传 HTML 资料到浏览器前所送出的字符串，在标头与 HTML 文件之间尚需空一行分隔。有关 HTTP 的详细说明,可以参考相关书籍或更详细的 RFC 2068 官方文件（http://www.w3.org/Protocols/rfc2068/rfc2068）。在 PHP 中送回 HTML 资料前，需要先传完所有的标头。

> **注意** 传统的标头一定包含下面三种标头之一，并只能出现一次。

- Content-Type: xxxx/yyyy
- Location: xxxx:yyyy/zzzz
- Status: nnn xxxxxx

在新的多型标头规格（Multipart MIME）中方可以出现两次以上。

PHP 提供 header()函数用来将 HTML 文档的标头以 HTTP 协议发送至浏览器，告诉浏览器该如何处理这个页面。该函数的语法如下所示。

```
header (string $str_header );
```

函数的参数$str_header 是一个字符串，用来接收要发送的标头。事实上，这个函数还有两个可选参数，因为对初学者来说没有必要了解，这里不再赘述。

> **注意** 在调用 header()函数前不能有任何的输出，否则程序将会出错。

下面介绍函数 header()的几个使用范例。

在 PHP 中，函数 header()最常见的用法就是重定向。代码 9-8 实现将用户的访问重定向到一个示例网站。

代码 9-8　使用 header()函数重定向

```
<?php
header('Location: http://www.example.com/');//重定向网站
die();//结束
?>
```

如代码 9-9 所示，欲让用户每次都能得到最新的资料，而不是 Proxy 或 cache 中的资料，可以使用下列的标头。

代码 9-9　使用 header()函数重定向

```
<?php
/告诉浏览器此页面的过期时间（用国际标准时间表示），只要是已经过去的日期即可
header("Expires: Mon, 26 Jul 1997 05:00:00 GMT");/
//告诉浏览器此页面的最后更新日期（用国际标准时间表示）也就是当天，目的就是强迫浏览器获取最新内容
header("Last-Modified: " . gmdate("D, d M Y H:i:s") . "GMT");
header("Cache-Control: no-cache, must-revalidate");//告诉浏览器不使用缓存
header("Pragma: no-cache");//与以前的服务器兼容，即兼容HTTP1.0 协议
?>
```

如果限制某一页面不能被用户访问，可以用代码 9-10 所示的程序，设置页面状态为 404。

代码 9-10　使用函数 header()设置页面状态为"HTTP 404 未找到文件"

```
<?php
header("status: 404 Not Found");
?>
```

## 9.7　典型实例

【实例 9-1】本小节将使用 Cookie，实现用户认证的功能。关于 Cookie 的函数非常少，本实例中使用到的与 Cookie 有关的函数就是 setcookie()。

setcookie()函数用于生成一个 Cookie，并存储在客户端的计算机上，setcookie()有 7 个参数：

- 第 1 个参数是必选参数,其值是 Cookie 的名称,即$_COOKIE 单元的键名。在使用 Cookie 值时，大部分通过这个键名来实现。
- 第 2 个参数是用于设置 Cookie 的值，也就是$_COOKIE 单元的值。当这个参数为空时，设置的 Cookie 的值即为空。
- 第 3 个参数用于设置 Cookie 的有效时间,其时间以秒为单位,清单 6.1 中的"time()+3600"的表达式，其作用是在当前时间上加上 3600 秒，即 1 个小时，来作为这个 Cookie 值的

有效时间。
- 第 4 个参数用于设置 Cookie 的有效目录,在同一个域名下,可以使用这个参数,使其值只在指定的目录下有效。
- 第 5 个参数用于设置 Cookie 的作用域名,当用户访问参数指定的网站时,其 Cookie 值才有效。
- 第 6 个参数用于设置是否使用加密方式传输 Cookie 值,默认值是 FALSE。
- 第 7 个参数用于设置是否只使用 HTTP 协议访问 Cookie 值,如果其值是 1 或 TRUE,其他脚本语言,如 JavaScript 就不能访问这个 Cookie,这个参数默认的值是 FALSE。

代码 9-11　使用 Cookie 实现用户认证

```php
<?php
//定义一个存储用户信息和用户样式的数组
$users = array(
    array("username"=>"tom","password"=>"1","style"=>"css1"),
    array("username"=>"jake","password"=>"2","style"=>"css2"),
    array("username"=>"seven","password"=>"3","style"=>"css3"),
    array("username"=>"andy","password"=>"4","style"=>"css4"),
    array("username"=>"king","password"=>"5","style"=>"css5"),
    array("username"=>"robert","password"=>"6","style"=>"css6")
);
//定义一个函数,用于检查用户是否登录
function is_login(){
    //使用 global 关键字,使用$users 数组
    global $users;
    //把 Cookie 中的值赋予新变量
    $u = $_COOKIE["username"];   //读取 Cookie 中保存的键名为 username 元素的值
    $p = $_COOKIE["password"];   //读取 Cookie 中保存的键名为 password 元素的值
    //遍历用户数组
    foreach($users as $key=>$value){
        //比较 Cookie 中的值与用户数组中的值
        if($value["username"]==$u and $value["password"]==$p){
            //如果 Cookie 中的值与用户数组中的值有一对是相等的,返回 TRUE
            return true;
        }
    }
    //遍历完数组后,没有相等的值,返回 FALSE;
    return false;
}
//定义一个函数,设置用户登录后的 Cookie
function login(){
    global $users;
    //把$_POST 数组中的单元赋与新变量
    $u = $_POST["username"];   //读取$_POST 变量中保存的键名为 username 元素的值
    $p = $_POST["password"];   //读取$_POST 变量中保存的键名为 password 元素的值
    //遍历用户数组
    foreach($users as $key=>$value){
        //查找表单提交的变量,是否与用户数组中的一组值相等
        if($value["username"]==$u and $value["password"]==$p){
            //如果表单提交的变量等于数组中的值,设置 Cookie 值,供 is_login()函数检查
            setcookie("username",$value["username"]);
            setcookie("password",$value["password"]);
            setcookie("style",$value["style"]);
```

```php
            //使用JavaScript显示登录信息，并转向用户页，本例为同一页
            echo "<script>alert('登录成功!');</script>";      //显示登录成功信息
            echo "<script>window.navigate('Ch09-1.php');</script>";
            //使用JavaScript语言，跳转到其他页面
            return true;
        }
    }
    //遍历完数组后，没有相等的数组，显示登录错误信息，并转向其他页，本例为同一页
    echo "<script>alert('用户名或密码错误!');</script>";
    echo "<script>window.navigate('Ch09-1.php');</script>";
    return false;
}
//定义一个函数，用于删除Cookie，完成注销工作
function logout(){
    //消除相关Cookie的值
    setcookie("username","");    //将Cookie中键名为username的元素的值设置为空
    setcookie("password","");    //将Cookie中键名为password的元素的值设置为空
    //显示注销成功信息
    echo "<script>alert('注销成功!');</script>";
    echo "<script>window.navigate('Ch09-1.php');</script>";
}
//定义一个用户登录表单，用于用户提交登录数据
function loginTable(){
print<<<EOT
<table width="300" border="0" cellspacing="0" cellpadding="0">
  <tr>
    <td><form name="form1" method="post" action="?action=login">
      <table width="100%" border="0" cellspacing="0" cellpadding="0">
        <tr>
          <td>用户名:</td>
          <td><label>
            <input name="username" type="text" id="username">
          </label></td>
        </tr>
        <tr>
          <td>密码:</td>
          <td><label>
            <input name="password" type="password" id="password">
          </label></td>
        </tr>
        <tr>
          <td colspan="2"><label>
            <input type="submit" name="Submit" value="提交">
          </label></td>
        </tr>
      </table>
      </form>
    </td>
  </tr>
</table>
EOT;
}
//根据外部变量，调用函数
switch($_GET["action"]){    //获取$_GET变量中键名为action的值
    case "login":
```

```
            login();
        break;
        case "logout":
            logout();
        break;
    }
?>
<!DOCTYPE html PUBLIC "-//W3C//DTD HTML 4.01 Transitional//EN" "http://www.w3.org/TR/html4/loose.dtd">
<html>
<head>
<meta http-equiv="Content-Type" content="text/html; charset=GB2312">
<title>用户登录</title>
</head>
<body>
<?php
if(is_login()){    //当is_login()函数返回true值时，显示登录成功信息
?>
<div class="css"> 你 好 :<?=$_COOKIE["username"];?>    <a href='?action=logout'>注销</a></div>
<div class='<?=$_COOKIE["style"]?>'>用户登录后,显示的内容.</div>
<?php
}else{    //当is_login()函数返回的值不是true值时，显示登录窗口
    loginTable();
}
?>
</body>
</html>
```

运行该程序后，运行结果如图 9.9 所示。

图 9.9　程序运行结果

【实例 9-2】Session 是存在于服务器上的一小段文本，用于记录用户的相关信息。本实例将使用相关的 Session 函数实现在上一个实例中 Cookie 同样的功能。

本实例中使用到的与 Session 相关的只有 session_start()函数，其作用是用于初始化 Session 数据，把服务器上的 Session 文本转化为系统变量。

Session 的注册可以使用 session_register()函数进行，本实例直接使用数组赋值的方法，向 Session 添加新元素，同样可以完成添加 Session 的功能。

代码 9-12　使用 Session 函数实现用户认证

```
<?php
//初始化 Session 数据
session_start();
//定义一个存储用户信息和用户样式的数组
```

```php
$users = array(
    array("username"=>"tom","password"=>"1","style"=>"css1"),
    array("username"=>"jake","password"=>"2","style"=>"css2"),
    array("username"=>"seven","password"=>"3","style"=>"css3"),
    array("username"=>"andy","password"=>"4","style"=>"css4"),
    array("username"=>"king","password"=>"5","style"=>"css5"),
    array("username"=>"robert","password"=>"6","style"=>"css6")
);
//定义一个函数，用于检查用户是否登录
function is_login(){
    //使用 global 关键字，使用$users 数组
    global $users;
    //把 Session 中的值赋予新变量
    $u = $_SESSION["username"];
    $p = $_SESSION["password"];
    //遍历用户数组
    foreach($users as $key=>$value){
        //比较 Session 中的值与用户数组中的值
        if($value["username"]==$u and $value["password"]==$p){
            //如果 Session 中的值与用户数组中的值有一对是相等的，返回 TRUE
            return true;
        }
    }
    //遍历完数组后，没有相等的值，返回 FALSE;
    return false;
}
//定义一个函数，设置用户登录后的 Session
function login(){
    global $users;
    //把$_POST 数组中的单元赋予新变量
    $u = $_POST["username"];
    $p = $_POST["password"];
    //遍历用户数组
    foreach($users as $key=>$value){
        //查找表单提交的变量，是否与用户数组中的一组值相等
        if($value["username"]==$u and $value["password"]==$p){
            //如果表单提交的变量等于数组中的值，设置 Session 值，供 is_login()函数检查
            $username = $value["username"];
            $password = $value["password"];
            $style = $value["style"];
            $_SESSION["username"]=$username;
            $_SESSION["password"]=$password;
            $_SESSION["style"]=$style;
            //使用 JavaScript 显示登录信息，并转向用户页，本例为同一页
            echo "<script>alert('登录成功!');</script>";
            echo "<script>window.navigate('Ch09-2.php');</script>";
            return true;
        }
    }
    //遍历完数组后，没有相等的数组，显示登录错误信息，并转向其他页，本例为同一页
    echo "<script>alert('用户名或密码错误!');</script>";
    echo "<script>window.navigate('Ch09-2.php');</script>";
    return false;
}
//定义一个函数，用于删除 Session，完成注销工作
```

```php
function logout(){
    //消除相关 Cookie 的值
    session_unregister("username");
    session_unregister("password");
    session_unregister("style");
    //显示注销成功信息
    echo "<script>alert('注销成功!');</script>";
    echo "<script>window.navigate('Ch09-2.php');</script>";
}
//定义一个用户登录表单，用于用户提交登录数据
function loginTable(){
print<<<EOT
<table width="300" border="0" cellspacing="0" cellpadding="0">
  <tr>
    <td><form name="form1" method="post" action="?action=login">
      <table width="100%" border="0" cellspacing="0" cellpadding="0">
        <tr>
          <td>用户名:</td>
          <td><label>
            <input name="username" type="text" id="username">
          </label></td>
        </tr>
        <tr>
          <td>密码:</td>
          <td><label>
            <input name="password" type="password" id="password">
          </label></td>
        </tr>
        <tr>
          <td colspan="2"><label>
            <input type="submit" name="Submit" value="提交">
          </label></td>
        </tr>
      </table>
      </form>
    </td>
  </tr>
</table>
EOT;
}
//根据外部变量，调用函数
switch($_GET["action"]){
    case "login":
        login();
    break;
    case "logout":
        logout();
    break;
}
?>
<!DOCTYPE html PUBLIC "-//W3C//DTD HTML 4.01 Transitional//EN" "http://www.w3.org/TR/html4/loose.dtd">
<html>
<head>
<meta http-equiv="Content-Type" content="text/html; charset=UTF-8">
```

```
<title>用户登录</title>

</head>
<body>
<?php
if(is_login()){
?>
<div class="css"> 你 好 :<?=$_SESSION["username"];?>    <a href='?action=logout'>注销</a></div>
<div class='<?=$_SESSION["style"]?>'>用户登录后,显示的内容.</div>
<?php
}else{
    loginTable();
}
?>
</body>
</html>
```

运行该程序后,运行结果如图 9.10 所示。

图 9.10　程序运行结果

在程序运行界面中输入用户名和密码,单击"提交"按钮,系统进行认证后,产生 Session 数据并显示用户登录后的界面,如图 9.11 所示。

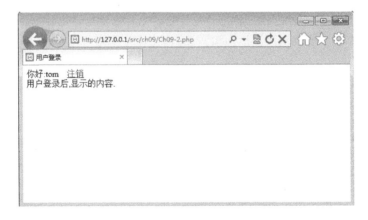

图 9.11　用户登录后界面

【实例 9-3】Session 的数据存储在服务器端,如果客户端需要读取一个对应的 Session,就需要一个与 Session 对应的 ID,这个 ID 存储在 Cookie 中,并保存在客户端的计算机上。

开发人员在使用 Session 进行用户认证或存储临时信息时,当用户跳转到其他页面时,会发生 Session 失效的问题。这主要是因为 Session 的 ID 没有被正确地传递。

影响 Session 的 ID 不能正常传递的原因有以下 3 个:

(1) 客户端禁用了 Cookie。
(2) 浏览器出现问题，暂时无法存取 Cookie。
(3) PHP.INI 中的 session.use_trans_sid = 0 或者编译时没有打开--enable-trans-sid 选项。

针对这 3 个原因找到解决方法，就可以有效地防止 Session 在页面跳转后失效。本实例代码主要介绍了，当 Cookie 失效，并且 PHP.INI 中的 session.use_trans_sid = 0 时，如何跨页传递 Session。

代码 9-13　跨页传递 Session（1）

```php
<?php
//初始化 Session 数据
session_start();
//定义一个 Session
$svalue = "Session 数据";
session_register("svalue");          //添加一个 Session 变量
$sid = session_id();                 //使用 session_id()函数，获取 Session 的 ID 值
//使用 GET 方法传递 Session 的 ID
echo "<a href='get_session_id.php?sid=".$sid."'>转到下一页</a>";
//模拟 Cookie 进行 Session 的 ID 传递
$fp = fopen("sid.txt","w");          //使用 fopen()函数并以 w 模式，创建或打开一个名为 sid.txt 的文件
fwrite($fp,$sid);                    //将获取的 Session 的 ID 值，保存到打开的文件中
fclose($fp);                         //关闭文件句柄
?>
```

代码 9-14　跨页传递 Session（2）

```php
<?php
//使用 GET 方法取得 SID，
$sid = $_GET["sid"];                 //获取以 GET 方法传递的 Session 的 ID 值
//读取文件中的 SID
$fp = fopen("sid.txt","r");          //打开 sid.txt 文件
$sid = fread($fp,8192);              //读取 sid.txt 文件中保存的内容
fclose($fp);                         //关闭文件句柄
//根据 SID 初始化 Session 数据
session_start($sid);                 //根据 Session 的 ID 值，初始化 Session 数据
echo $_SESSION["svalue"];            //显示 Session 数据中的内容
?>
```

## 9.8　小结

本章介绍了 PHP 中的几个超全局变量$_SERVER、$_POST、$_FILE，以及两种存储用户信息的机制，Cookie 和 Session。通过本章的学习，会使读者对页面信息的显示、提交和存储用户信息的机制有一个比较深刻的认识。其实不管是采用 Session 还是 Cookie 作为存储用户信息的载体，其关键是要用在合适的地方。有时也常常把两者结合起来使用。

## 9.9　习题

一、填空题

1. 设置 Cookie 变量 A、B 的值分别为 2008、北京，代码是_____、_____。
2. 设置 Cookie 的 3600 秒后失效代码是_____。

3．使用 Session 功能的方式有两种：第一种是_____，第二种是_____。
4．服务器利用_____来区别不同的 Session，用户可以通过_____函数查看。
5．设定 Cookie 变量 A 的值为 2008，失效时间为 2008 年 12 月 31 日前_____。
6．创建 Cookie 的方式是_____。
7．设置 Session 变量 name、password 的值分别为 polp、123456，_____、_____。
8．调用 Cookie 变量的方式是_____，调用 Session 的方式是_____。

二、选择题

1．每个浏览器只能保存某个服务器上的 Cookie 数是（    ）。
A. 10          B. 20          C. 30          D. 40
2．Cookie 最大长度是（    ）。
A. 2KB         B. 3KB         C. 4KB         D. 5KB
3．能够注销变量的函数是（    ）。
A. Session_start()                B. Session_ragister()
C. session_unregister()           D. session_id()
4．下列哪个变量会立即失效（    ）。
A. Setcookie("A","10",time()-3600);
B. Setcookie("B","10",time()+3600);
C. Setcookie("C","10",mktime(0,0,0,1,1,2010)
D. Setcookie("D","0",mktime(0,0,0,1,1,2009)

三、简答题

1．阐述 Cookie 的作用。
2．阐述调用 Session 的方法。
3．试解释 Cookie 和 Session 的异同。

四、编程题

1．创建一个登录页面，输入昵称和密码，将输入的昵称和密码通过另一个页面显示出来。
2．编写程序查看浏览器 Session_id。

# 第 10 章 文件目录类

在任何计算机设备中,文件和目录都是必需的对象。而在 Web 编程中,对文件的操作是程序员时常遇到的,比如文件及文件目录的创建、显示、修改等操作。本章就对这些 PHP 中的函数做详细讲解并通过实例演示如何使用。

##  10.1 创建目录和文件

使用 PHP 创建文件的目录,需要用到 mkdir()函数,使用的语法如下所示:

```
bool mkdir ( string pathname [, int mode [, bool recursive [, resource context]]] )
```

该函数尝试新建一个由 pathname 指定的目录,成功时返回 TRUE,失败则返回 FALSE。其中的 4 个参数解释如下。

- pathname:规定要创建的目录的名称。
- mode:规定权限。默认是 0777,意味着有最大可能的访问权。
- recursive:规定是否设置递归模式。
- context:规定文件句柄的环境。context 是可修改流的行为的一套选项。

第 1 个参数是必需的,其他 3 个都是可选项。

创建一个文件目录并将它的属性设置为只读的示例代码如下:

```php
<?php
    mkdir("需要创建的路径", 0700);
?>
```

只需调用这个函数就能生成一个文件目录。如果创建的目录是在父目录下的,则该父目录必须已经存在,否则程序就会报错。或者可以使用如下语句来创建目录:

```php
<?php
    mkdir("父目录/需要创建的路径", 0700, TRUE);
?>
```

此语句将 mkdir()函数的第三个参数 mode 设置为 TRUE,这时就可以创建有任意级数的文件目录,如果其父目录不存在就自动创建。

在创建完成一个目录以后,就可以在该目录下创建文件了。这时需要用到 fopen()函数,该函数的使用语法如下:

```
resource fopen ( string filename, string mode [, bool use_include_path [, resource zcontext]] )
```

filename 为需要创建的文件的文件名,如果 filename 指定的是一个本地文件,将尝试在该文件上打开一个流。

> **注意** filename 指定的文件必须是 PHP 可以访问的,因此需要确认该文件的访问权限允许相应的访问操作。

参数 mode 为以什么方式打开文件。表 10.1 给出了各种 mode 的定义。

表 10.1 打开文件的模式

| 模式 | 描述 |
| --- | --- |
| r | 只读方式打开，将文件指针指向文件头 |
| r+ | 读写方式打开，将文件指针指向文件头 |
| w | 写入方式打开，将文件指针指向文件头并将文件大小截为零。如果文件不存在则尝试创建之 |
| w+ | 读写方式打开，将文件指针指向文件头并将文件大小截为零。如果文件不存在则尝试创建之 |
| a | 写入方式打开，将文件指针指向文件末尾。如果文件不存在则尝试创建之 |
| a+ | 读写方式打开，将文件指针指向文件末尾。如果文件不存在则尝试创建之 |
| x | 创建并以写入方式打开，将文件指针指向文件头。如果文件已存在，则 fopen()调用失败并返回 FALSE，并生成一条 E_WARNING 级别的错误信息。如果文件不存在则尝试创建之。此选项只可用于本地文件 |
| x+ | 创建并以读写方式打开，将文件指针指向文件头。如果文件已存在，则 fopen()调用失败并返回 FALSE，并生成一条 E_WARNING 级别的错误信息。如果文件不存在则尝试创建之。此选项只可用于本地文件 |

如下语句是利用函数 fopen 创建一个名为"新建文本文件"，格式为.txt 的文件。

```
<?php
    fopen("新建文本文件.txt", "w");
?>
```

这段代码中，设置 mode 的模式为"w"，因为这个文件是新建的并不存在，所以 PHP 便会自动创建这个文件。

## 10.2 列出目录和文件

在讲解了如何创建目录和文件以后，接下来就是如何显示它们的问题。但是在读取目录和文件之前，都需要先指定一个根目录。

（1）可以使用 PHP 提供的 opendir()函数来指定这个根目录，其使用语法如下所示：

```
resource opendir ( string path [, resource context] )
```

opendir()函数打开一个目录句柄，可由 closedir()，readdir()和 rewinddir()使用。若成功，则该函数返回一个目录流，否则返回 false 及一个 error。可以通过在函数名前加上"@"来隐藏 error 的输出。

（2）打开一个目录后就可以使用 readdir()函数读取目录，函数使用语法如下所示。

```
string readdir ( resource dir_handle )
```

该函数返回目录中下一个文件的文件名。文件名以在文件系统中的排序返回。其中 dir_handle 是使用 opendir()返回的目录句柄。

（3）在读取文件目录以后，最后一步需要做的是将打开的文件句柄关闭掉。这时需要使用到 closedir()函数，语法如下所示：

```
void closedir ( resource dir_handle )
```

该函数关闭由 dir_handle 指定的目录流。流必须之前被 opendir()所打开。

代码 10-1 是使用 readdir()等函数列出指定目录下的目录和文件的例子。

代码 10-1　列出目录和文件

```php
<b>列出目录和文件</b><hr />
目录下的所有文件如下：<br />
<?php
if ($handle = opendir('./')) {                    //指定当前目录
  while (false !== ($file = readdir($handle))) {  //循环读取目录下的文件
    echo "$file<br />";
  }
  closedir($handle);                              //关闭目录流
}
?>
```

以上代码首先指定列出当前目录下的目录和文件，然后使用 while 循环逐个读取并输出，最后关闭文件流。如图 10.1 所示的运行程序后的结果。

图 10.1　列出目录和文件

## 10.3　获得磁盘空间

获取磁盘空间这个功能在很多的网络硬盘上都能看到，这些空间一般都会规定空间大小，限制上传文件的总量。本节就来讲解如何获得磁盘空间大小。

计算磁盘空间大小除了需要用到上节介绍的函数外，还需要用到一个计算文件大小的函数 filesize()，使用语法如下所示：

```
int filesize ( string filename )
```

filesize()函数返回指定文件的大小。若成功，则返回文件大小的字节数。若失败，则返回 FALSE 并生成一条 E_WARNING 级的错误。

> **Tips**　filesize()函数的结果会被缓存，可以使用 clearstatcache()来清除。

有了以上基础以后，就可以计算某个目录下所有文件的大小。代码 10-2 是计算某个目录下所有文件大小的例子。

代码 10-2　获得磁盘空间

```php
<b>获得磁盘空间</b><hr />
目录下的所有文件大小：<br />
<?php
```

```
function dir_size($dir) {
    @$dh = opendir($dir);                           //打开目录,返回一个目录流
    $size = 0;//初始大小为 0
    while ($file = @readdir($dh)) {                 //循环读取目录下的文件
        if ($file != "." and $file != "..") {       //如果返回的不是本目录(.)或者上级目录(..)
            $path = $dir."/".$file;                 //设置目录,用于含有子目录的情况
            if (is_dir($path)) {                    //如果是目录文件
                echo "$path<br />";
                $size += dir_size($path);           //递归调用,计算目录大小
            } elseif (is_file($path)) {             //如果是文件
                echo "$path ". filesize($path) ." BYTE<br />";
                $size += filesize($path);           //计算文件大小
            }
        }
    }
    @closedir($dh);                                 //关闭目录流
    return $size;                                   //返回大小
}
$dir = ".";                                         //指定文件所在的目录
$dir_size = dir_size("$dir");       //计算目录大小
echo "总大小: ". $dir_size ." BYTE";
?>
```

以上把计算目录文件的代码写成一个函数,目的是为了能够把子目录下的文件也都计算进来,需要用到函数的递归调用。在函数中首先打开一个需要计算大小的目录,然后使用 while 循环来遍历目录中的文件。如果遍历中遇到的是目录,则再次调用自身函数计算大小并记录相应的大小。如果是文件则使用 filesize()函数来计算它的大小并记录。如此循环,直到计算完目录下的所有文件位置。运行代码后得到的结果如图 10.2 所示。

图 10.2　获得磁盘空间

## 10.4　改变目录和文件的属性

关于目录和文件的属性,一般是基于安全原因或者在对于权限有分配需求的系统中常会用到。Web 程序基于安全原因都会把一些文件对浏览者只给可读权限,这时就要设置文件的属性为只读。但是有时候又允许用户上传图片、视频、音乐等文件,这时又得把上传文件的所在目录设置为可写,需要给用户修改权限。本节讲解如何设置目录和文件的这些访问属性。

在 PHP 中目录和文件的属性都是通过 chmod()函数来完成修改的,该函数的使用方法如下:

```
bool chmod ( string filename, int mode )
```

chmod()函数可以改变文件模式。如果成功则返回 TRUE,否则返回 FALSE。filename 是需要设置属性的文件或者目录。mode 是对 filename 设置的属性,该参数由 4 个数字组成,第一个数字永远是 0,第二个数字规定所有者的权限,第二个数字规定所有者所属的用户组的权限,第四个数字规定其他所有人的权限。这些数字可能的值有 3 种,分别如下所示。

- 1:执行权限
- 2:写权限
- 4:读权限

如需设置多个权限,请对上面的数字进行总计。

例如，对所有者可读写，其他人没有任何权限，可使用如下代码：

```
chmod("test.txt", 0600);
```

对所有者可读写，其他人可读，可使用如下代码：

```
chmod("test.txt", 0644);
```

对所有者有所有权限，其他所有人可读和执行，可使用如下代码：

```
chmod("test.txt", 0755);
```

对所有者有所有权限，所有者所在的组可读，可使用如下代码：

```
chmod("test.txt", 0740);
```

## 10.5 写入数据到文件

介绍了这么多，也许读者最关心的就是如何将数据写入到文件中。因为数据才是最重要的，所以得好好保存下来。本节就来讲解如何使用 PHP 将数据写入到文件中。PHP 提供很多种方式来将数据写入到文件中，这里介绍两种最常用的方法。

### 10.5.1 使用 fwrite() 函数将数据写入文件

首先第一种是使用 fwrite() 函数来将数据写入文件中，该函数的使用语法如下：

```
int fwrite ( resource handle, string string [, int length] )
```

fwrite() 把 string 的内容写入文件指针 handle 处，成功后返回写入内容的长度，否则返回 FALSE。如果指定了 length，当写入了 length 个字节就会停止。当 length 大于写入内容长度时，那么当内容写入完成以后会自动停止。

在使用 fwrite() 函数之前，需要先调用前面 10.1 节提到的 fopen 函数来打开一个文件，返回一个文件指针作为入参。

> **注意** 因为现在是对文件进行写入操作，所以在使用 fopen 打开文件时一定要选择正确的模式。

代码 10-3 是使用 fwrite() 函数将数据写入到文件中的一个例子，如下所示。

代码 10-3　使用 fwrite() 函数写入数据到文件

```
<b>写入数据到文件</b><hr />
正在写入文件...<br /><br />
<?php
$filename = '数据写入测试文件.txt';
$somecontent = "测试用文字，我爱 PHP! \r\n";
// 在这个例子里，将使用添加模式打开$filename
// 因此，文件指针将会在文件的开头
// 那就是当使用 fwrite() 的时候，$somecontent 将要写入的地方
if (!$handle = fopen($filename, 'a+')) {
    echo "不能打开文件 $filename";
    exit;
}
// 将$somecontent 写入到打开的文件中
if (fwrite($handle, $somecontent) === FALSE) {
  echo "不能写入到文件 $filename";
```

```
        exit;
    }
    echo "成功地将<br /><br /><font color='green'>$somecontent</font><br /><br />写入到文件<br /><br /><font color='red'>$filename</font>";
    fclose($handle);
?>
```

首先定义需要写入的数据与被写入数据的文件，然后使用 fopen()函数打开文件，使用 fwrite() 将数据追加到该文件中。因为在打开文件时 mode 参数设置为 "a+"，所以这个程序如果多运行几次就会在文件中看到多个写入的数据。运行以上代码看到的效果如图 10.3 所示，多刷新几次后打开 "数据写入测试文件.txt" 文件，会看到有多次数据添加到文件中，效果如图 10.4 所示。

图 10.3　使用 fwrite()函数写入数据到文件　　图 10.4　使用 fwrite()函数写入数据到文件的结果

写入文件的效果会因为在使用 fopen 时输入的 mode 类型不同而有所不同，具体参数意义请参考 10.1 的表 10.1。

### 10.5.2　使用 file_put_contents()函数将数据写入文件

第二种常用写入数据的方式非常简单，使用 file_put_contents()函数，该函数使用语法如下所示：

```
int file_put_contents ( string filename, string data [, int flags [, resource context]] )
```

使用该函数来将数据写入文件与依次调用 fopen()，fwrite()及 fclose()功能一样。其使用的参数详细解释如下。

- filename：要被写入数据的文件名。
- data：要写入的数据。类型可以是 string、array 或者是 stream 资源。
- flags：flags 可以是 FILE_USE_INCLUDE_PATH，FILE_APPEND 和/或 LOCK_EX（获得一个独占锁定），但是使用 FILE_USE_INCLUDE_PATH 时要特别谨慎。
- context：一个 context 资源。

如果使用 file_put_contents()函数，可以只用一个语句便能将数据写入到文件中。

```
<?php
file_put_contents("测试文件.text", "我爱 PHP! ");
?>
```

## 10.6　从文件读取数据

通过上一个小节的讲解，相信读者已经能很熟练地将数据写入到文件中了。那么本节就在这样的基础上来讨论如何读取文件中的这些数据。同样，PHP 对从文件中读取数据的操作也提供了很多种方法,这里介绍两种最常用的。

## 10.6.1 使用 fread()函数读取文件数据

与 fwrite()函数相对,PHP 也提供一个 fread()函数来对文件的数据进行读取操作。该函数的使用语法如下所示:

```
string fread ( int handle, int length )
```

fread()函数从文件指针 handle 读取最多 length 个字节,返回所读取的字符串,如果出错返回 FALSE。该函数在读取完最多 length 个字节数,或到达 EOF 的时候,或(对于网络流)当一个包可用时,或(在打开用户空间流之后)已读取了 8192 个字节时就会停止读取文件,如果哪种情况先遇到即结束。

该函数的操作步骤与 fwrite()函数差不多,都需要先使用 fopen 打开一个文件,然后对其操作,最后使用 fclose 将其关闭。代码 10-4 是使用 fread()函数从文件中读取数据的例子,如下所示。

代码 10-4　从文件读取数据

```
<b>从文件读取数据</b><hr />
正在读取文件...<br /><br />
<?php
$filename = '数据读取测试文件.txt';          //定义需要读取的文件
$handle = fopen($filename, "rb");            //以二进制方式打开
$contents = fread($handle, filesize ($filename));  //读取文件
echo "读取到的数据如下: <br />";
echo "<pre>";
echo $contents;                              //输出读取的数据
echo "</pre>";
fclose($handle);                             //关闭文件
?>
```

运行以上代码后,得到的结果如图 10.5 所示。读取的是上个例子中的文件内容。

图 10.5　从文件读取数据

## 10.6.2 使用 file_get_contents()函数读取文件数据

当然前面介绍的 fread()函数，还可以使用 file_get_contents()函数来读取文件中的数据。该函数的使用语法如下所示：

```
string file_get_contents ( string filename [, bool use_include_path [, resource context [, int offset [, int maxlen]]]] )
```

file_get_contents()函数是用于将文件的内容读入到一个字符串中的首选方法。如果操作系统支持，还会使用内存映射技术来增强性能。虽然该函数接受 4 个参数，但是用得最多的是第 1 个参数 filename，它用来指定需要读取的文件。其他 3 个可选参数用到的很少，就不多做介绍了。

使用 file_get_contents()函数读取文件数据很简单，如下所示：

```
<?php
echo file_get_contents("数据读取测试文件.txt");
?>
```

只使用一个语句就能将文件中的数据读出并输出到页面上。

## 10.7 修改文件内容

前面几节中，已经讲解了如何创建文件、如何对文件写入数据、如何读取文件中的数据，最后来说一下如何修改文件中的内容。

修改的过程首先是打开一个文件，读取其中的内容并替换，然后保存。这些过程在前面的小节中都已经做了详细的讲解，这里不再赘述。代码 10-5 是使用 PHP 修改文件内容的一个例子，如下所示。

代码 10-5　修改文件内容

```
<b>修改文件内容</b><hr />
<?php
$filename = '数据修改测试文件.txt';              //定义需要读取的文件

echo "原文件的内容：";
echo "<pre>";
echo file_get_contents($filename);              //输出文件数据
echo "</pre>";

$contents = file_get_contents($filename);       //读取文件中的数据
$contents = str_replace("爱", "喜欢", $contents); //将数据中的"爱"，修改成"喜欢"
file_put_contents($filename, $contents);        //保存

echo "修改后的内容：";
echo "<pre>";
echo file_get_contents($filename);              //输出文件数据
echo "</pre>";
?>
```

以上代码首先使用 file_get_contents()函数读取文件数据，然后对数据做修改，最后 file_put_contents()函数将修改完成后的数据保存到原文件中。这样就完成了对一个文件数据的修改过程，代码运行得到的效果如图 10.6 所示。

图 10.6　修改文件内容

## 10.8　删除目录和文件

如果哪个目录或者文件以后都不会用到，就该把它们从系统中删除，以免占用过多的空间，这样也便于文件的查找。

在 PHP 中删除一个目录和文件显得异常简单，只需要分别调用一个函数就可以。删除目录时使用 rmdir()函数，其语法如下：

```
bool rmdir ( string dirname )
```

该函数尝试删除 dirname 所指定的目录，如果成功则返回 TRUE，失败则返回 FALSE。该目录必须是空的，而且要有相应的权限。

如果需要删除某个指定的文件，可以使用 unlink()函数。使用语法如下：

```
bool unlink ( string filename )
```

该函数尝试删除 filename 所指定的文件，如果成功则返回 TRUE，失败则返回 FALSE。

在 PHP 中通过以上两个函数就可以删除目录和文件，但是通常删除目录时，该目录并不为空。这时候就需要把其下的子目录和文件都先删除掉，然后再删除本目录。代码 10-6 演示了如何删除一个包含有子目录的函数，如下所示。

代码 10-6　删除目录和文件

```
<b>删除目录和文件</b><hr />
<?php
function full_rmdir($dirname){                              //定义函数
    if ($dirHandle = opendir($dirname)){                    //打开指定的目录
        $old_cwd = getcwd();                                //取得当前工作目录
        chdir($dirname);                                    //将 PHP 的当前目录改为$dirname

        while ($file = readdir($dirHandle)){                //循环目录下的文件
            if ($file == '.' || $file == '..') continue;    //如果是当前目录或者父目录则跳过
            if (is_dir($file)){                             //如果是目录
                if (!full_rmdir($file)) return false;       //递归调用自身函数删除目录
            }else{                                          //如果是文件
                if (!unlink($file)) return false;           //删除文件
```

从零开始学 PHP（第 3 版）

```
            }
        }
        closedir($dirHandle);                           //关闭目录
        chdir($old_cwd);                                //将 PHP 的当前目录改为$old_cwd
        if (!rmdir($dirname)) return false;             //删除$dirname 目录

        return true;
    }else{
        return false;
    }
}
$remove_dir = "测试目录";
echo "正在删除 $remove_dir 目录...<br></br>";
if(full_rmdir($remove_dir)) {
    echo "<font color=\"green\">删除 $remove_dir 成功! </font>";
} else {
    echo "<font color=\"red\">删除 $remove_dir 失败! </font>";
}
?>
```

　　为了测试以上代码的有效性，需要建立一个包含有子目录和文件的测试目录，如图 10.7 所示。然后运行程序得到信息，如图 10.8 所示，表示删除目录成功。打开原来文件所在的目录，发现先前建立的测试目录已经被删除，如图 10.9 所示。

图 10.7　含有子目录和文件的测试目录

图 10.8　运行程序

图 10.9　测试目录被删除

## 10.9　一个文本计数器实例

　　讲了那么多关于文本的知识，本章最后就来做个文本计数器。想必大家在网上冲浪的时候，会常常看到有些网站显示本站已有多少人数访问之类的统计，是不是也忍不住想亲手制作一个这样的计数器呢？

　　制作一个文本计数器的原理和修改文字中的数据的思路是一样的。都是打开文件，修改文件中的内容然后再把数据保存到文件中。需要用到的函数在前面的小节中都已经介绍过，这里就不再赘述。代码 10-7 就是一个简单的文本计数器，如下所示。

代码 10-7　一个文本计数器实例

```
<b>文本计数器实例</b><hr />
本页面已经被受访的次数为: <br /><br />
<?php
$count = file_get_contents("count.txt");
echo "<font color=\"green\">". ++$count ."</font>";
```

```
file_put_contents("count.txt", $count);
?>
```

可以看到，使用 PHP 做一个文本计数器是非常方便而且简单的。实际上的代码只要 3 行，读取文件，数值自动加 1，保存数据。运行以上代码，首先需要在同目录下新建一个"count.txt"的文件，并把内容设置为 0，当然你也可以设置为其他的数值。然后运行得到的页面结果如图 10.10 所示，刷新后可以看到页面计数的变化，图 10.11 是页面被浏览了 17 次后的结果。

图 10.10　第一次浏览

图 10.11　多次浏览后的结果

本实例给出的计数器很简单，在此基础上还可以开发出更多功能，或者有好看效果的计数器。比如可以使用 Session 来记录相同人数的访问，使用图片来替换显示的数字等。

## 10.10　典型实例

【实例 10-1】目录函数主要包括打开、读取目录等操作。使用这些目录函数，可以轻易地在服务器上进行相关的目录操作。

本实例代码中使用到的函数主要包括：opendir()、readdir()、rewinddir()、closedir()，以及 directory 类。

（1）opendir()函数用于打开一个目录句柄。打开的句柄可以被 readdir()、rewinddir()、closedir()等函数使用。opendir()函数只有一个必选参数，用于指定创建句柄的目录。函数运行成功后，将返回目录的句柄，如果失败将返回 FALSE 值。

（2）readdir()函数用于返回目录中下一个文件的文件名。其与目录的关系，类似于 each()函数与数组的关系。readdir()函数只有一个必选参数，就是读取目录的目录句柄。readdir()运行成功后，将返回一个文件名，否则返回 FALSE 值。

（3）rewinddir()函数用于把指定的目录流，重置到目录的开头。其只有一个必选参数，即 opendir()函数打开的目录句柄。

（4）closedir()函数，用于关闭 opendir()函数打开的目录句柄，其只有一个必选参数，即 opendir()函数打开的目录句柄的名称。

（5）实际上 directory 类是 dir()函数内定义的一个内部类。directory 类包括两个属性和 3 个方法，两个属性是 path 和 handlle。path 属性的值为被打开的目录路径。handle 属性的值为目录句柄，类似于 opendir()返回的值，handle 属性可以用于 readdir()、rewinddir()、closedir()等函数。而三个方法 read()、rewind()、close()，分别对应的目录函数是 readdir()、rewinddir()、closedir()。

代码 10-8　使用目录函数进行操作

```php
<?php
echo "<strong>使用目录函数读取目录</strong><br>";
$dir = "html";
//使用 opendir() 函数打开目录
$handle = opendir($dir);
if($handle == false){
    echo "打开目录失败!";
}else{
    echo "目录句柄: " . $handle . "<br>";
    echo "目录名称: " . $dir . "<br>";
    //使用 readdir() 读取目录信息
    while($file = readdir($handle)){   //使用 readdir() 函数读取目录句柄的内容赋值给 $file 变量，并把目录指针向下移动一位
        if($file !== false){            //当 readdir() 函数返回的值不等于 false 时，显示返回值
            echo $file."<br>";
        }
    }
}
//使用 closedir() 关闭目录句柄
closedir($handle);
echo "<strong>使用 Directory 类读取目录</strong><br>";
$dh = dir($dir);
echo "目录句柄: " . $dh->handle . "<br>";
echo "目录名称: " . $dh->path . "<br>";
while ($file = $dh->read()) {           //使用 read() 方法，获取当前指针指向的文件名
    if($file !== false){                //当 read() 方法获回的值不等于 false 时，显示返回值
        echo $file."<br>";
    }
}
$dh->close();
?>
```

运行该程序后，运行结果如图 10.12 所示。

图 10.12　程序运行结果

【实例 10-2】PHP 中关于文件操作的函数很多，涉及到文件的读取、写入、属性、信息、状态等操作。本实例代码中使用到的函数主要包括：fopen()、fread()、fwrite()、fclose()、 file_get_contents()、file_put_contents()。

（1）fopen()函数用于打开一个文件句柄。其有两个必选参数：
- 参数一的值是需要打开的文件名称。
- 参数二的值用于指定打开文件的方式，其取值如表 10.1 所示。

表 10.1 打开文件方式

| 参数值 | 说明 |
| --- | --- |
| 'r' | 只读方式打开，将文件指针指向文件头 |
| 'r+' | 读写方式打开，将文件指针指向文件头 |
| 'w' | 写入方式打开，将文件指针指向文件头并将文件大小截为零。如果文件不存在则尝试创建 |
| 'w+' | 读写方式打开，将文件指针指向文件头并将文件大小截为零。如果文件不存在则尝试创建 |
| 'a' | 写入方式打开，将文件指针指向文件末尾。如果文件不存在则尝试创建 |
| 'a+' | 读写方式打开，将文件指针指向文件末尾。如果文件不存在则尝试创建 |
| 'x' | 创建并以写入方式打开，将文件指针指向文件头。如果文件已存在，则 fopen()调用失败并返回 FALSE，并生成一条 E_WARNING 级别的错误信息。如果文件不存在则尝试创建，这和给底层的 open(2) 系统调用指定 O_EXCL\|O_CREAT 标记是等价的。此选项被 PHP 4.3.2 以及以后的版本所支持，仅能用于本地文件 |
| 'x+' | 创建并以读写方式打开，将文件指针指向文件头。如果文件已存在，则 fopen()调用失败并返回 FALSE，并生成一条 E_WARNING 级别的错误信息。如果文件不存在则尝试创建，这和给底层的 open(2) 系统调用指定 O_EXCL\|O_CREAT 标记是等价的。此选项被 PHP 4.3.2 以及以后的版本所支持，仅能用于本地文件 |

（2）fread()函数用于读取文件内容。fread()函数有两个必选参数，第一个参数的值是由 fopen() 打开的文件句柄。第二个参数是要读取的内容长度。fread()函数最多可以读取 8192 个字节。

（3）fwrite()函数用于写入文件内容。fwrite()函数有三个参数：
- 参数一是必选参数，其值是由 fopen()打开的文件句柄。
- 参数二是必选参数，其值是要写入文件的内容。
- 参数三是可选参数，用于指定写入文件的字节数。

（4）fclose()函数，用于关闭 fopen()函数打开的文件句柄，以节省系统资源。

（5）file_get_contents()函数用于读取指定文件内容。file_get_contents()函数同时包括了 fopen()、fread()、fclose()三个函数的功能，并且 file_get_contents()函数读取文件内容时，不受 8192 字节的限制。

（6）file_put_contents()函数用于把内容写入指定文件。file_put_contents()函数同时包括了 fopen()、fwrite()、fclose()函数的功能。

代码 10-9　PHP 中关于文件操作的函数

```php
<?php
//定义一个变量，其值为要打开的文件
$file = "do.txt";
//使用 fopen()函数打开文件，打开方式是 w.并使用判读打开状态。
if(false === ($fp = fopen($file,"w"))){
    echo "打开文件失败！<br>";
}else{
    echo "文件打开成功！<br>";
}
//定义变量，存储写入文件的内容
$c = "写入 do.txt 文件的内容";
//使用 fwrite()函数写入文件，并判读写入状态
```

```
if(fwrite($fp,$c,strlen($c))===false){
    echo "文件写入失败！<br>";
}else{
    echo "文件写入成功！<br>";
}
//关闭文件句柄
fclose($fp);
//使用fopen()打开文件，打开方式是r
$fp = fopen($file,"r");
//使用fread()读取文件的前8192个字节。
echo "<br>显示读取的文件内容：<br>".fread($fp,8192);
fclose($fp);                               //关闭文件句柄
$handle = fopen("http://www.baidu.com","r");   //访问远程文件
$contents = "";
//循环读取文件
while (!feof($handle)){
    //如果没有到文件尾，继续读取文件
    $contents .= fread($handle, 8192);
}
fclose($handle);     //关闭文件句柄
echo $contents;      //输出获取的内容
//使用file_put_contents()函数，向文件写入内容，并判读写入状态
if(file_put_contents($file,"使用file_put_contents()函数写入的内容。")>0){
    echo "<br>使用file_put_contents()函数写入文件成功！<br>";
}else{
    echo "<br>使用file_put_contents()函数写入文件失败！<br>";
}
//使用file_get_contents()函数读取文件内容，并显示
$get = file_get_contents($file);       //使用file_get_contents()获取文件的内容
echo "<br>使用file_get_contents()函数读取的文件内容：<br>".$get;
?>
```

运行该程序后，运行结果如图10.13所示。

图10.13  程序运行结果

**【实例 10-3】** 基于目录与文件函数相册的实现。本实例将根据前面两个实例中介绍的知识，完成一个基于目录与文件的相册程序。

本实例的相册包括两个部分：图片上传和图片浏览。

（1）图片上传会应用到 move_uploaded_file()函数。move_uploaded_file()函数的作用是把客户端上传的文件，移动到指定目录，其有两个必选参数：

- 参数一的值用于上传后的临时文件名。
- 参数二的值是临时文件移动的目标目录，以及文件名称。

在使用 move_uploaded_file()函数时一定要注意，当目标文件存在时，目标文件将会被覆盖。

（2）is_dir()函数，用于判读指定的目录名是否是一个目录。

（3）mkdir()函数，用于在当前目录下，根据参数创建新的目录。

代码 10-10　基于目录与文件的相册程序

```php
<?php
//初始化
$album = "album";
if(is_dir($album)!==true){    //使用 is_dir()函数，检测变量$album 变量的值指向的文件夹是否存在
    mkdir($album);            //如果文件夹不存在，就使用 mkdir()函数创建这个文件夹，初始化完成
}
//处理上传文件
if(isset($_POST["action"]) and $_POST["action"]=="upload"){
//检测 POST 变量中，是否存在约定变量，以及约定变量的值是否正确
    if(isset($_FILES["file"]["tmp_name"])){    //检测$_FILES 变量中是否存在数据
        //定义文件存放的目录
        //定义新的文件名,此处使用原文件名
        $filename = $_FILES["file"]["name"];
        //使用 move_uploaded_file()把上传的临时文件，移动到新目录
        if(move_uploaded_file($_FILES["file"]["tmp_name"],$album."/".$filename)){
            echo "上传文件成功!";
        }else{
            echo "上传文件失败!";
        }
    }
}
?>
<!DOCTYPE html PUBLIC "-//W3C//DTD XHTML 1.0 Transitional//EN"
"http://www.w3.org/TR/xhtml1/DTD/xhtml1-transitional.dtd">
<html xmlns="http://www.w3.org/1999/xhtml">
<head>
<meta http-equiv="Content-Type" content="text/html; charset=gb2312" />
<title>相册</title>
<style>
body{margin:0px;padding:0px;background-color: #EFEFEF;font-size:12px;}
ul{ margin:0px;   padding:0px;list-style:none;}
a{color:#333333;text-decoration:none;}
a:hover{color:#999999;}
.ablum_out{width:98%px;margin-left:10px;margin-top:10px;}
.ablum_out img{margin:4px;border:#ccc 1px solid;}
.ablum_out li{float:left;width:180px;text-align:center;margin:5px;}
</style>
</head>
```

```
<body>
<form action="" method="post" enctype="multipart/form-data" name="form1" id="form1">
  <label>上传图像
  <input type="file" name="file" />
  </label>
  <label>
  <input type="submit" name="Submit" value="提交" />
  <input type="hidden" name="action" value="upload"/>
  </label>
</form>
<hr size="1" />
        <div class="ablum_out">
            <ul>
<?php
$dh = dir($album);
echo "相册目录: " . $dh->path . "<br>";
while (false !== ($file = $dh->read())) {
   if($file != "." and $file != ".."){
      echo '<li><a href="'.$album."/".$file.'" target="_blank"><img src="'.$album."/".$file.'" width="160" height="120" border="0" /><br />'.$file.'</a> </li>';
   }
}
$dh->close();
?>
            </ul>
    </div><br/>
</body>
</html>
```

运行该程序后,运行结果如图 10.14 所示。

图 10.14  程序运行结果

## 10.11  小结

本章主要介绍了 PHP 编程中对文件的基本操作,包括判断文件是否存在、获取文件属性、读取文件内容、写入文件、遍历目录、创建目录等操作。文件的操作在 PHP 编程中有着广泛的应用，所以熟练掌握这些函数的使用及文件操作都是十分必要的。

## 10.12 习题

### 一、填空题

1. 对一个文件进行访问之前，一般需要先判断文件是否存在，利用 file_exists()函数判断文件是否存在，如果文件或目录存在，则返回值_____，反之返回_____。

2. 在进行处理文件时，要知道文件的大小、类型、访问时间、文件权限的属性，分别用到的函数是_____、_____、_____、_____。

3. 如果可以打开本地文件，其形式为_____；如果打开远程 Web 服务器上的文件，其形式为_____；如果打开远程 FTP 服务器上的文件，其形式为_____。

4. 读取一个文件中的某一个字符的函数为_____，可以读取文件某一行的内容的函数为_____。

5. 函数_____可以实现单行写入文件。

6. 函数_____用来查找指针位置，函数_____在文件中设定文件指针位置。

7. 用来打开文件的函数为_____，用来关闭打开的文件的函数是_____。

8. 创建目录的函数为_____，函数_____可以用来删除目录。

### 二、选择题

1. 以只读方式打开，将文件指针指向文件头的代码是（    ）。

   A．r  B．r+
   C．w  D．w+

2. 通过 rewind()函数，可将指针设置到（    ）。

   A．文件结尾  B．文件开头
   C．任意位置  D．不能操作指针

3. 下面程序的运行结果为（    ）。

```
$fp=fopen("many.txt","r");
//获得前 15 个字符
$date=fgets($fp,1);
//获取当前指针
echo ftell($fp);
fclose($fp);
```

   A．0  B．1
   C．2  D．程序有误

4. 多次运行下列程序，其运行结果为（    ）。

```
01   $dirname="php";
02   $str=mkdir($dirname,10);
03   if($str)
04     echo"创建成功"
05   else
06     echo"创建失败";
```

A．第 02 行发生编译错误　　　　B．输出"创建成功"
C．输出"创建失败"　　　　　　D．输出"创建失败"并提示错误信息

### 三、简答题

1．试说明文件处理的步骤。
2．试列出打开文件的方式。
3．说明如何向文件中写入数据。

### 四、编程题

1．将获奖同学的名单输入到 zhufu.txt 文件下。

一等奖：王轮
二等奖：张静、李丽
三等奖：赵无、丁一、王六

2．遍历 C 盘 root 文件，并输出该目录下文件的名称、文件的大小、文件类型、访问时间等信息。

# 第 11 章　数据处理类

任何的程序都离不开数据，无论是大的程序、小的程序或是客户端程序还是网页程序等。而程序就是如何对这些数据进行处理。在前面几章中已经介绍了关于数字、变量和常量等的处理，本章主要讲解如何使用 PHP 处理字符串、Excel 文档、加解密和时间日期的操作。

## 11.1　字符串

无论哪种语言，字符串操作都是一个重要的基础。PHP 提供了大量的字符串操作函数用来处理字符串。如果在开发中合理地使用这些函数，那么它将有助于项目更快、更好地完成。本节就为读者介绍 PHP 开发中一些比较常用的字符串处理函数。

### 11.1.1　计算字符串的长度

字符串的长度一般是指，该字符串所包含字符的个数。在 PHP 中，可以使用 strlen()函数来获取一个字符串的长度。使用该函数的语法如下所示：

```
int strlen ( string string )
```

strlen()函数接受一个字符串类型的参数并返回这个字符串的长度。代码 11-1 是使用 strlen()函数计算字符串长度的一个例子。

代码 11-1　使用 strlen()函数计算字符串长度

```
<b>使用 strlen()函数计算字符串长度</b><hr />
字符串 "我非常喜欢 PHP!" 的长度为：
<?php
$str = "我非常喜欢 PHP! ";              //定义一个字符串
echo strlen($str);                      //使用 strlen 计算字符串的长度
?>
```

以上代码首先定义一个字符串，然后使用 strlen()函数计算它的长度并输出。运行代码后的结果如图 11.1 所示。

图 11.1　使用 strlen()函数计算字符串长度

由结果可以看到，如果按照正常的思维来算这个字符串包含的字符应该是 9 个，但是为什么这个字符串的长度为 15 呢？

这里对 strlen()函数计算字符串长度方式做下介绍，它对单个英文字符的长度计算为 1，对单个中文字的计算长度为 2。所以才会出现图 11.1 所呈现的结果。

> **注意** 如果 strlen()函数计算的是 UTF-8 编码的字符串，其中的单个中文字的长度会被计算成 3。

对于 strlen()函数的这个特性与生活中计算的方式有些出入，如果使用 PHP 另外提供的 mb_strlen()函数就能很好地解决这个问题，该函数的使用语法如下：

```
int mb_strlen ( string str [, string encoding] )
```

mb_strlen()函数的用法和 strlen()函数类似，只不过它有第二个可选参数用于指定字符编码。例如得到 UTF-8 的字符串$str 长度，可以用 mb_strlen($str, 'UTF-8')。如果省略第二个参数，则会使用 PHP 的内部编码。内部编码可以通过 mb_internal_encoding()函数得到。

> **注意** mb_strlen 并不是 PHP 核心函数，使用前需要确保在 php.ini 中加载了 php_mbstring.dll，即确保"extension=php_mbstring.dll"这一行存在并且没有被注释掉，否则会出现未定义函数的问题。

代码 11-2 是使用 mb_strlen()函数计算字符串长度的一个例子，如下所示。

代码 11-2　使用 mb_strlen()函数计算字符串长度

```
<b>使用 strlen()函数计算字符串长度</b><hr />
字符串"我非常喜欢 PHP！"的长度为：
<?php
$str = "我非常喜欢 PHP！";                    //定义一个字符串
echo mb_strlen($str, 'GB2312');              //使用 mb_strlen 函数计算字符串的长度，并制定编码
?>
```

运行以上代码后，得到如图 11.2 所示的结果。这次的结果与平常计算字符串个数的方式是相同的。

图 11.2　使用 mb_strlen()函数计算字符串长度

## 11.1.2　截取指定长度字符串

截取指定长度字符串是指，获取这个字符串的某一特定部分。在 PHP 中，可以使用函数 substr()

来获取字符串的某一部分。该函数的语法如下所示：

```
string substr ( string string, int start [, int length] )
```

substr()返回 string 字符串中从位置 start 的字符开始，长度为 length 的字符串。如果开始是非负，则返回的字符串将开始在 string 的 start 位置，从 0 计数。例如，为 "abcdef" 中，在位置 0 字符是 "a"，在位置 2 字符是 "c" 的，等等。

### 11.1.3 搜索指定的字符串

如果需要知道某个子字符串是否在指定的字符串中的位置，就可以使用 PHP 提供的 strpos() 函数。该函数的使用语法如下：

```
int strpos ( string haystack, mixed needle [, int offset] )
```

strops()返回 needle 第一次在 haystack 字符串中出现的位置。如果 needle 没有找到时，则返回 FALSE。可选的 offset 参数允许在 haystack 字符串的指定位置开始搜索，返回的位置仍然是相对 haystack 的开始。

### 11.1.4 替换指定的字符串

在实际开发中，有时需要将字符串中的某些字符串替换成其他字符串，这可以通过 PHP 的内置函数 str_replace() 来完成。该函数的语法如下所示。

```
mixed str_replace ( mixed search, mixed replace, mixed subject [, int &count] )
```

该函数将字符串 subject 中的 search 部分全部替换成字符串 replace，并且返回替换后的字符串。

### 11.1.5 转换字符串为数组

在 PHP 程序中，可以使用函数 explode 用一个字符串分隔另一个字符串，该函数的语法如下所示：

```
array explode ( string separator, string string [, int limit] )
```

此函数返回由字符串组成的数组，每个元素都是 string 的一个子串，它们被字符串 separator 作为边界点分隔出来。如果设置了 limit 参数，则返回的数组包含最多 limit 个元素，而最后那个元素将包含 string 的剩余部分。如果 separator 为空字符串（""），explode()将返回 FALSE。如果 separator 所包含的值在 string 中找不到，那么 explode()将返回包含 string 单个元素的数组。如果 limit 参数是负数，则返回除了最后的 limit 个元素外的所有元素。

### 11.1.6 转换数组为字符串

亦可使用 implode()函数将数组转换为一个字符串，该函数的语法如下所示：

```
string implode ( string glue, array pieces )
```

此函数接受两个入参，glue 为合并数组元素成字符串时所用的连接符，pieces 为需要合并的数组。

## 11.1.7 设置字符编码

不过英文一般不会存在编码问题，只有中文数据才会有这个问题。比如你用 Zend Studio 或 Editplus 写程序时，用的是 gbk 编码，如果数据需要进入数据库，而数据库的编码为 utf8 时，这时就要把数据进行编码转换，不然进到数据库就会变成乱码。

PHP 提供的 iconv()函数库能够完成各种字符集间的转换，是编程中不可缺少的基础函数库。其使用语法如下所示：

```
string iconv ( string in_charset, string out_charset, string str )
```

## 11.2 使用 PHPExcel 操作 Microsoft Excel 文件

Microsoft Excel 是微软公司的办公软件 Microsoft office 的组件之一，是由 Microsoft 为 Windows 和 Apple Macintosh 操作系统的电脑而编写和运行的一款试算表软件。Excel 是微软办公套装软件的一个重要的组成部分，它可以进行各种数据的处理、统计分析和辅助决策操作，广泛地应用于管理、统计财经、金融等众多领域。

正因为 Excel 在现实生活中有如此普及的应用，不论是在学习和工作中都离不开它。所以在 Web 应用中也常会遇到需要操作 Excel 的事情。本小节就为读者讲解如何使用 PHP 来操作 Microsoft Excel 文件。

### 11.2.1 创建 Excel 文件

"工欲善其事，必先利其器"，需要调用 PHPExcel 类操作 Word 文件，就必须先了解 PHPExcel 这个类。这个用于操作 Excel 文件的 PHP 类的官方网址为 http://phpexcel.codeplex.com/，如图 11.3 所示。

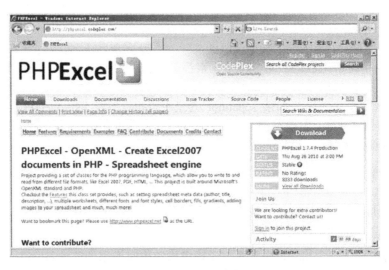

图 11.3　PHPExcel 官方网站

单击右上角的"Download"按钮即可下载最新稳定的版本，解压缩后得到的文档结构如图 11.4 所示。

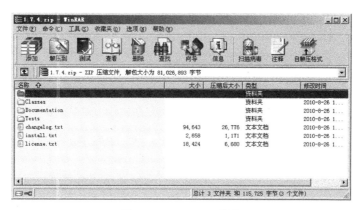

图 11.4 PHPExcel 结构

其中 Documentation 文件夹与 Tests 分别为类文档和测试文件目录,在编程中需要真正用到的是 Classes 文件夹中的类。可以将其中的 Classes 文件夹整个解压到需要的程序目录下,以方便调用。此时 PHPExcel 的安装就完成了,是不是觉得很简单呢!

有了以上的基础,下面就来创建一个 Word 对象,并对它进行一些操作,具体如代码 11-3 所示。

代码 11-3　创建 Excel 文件

```
<b>使用 PHPExcel 生成 Excel 文档</b><hr />
<?php
error_reporting(E_ALL);                                    //错误显示级别

require_once 'Classes/PHPExcel.php';                       //引入 PHPExcel 类

$objPHPExcel = new PHPExcel();                             //创建 PHPExcel 对象
$objPHPExcel->setActiveSheetIndex(0);                      //设置活动表单

$objPHPExcel->getActiveSheet()->mergeCells('A1:D2');       //合并单元格

$objPHPExcel->getActiveSheet()->getStyle('A1:D2')->applyFromArray(//设定渐层背景颜色双色(灰/白)

        array(
            'font'=> array(
                'bold'=> true                              //字体加粗
            ),
            'alignment' => array(
                'horizontal' => PHPExcel_Style_Alignment::HORIZONTAL_CENTER, //左右居中对齐
            ),
            'borders' => array(
              'top'=> array(
                  'style' => PHPExcel_Style_Border::BORDER_THIN    //细边框
              )
            ),
            'fill' => array(
                'type'=> PHPExcel_Style_Fill::FILL_GRADIENT_LINEAR,
                'rotation'=> 90,
                'startcolor' => array(
                    'rgb'=> 'DCDCDC'                       //渐变开始时的颜色
                ),
```

```
                        'endcolor'=> array(
                            'rgb'=> 'FFFFFF'                                    //渐变结束时的颜色
                        )
                    )
                )
            );
$objPHPExcel->getActiveSheet()->getStyle('A1')->getFont()->setSize(16);         //设定字号大小
//设定A1栏位显示文字 PHPEXCEL 创建测试
$objPHPExcel->getActiveSheet()->setCellValue('A1', 'PHPEXCEL 创建测试');

$objPHPExcel->getActiveSheet()->getStyle('A1')->getFont()->getColor()->setARGB(PHPExcel_Style
_Color::COLOR_BLUE);                                                             //设定字体颜色


$objPHPExcel->getActiveSheet()->getStyle('A3:D3')->applyFromArray(               //设定背景颜色单色
    array('fill'=> array(
                    'type'=> PHPExcel_Style_Fill::FILL_SOLID,
                    'color'=> array('rgb' => 'D1EEEE')
                ),
        )
    );

$objPHPExcel->getActiveSheet()->setCellValue('A3','test1');                      //设定栏位值
$objPHPExcel->getActiveSheet()->setCellValue('B3','test2');
$objPHPExcel->getActiveSheet()->setCellValue('C3','test3');
$objPHPExcel->getActiveSheet()->setCellValue('D3','test4');
//设定的栏位宽度（自动）
$objPHPExcel->getActiveSheet()->getColumnDimension('A')->setAutoSize(true);
$objPHPExcel->setActiveSheetIndex(0);                                            //设置第一个表为默认表

$objWriter = PHPExcel_IOFactory::createWriter($objPHPExcel, 'Excel 2007'); // Export to
                                                    //Excel 2007 (.xlsx) 汇出成2007

$objWriter->save('11-3.xlsx');
$objWriter = PHPExcel_IOFactory::createWriter($objPHPExcel, 'Excel 5');    // Export to
                                                    //Excel5 (.xls) 汇出成2003

$objWriter->save('11-3.xls');
?>
```

整个创建过程是这样的，首先引入 PHPExcel 必要的文件，根据 PHPExcel 类创建一个对象，然后调用该类的方法对其中的表单元素进行相应操作，最后使用 PHPExcel_IOFactory 类的 createWriter 方法将创建的 PHPExcel 类导出成 Excel 文档。

其中最常用到的是用 setCellValue()方法来设置每个单元格的内容，此方法接受两个参数，第一个是单元格的位置编号，第二个是需要设置的文本值。所以对于动态输入多行数据的情况，需要用程序来控制写入的单元格位置。除此之外还有许多其他的用法在示例中也有使用，但这里就不一一介绍，读者可以参考压缩包中的相关文档。

运行该程序成功以后，会在目录下产生两个 Excel 文档，如图 11.5 所示。打开其中的一个文档，看到的表格内容如图 11.6 所示。

图 11.5 生成两个 Excel 文档

图 11.6 生成的 Excel 内容

如上就是使用 PHPExcel 类来产生 Excel 文档的效果，如果生成的文档是 Excel 2007 以上的版本，那么它将支持更多的样式效果。

## 11.2.2 修改并导出 Excel 文件

在实际应用中，遇到的更多情况是根据原有的格式内容，插入相关数据并导出。对于这种情况就是需要在原有的 Excel 文档上添加指定格式的数据，然后导出数据文档。下面就举这样一个例子，如代码 11-4 所示。

代码 11-4 修改并导出 Excel 文件

```php
<?php
require_once 'Classes/PHPExcel.php';                       //引入 PHPExcel 类

$objReader = PHPExcel_IOFactory::createReader('Excel5');   //创建一个能读取的 PHPExcel 对象
$objPHPExcel = $objReader->load("template.xls");           //载入存在的 xls 文档
$objActSheet = $objPHPExcel->getActiveSheet();             //取得活动文档单

$objStyleA2 = $objActSheet->getStyle('A2');                //读取 A2 单元格样式
$objActSheet->duplicateStyle($objStyleA2, 'A8:P8');        //复制样式从 A8 到 P8
$objStyleH2 = $objActSheet->getStyle('H2');                //读取 H2 单元格样式
$objActSheet->duplicateStyle($objStyleH2, 'H8');           //复制样式到 H8

$objActSheet->getRowDimension(8)->setRowHeight(110);       //设置第 8 行行高为 110

$objActSheet->setCellValue('A8', '7');                     //设置 A8 的值为 7
$objActSheet->setCellValue('B8', '节能灯');                //设置 B8 的值为节能灯
$objActSheet->setCellValue('C8', 'energy saving lamp');    //设置单元格内容
$objActSheet->setCellValue('F8', '卡口式插头  20w 可调光');
$objActSheet->setCellValue('G8', 'bayonet type 20Wlight dimming avilable');
$objActSheet->setCellValue('H8', '32');
$objActSheet->setCellValue('I8', '50');
$objActSheet->setCellValue('J8', '0.018');
$objActSheet->setCellValue('K8', '10');

$objDrawing = new PHPExcel_Worksheet_Drawing();            //创建画笔对象
$objDrawing->setPath('template.jpg');                      //载入图片
$objDrawing->setCoordinates('D8');                         //定位画笔
$objDrawing->setWorksheet($objActSheet);                   //画在当前活动单上

$objWriter = PHPExcel_IOFactory::createWriter($objPHPExcel, 'Excel5');
$objWriter->save(str_replace('.php', '.xls', __FILE__));   //导出到 xls 文档
```

```
?>
```

具体的细节已在注释中说明，下面来讲一下这个程序的过程和重点。首先使用 PHPExcel_IOFactory 的 createReader 方法创建一个 PHPExcel 的读取对象以便能载入现存的文档。然后对这个文档进行相应的操作，如添加数据、样式、图片等。完成这些以后，再调用 PHPExcel_IOFactory 的 createWriter 方法生成一个写入对象将此数据写入文档中并保存。

不要看这个示例中的代码数比前一个要少很多，但是这里提供的代码都是比较实用的。比如用 duplicateStyle 方法来复制应用的样式，setRowHeight 方法来设置行高，PHPExcel_Worksheet_Drawing 类来插入图片等。

> **注意** 很多时候要设置的格式比较复杂，一时在 PHPExcel 文档中找不到相关内容。可在原始的 Excel 文档中特定设置某一个单元格的样式，使用时可以复制该单元格样式，应用到需要的单元格中去。

在运行这个代码之前首先来看需要被插入数据的原始 Excel 文档，如图 11.7 所示。运行程序成功以后会得到一个新的 Excel 文档，如图 11.8 所示。在这个图片中高亮的部分就是新插入的数据，其中的格式基本与原来的保持一致。

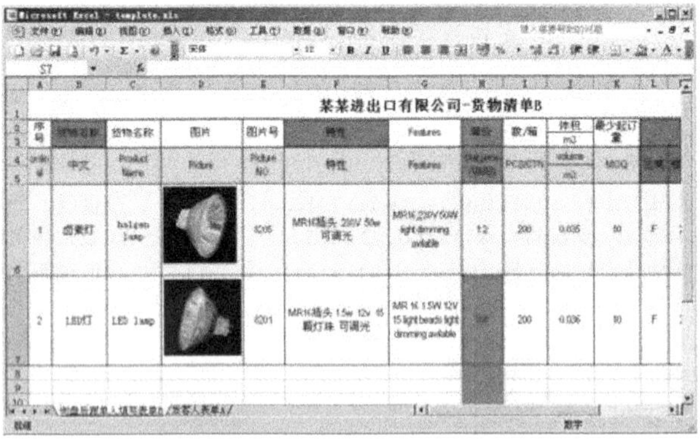

图 11.7  原始 Excel 文档

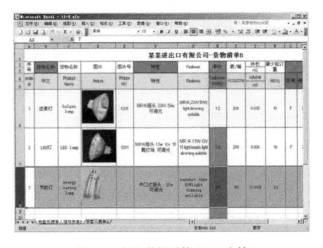

图 11.8  插入数据后的 Excel 文档

## 11.3 加密和解密

随着互联网的快速发展，时时刻刻都在网络上发生大量的数据交互。当然一些重要的数据也在其中，所以对数据的安全性要求也越来越高。PHP 作为一门流行的 Web 编程语言，为大家提供了一系列安全功能。在本小节中，将介绍这些 PHP 提供的数据安全功能，以便于给开发的程序增加安全性。

首先来简单介绍 md5，它是一种不可逆加密算法。在互联网上的应用很广泛，比如很多的软件下载站提供某个软件相关的 md5 校验码（方便用户下载以后比较是否与服务器上的软件一致），保存在数据库中的用户密码一般也是结果 md5 加密的，诸如此类等。而 PHP 提供 md5()函数，用来实现这种方式的加密。使用语法如下：

```
string md5 ( string str [, bool raw_output ] )
```

该函数实现对 str 的 md5 加密，并返回加密后的散列码。其中的可选参数 raw_output 如果为 TRUE，则返回的散列码是 16 位的，默认该值为 FALSE 并返回 32 位的散列码。代码 11-5 是使用 md5 方式对字符串加密的一个例子。

代码 11-5　使用 md5 对字符串进行加密

```
<b>使用 md5 对字符串进行加密</b><hr />
<?php
$str = "需要被加密的字符串";            //被加密的字符串
$md5_str = md5($msg);                    //使用 md5 加密
echo "<p>原字符串: " . $str;              //输出原字符串
echo "</p><p>";
echo "md5 加密后的字符串: " . $md5_str;   //输出加密后的字符串
echo "</p>";
?>
```

运行以上代码后的结果如图 11.9 所示。可以发现，尽管两个结果的长度都是 32 个字符，但明文中一点微小的变化使得结果发生了很大的变化，因此，混编和 md5()函数是检查数据中微小变化的一个很好的工具。

图 11.9　使用 md5 对字符串进行加密

接下来介绍的是 PHP 的一个扩展 Mcrypt，完成了对常用加密算法的封装。其实该扩展是对 Mcrypt 标准类库的封装，Mcrypt 完成了相当多的常用加密算法，如 DES，TripleDES，Blowfish (default)、3-WAY、SAFER-SK64、SAFER-SK128、TWOFISH、TEA、RC2 和 GOST 加密算法，并且提供了 CBC、OFB、CFB 和 ECB 4 种块加密的模型。

这里介绍如何使用 Mcrypt 扩展库对数据进行加密，然后再介绍如何使用它进行解密。代码 11-6 对这一过程进行了演示，首先是对数据进行加密，然后在浏览器上显示加密后的数据，并将加密后的数据还原为原来的字符串，将它显示在浏览器上。

> **注意** 如果提示没有相关函数，则需要将 php.ini 文件中 "extension=php_mcrypt.dll" 前的分号去掉。

代码 11-6　使用 Mcrypt 对数据进行加解密

```php
<b>使用 Mcrypt 对数据进行加解密</b><hr />
<?php
$string = "我是要被加密的字符串！";                              //被加密的字符串
echo "原来字符串： $string <p>";

$key = "加密关键字";
$cipher_alg = MCRYPT_RIJNDAEL_128;                              //指定加密算法
//需要提供相应的加密向量
$iv = mcrypt_create_iv(mcrypt_get_iv_size($cipher_alg, MCRYPT_MODE_ECB), MCRYPT_RAND);

$encrypted_string = mcrypt_encrypt($cipher_alg, $key, $string, MCRYPT_MODE_CBC, $iv);
                                                                //开始加密
echo "加密字符串：   ".bin2hex($encrypted_string)."<p>";        //输出加密后的字符

//解密 echo "解密字符串：   $decrypted_string";
$decrypted_string = mcrypt_decrypt($cipher_alg, $key, $encrypted_string, MCRYPT_MODE_CBC, $iv);
?>
```

上面的代码中两个最典型的函数是 mcrypt_encrypt() 和 mcrypt_decrypt()，它们的用途是显而易见的，如图 11.10 和图 11.11 所示。这里使用了"电报密码本"模式，Mcrypt 提供了几种加密方式，由于每种加密方式都有可以影响密码安全的特定字符，因此每种模式都需要了解。对于没有接触过密码系统的读者来说，可能对 mcrypt_create_iv() 函数更有兴趣，尽管对这一函数进行彻底地解释已经超出了本书的范围，但这里仍然会提到它创建的初始化向量（hence, iv），这一向量可以使每条信息彼此独立。尽管不是所有的模式都需要这一初始化变量，但如果在要求的模式中没有提供这一变量，PHP 就会给出警告信息。

图 11.10　使用 Mcrypt 对数据进行加解密 1

图 11.11　使用 Mcrypt 对数据进行加解密 2

## 11.4 时间和日期

有关于时间和日期的信息在日常生活中占有很重要的地位，比如大家都会问：现在几点了，比如想知道下班公车什么时候到，比如在网上买了一件衣服，想看下掌柜是什么时候发的货，现在到了什么地方。同样，在编程中也会遇很多关于时间的问题。本节就来介绍如何使用 PHP 来处理时间和日期。

### 11.4.1 使用 date()函数

看了本节所要介绍的内容，想必读者就会问，那如何使用 PHP 得到当前的时间和日期呢？针对这个问题，PHP 提供 date()函数来实现，它的使用语法如下：

```
string date ( string $format [, int $timestamp ] )
```

该函数返回根据预定义的格式，返回相应的被格式化后的字符串。$timestamp 为一个 UNIX 时间戳格式的可选参数。如果该参数被设置，那么函数返回与其设置时间相应的被格式化后的字符串。如果没有给出时间戳，则使用当前的 UNIX 时间戳。表 11.1 给出了所有 date 函数的格式参数。

表 11.1 date函数的格式参数

| 日 | --- | --- |
|---|---|---|
| d | 月份中的第几天，有前导零的 2 位数字 | 01 到 31 |
| D | 星期中的第几天，文本表示，3 个字母 | Mon 到 Sun |
| j | 月份中的第几天，没有前导零 | 1 到 31 |
| l（"L"的小写字母） | 星期几，完整的文本格式 | Sunday 到 Saturday |
| N | ISO-8601 格式数字表示的星期中的第几天 | 1（表示星期一）到 7（表示星期天） |
| S | 每月天数后面的英文后缀，2 个字符 | st, nd, rd 或者 th. 可以和 j 一起用 |
| w | 星期中的第几天，数字表示 | 0（表示星期天）到 6（表示星期六） |
| z | 年份中的第几天 | 0 到 366 |
| 星期 | --- | --- |
| W | ISO-8601 格式年份中的第几周，每周从星期一开始（PHP 4.1.0 新加的） | 例如：42（当年的第 42 周） |
| 月 | --- | --- |
| F | 月份，完整的文本格式，例如 January 或者 March | January 到 December |
| m | 数字表示的月份，有前导零 | 01 到 12 |
| M | 三个字母缩写表示的月份 | Jan 到 Dec |
| n | 数字表示的月份，没有前导零 | 1 到 12 |
| t | 给定月份所应有的天数 | 28 到 31 |
| 年 | --- | --- |
| L | 是否为闰年 | 如果是闰年为 1，否则为 0 |
| o | ISO-8601 格式年份数字。这和 Y 的值相同，只除了如果 ISO 的星期数（W）属于前一年或下一年，则用那一年。 | 例如：1999 或 2003 |

续表

| 日 | --- | --- |
|---|---|---|
| Y | 4 位数字完整表示的年份 | 例如：1999 或 2003 |
| y | 2 位数字表示的年份 | 例如：99 或 03 |
| 时间 | --- | --- |
| a | 小写的上午和下午值 | am 或 pm |
| A | 大写的上午和下午值 | AM 或 PM |
| B | Swatch Internet 标准时 | 000 到 999 |
| g | 小时，12 小时格式，没有前导零 | 1 到 12 |
| G | 小时，24 小时格式，没有前导零 | 0 到 23 |
| h | 小时，12 小时格式，有前导零 | 01 到 12 |
| H | 小时，24 小时格式，有前导零 | 00 到 23 |
| i | 有前导零的分钟数 | 00 到 59> |
| s | 秒数，有前导零 | 00 到 59> |
| 时区 | --- | --- |
| e | 时区标识 | 例如：UTC, GMT, Atlantic/Azores |
| I | 是否为夏令时 | 如果是夏令时为1，否则为0 |
| O | 与格林威治时间相差的小时数 | 例如：+0200 |
| P | 与格林威治时间（GMT）的差别，小时和分钟之间有冒号分隔 | 例如：+02:00 |
| T | 本机所在的时区 | 例如：EST，MDT（【译者注】在 Windows 下为完整文本格式，例如"Eastern Standard Time"，中文版会显示"中国标准时间"）。 |
| Z | 时差偏移量的秒数。UTC 西边的时区偏移量总是负的，UTC 东边的时区偏移量总是正的。 | -43200 到 43200 |
| 完整的日期/时间 | --- | --- |
| c | ISO 8601 格式的日期 | 2004-02-12T15:19:21+00:00 |
| r | RFC 822 格式的日期 | 例如：Thu, 21 Dec 2000 16:01:07 +0200 |
| U | 从 UNIX 纪元（January 1 1970 00:00:00 GMT）开始至今的秒数 | 例如：time() |

了解以上信息以后，就可以来构造一个显示当前时间的程序，如代码 11-7 所示。

代码 11-7 使用 PHP 显示当前时间

```
<b>使用 PHP 显示当前时间</b><hr />
当前时间为：<?= date('Y-m-d H:i:s')?>
```

程序很简单，最重要的只有一行。运行后，输出服务器上的当前时间，如图 11.12 所示。

图 11.12 使用 PHP 显示当前时间

## 11.4.2 使用 mktime()函数

mktime()函数用于生成给定日期时间的时间戳，如果给出了日期和时间，则返回当前日期和时间的时间戳。其形式为：

```
int mktime ([int hour [, int minute [, int second [, int month [, int day [, int year [, int is_dst]]]]]]])
```

每个可选参数的目的很明确，只有 is_dst 除外，需要夏时制时设置为 1，不需要时设置为 0，或者如果不确定则设置为-1（默认值）。默认值将提示由 PHP 确定日光节约是否生效。例如，如果希望了解 2010 年 3 月 16 日 18:14 的时间戳，只需输入适当的值：

```
echo mktime(18, 14, 00, 3, 16, 2010)
```

当然在程序设计中，最常用的莫过于和 date()函数相结合来计算一些常用的时期差。下面是一个与 date()相结合来计算明天、下个月与明年的时间，如代码 11-8 所示。

代码 11-8　使用 PHP 计算日期

```
<b>使用 PHP 计算日期</b><hr />
<?php
$now = time();                                                    //取得当前的时间
$tomorrow  = mktime(0, 0, 0, date("m", $now), date("d", $now)+1, date("Y", $now));   //明天
$nextmonth = mktime(0, 0, 0, date("m", $now)+1, date("d", $now), date("Y", $now));   //下个月
$nextyear  = mktime(0, 0, 0, date("m", $now), date("d", $now), date("Y", $now)+1);   //明年
echo "今天:" . date('Y-m-d', $now) . "<p>";                       //输出今天的时间
echo "明天:" . date('Y-m-d', $tomorrow) . "<p>";                  //输出明天的时间
echo "下月:" . date('Y-m-d', $lastmonth) . "<p>";                 //输出下月的时间
echo "明年:" . date('Y-m-d', $nextyear);                          //输出明年的时间
?>
```

在以上代码中使用 time()函数来得到当前时间的 UNIX 时间戳，在计算明天时，首先使用 date()函数得到当天的值，然后使之加 1。计算下月和明年的时间也是如此。运行的结果，如图 11.13 所示。

## 11.4.3 验证日期有效性

在有了时间显示以后，有时候需要对它的有效性做一个验证。这时就需要用到 PHP 提供的 checkdate()函数，该函数使用语法如下：

```
bool checkdate ( int month , int day , int year )
```

对于参数的传入值，从字面上可以很容易地理解，从左到右分别为月、日、年。这个和中国使用按年、月、日排列的习惯是有些差别的。如果给出的日期有效则返回 TRUE，否则返回 FALSE。检查由参数构成的日期的合法性。代码 11-9 是使用 checkdate()函数检验时间有效性的例子。

图 11.13　使用 PHP 计算日期

代码 11-9　使用 checkdate()函数检验时间有效性

```
<b>使用 checkdate()函数检验时间有效性</b><hr />
<?php
echo "2008 年 11 月 30 日  " . (checkdate(11, 30, 2008) ? "<font color='green'>有效</font>" : "<font color='red'>无效</font>");
echo "<p>";
```

```
        echo "2010 年 2 月 19 日  " . (checkdate(2, 19, 2010) ? "<font color='green'>有效</font>" : "<font color='red'>无效</font>");
        echo "<p>";
        echo "2012 年 4 月 31 日  " . (checkdate(4, 31, 2012) ? "<font color='green'>有效</font>" : "<font color='red'>无效</font>");
    ?>
```

因为2012年的4月份只有30天，所以这个日期是无效的。其他的两个日期是有效的。运行代码以后得到的结果如图11.14所示。

图 11.14　使用 checkdate()函数检验时间有效性

## 11.5　典型实例

【**实例 11-1**】截取字符串使用的是 substr()函数，substr()函数可以根据指定的参数，截取一些字符，从而产生一个新的字符串。

在网页排版中，为了美观，往往会对过长的标题进行截取字符串的操作，但是 substr()函数只对半角字符进行处理，如果用来处理全角的中文字符，会出现乱码的情况。本小节将介绍如何使用 substr()函数，截取中文字符串。

由于中文字符都是全角，要截取中文字符时，需要一个偶数，作为第三个参数。还可以在字符串后加上"chr(0)"来防止乱码的出现。

代码 11-10　构建一个新的截取字符串的函数

```
<?php
//根据技术要点，构建一个新的截取字符串的函数
function getSubStr($str='',$length = 0){
    //把参数的长度乘以2，以便于截取中文字符
    $length *=2;
    //当要截取的字符串小于指定长度时，直接返回字符串
    if(strlen($str)<=$length){   //使用 strlen()函数，获取字符串的长度，再与指定的长度进行比较
        return $str;
    }
    //根据指定的长度，截取字符串，并返回截取后的字符串
    return substr($str,0,$length).chr(0)."...";   //在返回的字符串后加上 chr(0)，防止乱码的出现
}
//定义一个含有中文与英文字符的字符串
$str = "这是中文,而且还包括半角符号";
//使用 getSubStr()函数截取字符串并显示
echo getSubStr($str,14);
?>
```

运行该程序后，运行结果如图 11.15 所示。

图 11.15　程序运行结果

【实例 11-2】在 PHP 中获取日期和时间的函数包括：time()、mktime()等。这些函数返回的都只是一段数字，要想转换为常用的日期格式，可以使用 date()函数进行转换。

（1）time()函数可以返回当前的 Unix 时间戳，time()函数没在参数。

（2）mktime()函数可以取得一个日期的 Unix 时间戳。mktime()有 7 个可选参数，前 6 个参数分别表示时、分、秒、月、日、年。第 7 个参数的值为 1，表示支持夏时制时间；值为 0 时，表示不支持夏时制时间。当所有参数都省略时，将返回当前时间的 Unix 时间戳。

（3）date()函数可以根据参数，把 Unix 时间戳转换为常用的日期和时间格式。

代码 11-11　获取日期和时间并转换

```
<?php
$nextWeek = time() + (7 * 24 * 60 * 60);        //当前日期秒数加上下周时间秒数
echo '现在日期:'. date('Y-m-d') ."<br>";         //显示当前日期
echo '下周日期:'. date('Y-m-d', $nextWeek)."<br>"; //显示下周日期
$time1 = mktime(0,0,0,1,1,1981);                //取得 1981 年 1 月 1 日的 Unix 时间戳
$time2 = mktime();                              //取得当前时间的 Unix 时间戳
//格式化时间戳，转换为常用日期格式
$oldtime = date("Y-m-d H:i:s",$time1);
$nowtime = date("Y-m-d H:i:s",$time2);
echo $oldtime."<br>".$nowtime."<br>";           //显示日期
echo $nowtime-$oldtime;                         //两个时间相减，得出时间差
?>
```

运行该程序后，运行结果如图 11.16 所示。

图 11.16　程序运行结果

【实例 11-3】使用 PHP 生成万年历，主要使用了 date()和 mktime()函数，通过万年历的代码，可以详细地了解这两个函数的使用方法。

在本实例的代码中，主要用了 3 个函数来实现万年历：

（1） date()函数，用于格式化时间和取得当前时间信息。
（2） mktime()函数，用于取得请求的时间段的时间戳。
（3） checkdate()函数，用于检查参数运算的年、月、日是否合法。

代码 11-12　使用 PHP 生成万年历

```
<html>
<head>
<title>万年月历</title>
<meta http-equiv="Content-Type" content="text/html; charset=gb_2312">
<!-- Style -->
<style type=text/css >
<!--
table{
    background-color: #B0C4DE;
}
tr{
    background-color: White;
}
td{
  font-size: 20pt;
    font-family : 宋体;
    color: #708090;
    line-height: 140%;
}
-->
</style>
</head>
<body>
<?php
//检测用户是否提交数据
if(isset($_POST["year"])){
    //使用用户提交的数据作为年数据
    $year = $_POST["year"];
}else{
    //使用当前日期的年作为年数据
    $year = date("Y");
}
if(isset($_POST["month"])){
    $month = $_POST["month"];
}else{
    $month = date("m");
}
$date=01; //初始化月数据
$day=01; //初始化日数据
$off=0;
//检测年数据是否正确
if($year<0 or $year > 9999){
    //如果年数据不正确，显示错误信息，并返回上一页
    echo "<script> alert('年份应在 1 至 9999 之间.');history.go(-1); </script>";
    exit();
}
if($month<0 or $month > 12){
    //如果月数据不正确，显示错误信息，并返回上一页
    echo  "<script> alert('月份应在 1 至 12 月之间.');history.go(-1); </script> ";
```

```php
        exit();
    }
    while(checkdate($month,$date,$year)){
        $date++;
    }
    //绘制万年历表头
?>
<form method=post action='' name=calendar>
    <table  width=100%  border=1  cellspacing=0  cellpadding=2  bordercolorlight=#333333 bordercolordark=#FFFFFF bgcolor=#CCCCFF>
        <tr align=center valign=middle>
            <td colspan=7 bgcolor=#efefef>
                <input type='text' name='year' size='4' maxlength='4' value=<?=$year?> >
                <input type='text' name='month' size='2' maxlength='2' value=<?=$month?> >
                <input type='submit' name='submit' align=absmiddle border=0 value='跳转'>
            </td>
        </tr>
        <tr align=center valign=middle>
            <td bgcolor=#efefef>日</td>
            <td>一</td>
            <td>二</td>
            <td>三</td>
            <td>四</td>
            <td>五</td>
            <td bgcolor=#efefef>六</td>
        </tr>
        <tr>
<?php
//构建万年历内容
while ($day<$date){
    //设置日期颜色，如果是当前日期，使用红色进行标识
    if($day == date("d") && $year == date("Y") && $month == date("m")){
        $day_color = "red";
    }else{
        $day_color = "black";
    }
    //设置星期天数据
    if ($day == '01' and date( 'l', mktime(0,0,0,$month,$day,$year)) == 'Sunday'){
        echo "<td><font color=$day_color>$day</font></td>";
        $off = '01';
    }elseif($day == '01' and date( 'l', mktime(0,0,0,$month,$day,$year)) == 'Monday'){
        //设置星期一的数据
        echo "<td> </td><td><font color=$day_color>$day</font></td>";
        $off= '02';
    }elseif($day == '01' and date( 'l', mktime(0,0,0,$month,$day,$year)) == 'Tuesday'){
        //设置星期二的数据
        echo "<td> </td><td> </td><td><font color=$day_color>$day</font></td>";
        $off= '03';
    }elseif($day == '01' and date( 'l', mktime(0,0,0,$month,$day,$year)) == 'Wednesday'){
        //设置星期三的数据
        echo "<td> </td><td> </td><td> </td><td><font color=$day_color>$day</font></td>";
        $off= '04';
    }elseif($day == '01' and date( 'l', mktime(0,0,0,$month,$day,$year)) == 'Thursday'){
        //设置星期四的数据
        echo "<td> </td><td> </td><td> </td><td> </td><td><font color=$day_
```

```
color>$day</font></td>";
            $off= '05';
        }elseif($day == '01' and date( 'l', mktime(0,0,0,$month,$day,$year)) == 'Friday') {
            //设置星期五的数据
            echo   "<td> </td><td> </td><td> </td><td> </td><td> </td><td><font color=$day_color>$day</font></td>";
            $off= '06';
        }elseif($day == '01' and date( 'l', mktime(0,0,0,$month,$day,$year)) == 'Saturday') {
            //设置星期六的数据
            echo   "<td> </td><td> </td><td> </td><td> </td><td> </td><td> </td><td><font color=$day_color>$day</font></td>";
            $off= '07';
        }else{
            //直接显示日期
            echo  "<td><font color=$day_color>$day</font></td> \n";
        }
        //递增while循环条件
        $day++;
        //设置开关变量
        $off++;
        //当$off大于7时，重起一行，并把$off变量置为1
        if ($off>7) {
            echo "</tr><tr>";
            $off= '01';
        }else{
            echo "";
        }
    }
    //计算剩下数据，使用空表格填充
    for($i=$off ; $i<=7 ; $i++){
        echo "<td> </td>";
    }
    ?>
        </tr>
        </table>
    </form>
</body>
</html>
```

运行该程序后，运行结果如图11.17所示。

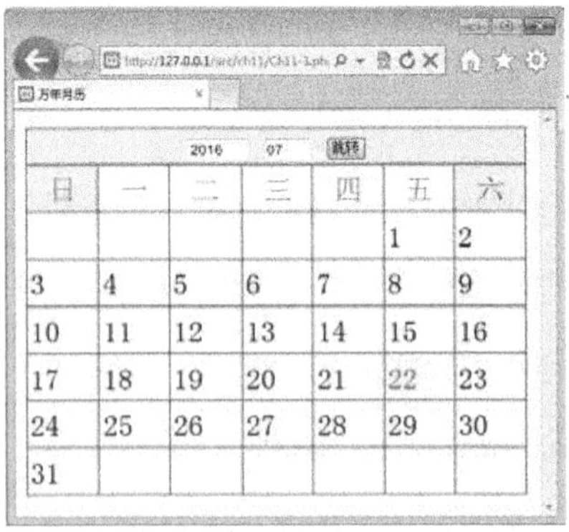

图11.17　程序运行结果

## 11.6 小结

本章通过介绍一些主要的字符串处理函数，来学习在 PHP 程序中如何完成对字符串的操作。这些函数都是比较基本的，读者应该掌握。本章讲到的函数包括：将字符串分隔后存入数组的函数 explode()。将数组中的元素合并成字符串的函数 implode()。截取字符串的函数 substr()。获取字符串长度的函数 strlen()等。

介绍如何使用开源的 PHPExcel 来操作 Microsoft Excel 文件、PHP 的加密和解密，以及时间日期函数 date()、mktime()和 checkdate()。

## 11.7 习题

### 一、填空题

1. 函数_____用于去除字符串两端指定的任意特殊字符。函数_____用于去除字符串左端指定的任意特殊字符。函数_____用于去除字符串右端指定的任意特殊字符。
2. 函数_____将传入的字符串全部转化为小写，函数_____将传入的字符串全部转化为大写。
3. 函数_____的作用是将字符串的第一个字符转化为大写，函数_____的作用是将字符串中的每个单词的首字符转化为大写。
4. 函数 strcmp()用于_____的字符串的比较，函数 strncasecmp()用于_____的字符串的比较。
5. 代码 strncasecmp("ABCde","abcde",3)的返回结果为_____。
6. 函数_____返回查找字符串最后一次出现的位置，函数_____返回查找字符串第一次出现的位置。
7. 代码 esho strsrt("My name is li lei",i)和 echo strrchr("My name is li lei",i)的返回结果分别为_____、_____。
8. 用于加密字符串的函数为_____。
9. 代码 eacho $formatted = sprintf("%01.3f",10)的输出结果为_____。

### 二、选择题

1. 查找字符串在母字符串中第一次出现的位置，并返回从此位置开始到母字符串结束的部分的函数是（　　）。
   A. strstr()　　　　B. strrchr()　　　　C. strcmp()　　　　D. str_replace()
2. 用来查找字符串出现次数的函数为（　　）。
   A. strrpos()　　　B. strpos()　　　　C. substr_count()　　D. strncmp()
3. 下面程序的运行结果为（　　）。
   eacho $pos = strrpos(php, "p") . "<br>";
   easho $po = strpos(php, "p")
   A. 3　　　　　　B. 2　　　　　　　C. 1　　　　　　　D. 3
   　　1　　　　　　　　0　　　　　　　　　1　　　　　　　　3
4. 下面程序的运行结果为（　　）。

eacho substr_replace("ABC", "DEF", 3, 1)

A. ABC　　　　　B. DEF　　　　　C. ABCDEF　　　　　D. 以上都不对

5．下面程序的运行结果为（　　　）。

eacho substr_count("LiLi is a good girl", 'i',2)

A. 4　　　　　　B. 3　　　　　　C. 2　　　　　　　D. 1

### 三、简答题

1．简述 trim()函数默认情况下去除的特殊字符。

2．试列出字符串的大小转换的函数。

3．列出关于查找匹配字符串的函数，并说明其功能。

### 四、编程题

1．创建如下字符串：

$str="welcome to BeiJing."

然后进行如下操作：统计字符数、全部转化为大写，BeiJing 改为 China。

2．将人名 LiLeiLiLi|Tom|Jon 放进数组中，并输出结果。

# 第 12 章 图形图表类

PHP 不仅限于只产生 HTML 的输出,还可以创建及操作多种不同图像格式的图像文件,包括 GIF、PNG、JPEG、WBMP 和 XBM 等多种图像格式。更方便的是,PHP 可以直接将图像流输出到浏览器。要处理图像,需要在编译 PHP 时加上图像函数的 GD 库。

## 12.1 使用 GD 创建图像

在 PHP 中使用 GD 库来对图像进行操作,GD 表示 Graphics Draw,但业界一般更习惯将其缩写为 GD。它是一个开放的动态创建图像的源代码公开的函数库,可以从官方网站 "http://www.boutell.com/gd" 处下载。

GD 库是被默认安装的,但是要想激活 GD 库,必须修改 php.ini 文件。将该文件中的 ";extension=php_gd2.dll" 选项前的分号删除,保存修改后的文件,并重启 Apache 服务器即可生效。在成功加载 GD2 函数库后,可以通过 phpinfo()函数来获取 GD2 函数库的安装信息,验证 GD 库是否安装成功。

在 PHP 中创建一个图像通常需要以下 4 个步骤。
- 创建一个背景图像,以后所以操作都是基于此背景。
- 在图像上绘图轮廓或者输入文本。
- 输出最终图形。
- 清除内存中所有资源。

要在 PHP 中建立或者修改一个图像,必须首先建立一个图像标识符号。这里提供调用函数来实现,如下所示:

```
resource imagecreatetruecolor ( int x_size, int y_size )
```

imagecreatetruecolor()函数返回一个图像标识符,代表了一幅大小为 x_size 和 y_size 的黑色图像。

在一个图像上绘图和打印文本需要两个步骤:首先需要的是选择颜色。这里通过调用 PHP 提供的函数 ImageCreateTrueColor()为图像选择颜色。颜色由红、绿、蓝(RGB)值的组合决定。该函数使用语法如下:

```
int imagecolorallocate ( resource image, int red, int green, int blue )
```

然后需要使用其他函数将颜色绘制到图像中。这些函数的选择取决于要绘制的内容:直线、弧形、多边形或者文本。下面就示例代码中将会使用到的 3 个函数做一下介绍:

```
bool imagefill ( resource image, int x, int y, int color )
```

imagefill()函数在 image 图像的坐标 x,y(图像左上角为 0,0)处用 color 颜色执行区域填充(即与 x,y 点颜色相同且相邻的点都会被填充)。

> **注意** PHP 中图像的起始坐标从左上角开始，该点坐标为 x=0，y=0 图像右下角的坐标 x=$width，y=$height。这与常规作图习惯是相反的。

```
bool imageline ( resource image, int x1, int y1, int x2, int y2, int color )
```

imageline()函数用 color 颜色在图像 image 中从坐标 x1，y1 到 x2，y2（图像左上角为 0,0）画一条线段。

```
bool imagestring ( resource image, int font, int x, int y, string s, int col )
```

imagestring()用 col 颜色将字符串 s 画到 image 所代表的图像的 x，y 坐标处（这是字符串左上角坐标，整幅图像的左上角为 0，0）。如果 font 是 1，2，3，4 或 5，则使用内置字体。

> **注意** 如果 font 字体不是内置的，则需要导入字体库以后该函数才可正常使用。

创建图像以后就可以输出图形或者保存到文件中，如果需要直接输出可以使用 Header()函数来发送一个图形头来欺骗浏览器，使它认为运行中的 PHP 页面是一幅真正的图像。

```
Header("Content-type: image/png");
```

发送标题数据后，就可以使用 imagepng()函数来输出图像数据。该函数的使用语法如下：

```
bool imagepng ( resource image [, string filename] )
```

最后需要清除创建该图像所占用的内存资源。可以调用 PHP 提供的 imagedestroy()函数，使用语法如下：

```
bool imagedestroy ( resource image )
```

imagedestroy()释放与 image 关联的内存。其中 image 是由图像创建函数返回的图像标识符。这样做是为了降低 CPU 负荷。如果不使用该函数而且在 Web 端有太多这样的图片产生任务，可能会导致性能下降。

代码 12-1 是使用 GD 创建图像的一个例子。

代码 12-1　使用 GD 创建图像

```
<?php
$height = 300;                                              //图像高度
$width = 300;                                               //图像宽度
$im = ImageCreateTrueColor($width, $height);                //创建一个真彩色的图像
$white = ImageColorAllocate ($im, 255, 255, 255);           //白色
$blue = ImageColorAllocate ($im, 0, 0, 64);                 //蓝色
ImageFill($im, 0, 0, $blue);                                //将背景设置为蓝色
ImageLine($im, 0, 0, $width, $height, $white);              //在图像上画一条白色的直线
ImageString($im, 4, 80, 150, "PHP", $white);                //在图像上显示白色的"PHP"文字
Header("Content-type: image/png");                          //输出图像的 MIME 类型
ImagePng($im);                                              //输出一个 PNG 图像数据
ImageDestroy($im);                                          //清空内存
?>
```

以上代码的思路已经很清晰，首先创建一个画布，然后在画布上画图形，输出图像并取消所占的内存。运行该代码后，得到的图像如图 12.1 所示。

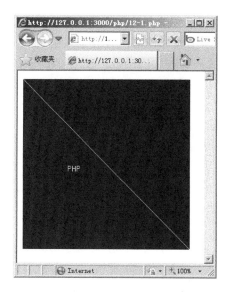

图 12.1　使用 GD 创建图像

## 12.2　创建缩略图

当然，如果用户需要仔细查看图像，就应显示完整尺寸的图像。但是如果一个图片文件很大，那么它在被浏览的时候载入就会很慢，或者需要使用指定大小的图片时，那么就会使用到缩略图。本节将讨论如何自动创建图片的缩略图，便于更好更快地展示图片。

使用 PHP 创建一个图片的缩略图也是很方便的，这里需要使用到一个系统提供的图像拷贝函数 imagecopyresampled()，该函数的使用语法如下：

```
bool imagecopyresampled ( resource dst_image, resource src_image, int dst_x, int dst_y, int src_x, int src_y, int dst_w, int dst_h, int src_w, int src_h )
```

imagecopyresampled()将一幅图像中的一块正方形区域复制到另一个图像中，平滑地插入像素值，因此，既缩小了图像又仍然保持了极大的清晰度。如果成功则返回 TRUE，失败则返回 FALSE。很多人不会使用这个函数，常常是因为对它的参数要求不了解。其中的 10 个参数代表的意义如下。

- dst_image：新建的图片。
- src_image：需要载入的图片。
- dst_x：设定需要载入的图片在新图中的 x 坐标。
- dst_y：设定需要载入的图片在新图中的 y 坐标。
- src_x：设定载入图片要载入的区域 x 坐标。
- src_y：设定载入图片要载入的区域 y 坐标。
- dst_w：设定载入的原图的宽度（在此设置缩放）。
- dst_h：设定载入的原图的高度（在此设置缩放）。
- src_w：原图要载入的宽度。
- src_h：原图要载入的高度。

当然除了要图像拷贝函数外，在开始时需要用到图片载入函数来创建图片，就是原图。因为下面的例子中需要用到的图片是 JPG 格式的，所以这里就介绍一下 imagecreatefromjpeg()函数。使用该函数的语法如下：

```
resource imagecreatefromjpeg ( string filename )
```

imagecreatefrompng()返回一个图像标识符，代表了从给定的文件名取得的图像。如果使用的是其他格式的图片，同样 PHP 也提供相应的函数，使用方法也是基本相同的。代码 12-2 是一个使用 PHP 创建缩略图的例子。

代码 12-2　创建缩略图

```php
<?php
$image = imagecreatefromjpeg("images/cat.jpg");          //从 JPEG 文件或 URL 新建一图像
$width = imagesx($image);                                 //得到图像的宽度
$height = imagesy($image);                                //得到图像的高度
$thumb_width = $width * 0.5;                              //设置缩略图宽度为原图的一半
$thumb_height = $height * 0.5;                            //设置缩略图高度为原图的一半
$thumb = imagecreatetruecolor($thumb_width, $thumb_height); //创建一个原图一半大小的画布
//将原图按指定大小复制到画布上，得到缩略图
imagecopyresampled($thumb, $image, 0, 0, 0, 0, $thumb_width, $thumb_height, $width, $height);
 imagejpeg($thumb, "images/cat_thumb.jpg", 100);          //将缩略图保存到文件夹里
imagedestroy($thumb); //清除占用的内存
?>
<b>使用 PHP 创建缩略图</b><hr />
<table>
    <tr>
        <td>原图：</td>
        <td>缩略图：</td>
    </tr>
    <tr>
        <td><img src="images/cat.jpg" /></td>
        <td valign="top"><img src="images/cat_thumb.jpg" /></td>
    </tr>
</table>
```

以上代码，首先通过 imagecreatefromjpeg()函数创建一个原图，然后用 imagecopyresampled()函数将原图按指定的大小复制，最后使用 imagejpeg()函数将生成的缩略图保存成相应的文件。其中原图的宽度和高度是分别使用 imagesx()和 imagesy()这两个函数得到的。

运行上述代码后得到的效果如图 12.2 所示。

图 12.2　使用 PHP 创建缩略图

## 12.3 给图片加水印

给图片加水印是一个常用的功能。可以加商标的水印，用这种方式保护已获得版权的图像。或者加网站的网址，以此来达到宣传网站的目的等。本节就来讲解如何使用 PHP 给图片加水印。

其实给图片加水印与创建图片缩略图的思想是差不多的。首先需要载入一个原图，然后在原图的基础上加上相应的图片。

通常所加的水印都是有透明度的，所以选择的是一个 PNG 格式的图片作为需要添加的水印。载入时需要另外一个创建图像的函数 imagecreatefrompng()，其语法使用如下：

```
resource imagecreatefrompng ( string filename )
```

该函数接受一个参数，指向一个 PNG 图片的路径。如果所指的图片不是 PNG 格式的，就会报错。

同样和创建缩略图时一样，也需要用到 imagecopyresampled()函数，来对图像进行一个复制操作。关于这个函数的具体用法在前一节中已做详细介绍。这里需要说明一下的是，PHP 还提供 imagecopy()函数来对图像进行复制操作。但是使用这个函数对图像进行操作时，没有使用 imagecopyresampled()函数处理得平滑，所以如果没有特殊要求，一般都可以使用 imagecopyresampled()函数。

代码 12-3 是给图片加水印的例子。

代码 12-3　给图片加水印

```php
<?php
$image = imagecreatefromjpeg("images/dog.jpg");          //从 JPEG 文件新建一个图像
$watermark = imagecreatefrompng("images/xing.png");      //从 PNG 文件新建一个图像
$width = imagesx($watermark);                            //得到水印的宽度
$height = imagesy($watermark);                           //得到水印的高度
//将水印加载到图像上
imagecopyresampled($image, $watermark, 0, 0, 0, 0, $width, $height, $width, $height);
imagejpeg($image, "images/dog_water.jpg", 100);          //将带有水印的图像保存到文件
imagedestroy($image);                                    //清除占用的内存
?>
<b>使用 PHP 给图片加水印</b><hr />
<table>
    <tr>
        <td>原图：</td>
        <td>加水印后的图片：</td>
    </tr>
    <tr>
        <td><img src="images/dog.jpg" /></td>
        <td><img src="images/dog_water.jpg" /></td>
    </tr>
</table>
```

以上代码中，首先使用 imagecreatefromjpeg()和 imagecreatefrompng()函数分别载入需要加水印的底图和水印图片。得到水印图片的宽度和高度后，使用 imagecopyresampled()函数将水印图片复制到底图上，这样就完成对一个图片加水印的过程。最后输出到页面上的效果如图 12.3 所示。

图 12.3　给图片加水印

## 12.4　给图片加文字

除了给图片加水印外，给图片加文字也是很常用到的功能。给图片加文字也就是在图片上设计自己的个性签名，这节就教您设计自己的个性签名。

对图片添加文字，需要特别介绍 imagettftext()这个函数，该函数的使用语法如下：

```
array imagettftext ( resource image, float size, float angle, int x, int y, int color, string fontfile, string text )
```

imagettftext()使用 TrueType 字体向图像写入文本。需要对其提供 8 个输入参数，它们分别代表的意义如下：

- image：图像资源。
- size：字体大小。根据 GD 版本不同，应该以像素大小（GD1）或点大小（GD2）指定。
- angle：角度制表示的角度，0°为从左向右读的文本。更高数值表示逆时针旋转。例如 90 度表示从下向上读的文本。
- x：由 x，y 所表示的坐标定义了第一个字符的基本点（大概是字符的左下角）。这和 imagestring()不同，其 x，y 定义了第一个字符的左上角。例如"top left"为 0,0。
- y：y 坐标。它设定了字体基线的位置，不是字符的最底端。
- color：颜色索引。使用负的颜色索引值具有关闭防锯齿的效果。
- fontfile：是想要使用的 TrueType 字体的路径。
- text：文本字符串。

因为有时候需要使用中文文字，而这个函数接受的文本字符串需要是 UTF-8 格式编码的。所以如果输入的字符串不是 UTF-8，需要对其先进行编码转换。这里介绍一个在编码转换时常用的函数 mb_convert_encoding()函数，使用语法如下：

```
string mb_convert_encoding ( string str, string to_encoding [, mixed from_encoding] )
```

mb_convert_encoding()函数接受 3 个参数，把输入的 str 字符从 from_encoding 编码转换到 to_encoding 编码。当第 3 个参数省略时，会被自动设定为 PHP 文件的编码。

> **Tips** 当不确定需要转换的字符串是什么格式的时候，可以设定 from_encoding 为多个字符集，使用逗号隔开，如"UTF8, GBK, GB2312"。

代码 12-4 是给图片加文字的一个例子，如下所示。

代码 12-4　给图片加文字

```php
<?php
$image = imagecreatefromjpeg("images/green.jpg");            //从 JPEG 文件新建一个图像
$pink = ImageColorAllocate($image, 255, 255, 255);
// $fontfile 字体的路径,视操作系统而定,可以是 simhei.ttf（黑体）, SIMKAI.TTF（楷体）, SIMFANG.TTF（仿宋）,SIMSUN.TTC（宋体&新宋体）等 GD 支持的中文字体
$font_file = "C:\WINDOWS\Fonts\msyhbd.ttf";
$str = "我喜欢 PHP！^ ^";
$str = mb_convert_encoding($str, "UTF-8", "GBK");             //字符转码
imagettftext($image, 25, 10, 140, 240, $pink, $font_file, $str);  //设置文字颜色
imagejpeg($image, "images/green_ttf.jpg", 100);               //将带有水印的图像保存到文件
imagedestroy($image);                                         //清除占用的内存
?>
<b>使用 PHP 给图片加文字</b><hr />
<table>
    <tr>
        <td>原图：</td>
        <td>加文字后的图片：</td>
    </tr>
    <tr>
        <td><img src="images/green.jpg" /></td>
        <td><img src="images/green_ttf.jpg" /></td>
    </tr>
</table>
```

以上代码首先使用 imagecreatefromjpeg() 函数将图片载入，然后使用 imagettftext() 函数将需要写入的字符串画到底图上。图 12.4 是代码运行后的效果。

图 12.4　给图片加文字

## 12.5　典型实例

【实例 12-1】图形不仅可以用于展示数据，还可以用于安全认证。常见的就是在用户注册、登录或重要操作之前的认证码功能。

本实例主要使用到的是 imagesetpixel() 和 imagestring() 函数。

imagesetpixel() 函数用于在画布上绘制点，生成一些干扰元素，以防止非法用户破解认证码的

内容。

imagestring()函数,负责把单个字符,按顺序写入到画布中,为了加强安全性,这些写入的字符除了顺序相同外,角度和位置都不会相同。

代码 12-5　imagesetpixel()和 imagestring()函数的使用

```php
<?php
session_start();
//设置验证码可取的字符,去掉不易辨认的字符
$chars="23456789ABCDEFGHJKLMNPRSTWXY";
$string="";
//随机从字符串中取得字符,并组成字符串
for($i=0;$i<5;$i++){
    $rand    =rand(0,strlen($chars)-1);          //取得随机数
    $string .= substr($chars,$rand,1);           //根据随机数,取得字符
}
//注册一个 Session 变量,用于下一页读取认证码
$_SESSION["string"]=$string;
$imageWidth = 120;                               //设置图形宽与高
$imageHeight = 30;                               //使用 imagecreate()函数创建图形
$im = imagecreate($imageWidth,$imageHeight);
$backColor = ImageColorAllocate($im, rand(220,255),rand(220,255),rand(220,255)); //背景色
imagefilledrectangle($im, 0, 0, $imageWidth, $imageHeight, $backColor);          //填充图形颜色
//随机在画布上画 100 个颜色点
for($i=0;$i<100;$i++){       //画斑点
    $dotColor = ImageColorAllocate($im, rand(0,255),rand(0,255),rand(0,255)); //设置点的颜色
    $x = rand(0,$imageWidth); $y = rand(0,$imageHeight);
    imagesetpixel($im, $x, $y, $dotColor);       //使用 imagesetpixel()画点
}
for($i=0;$i<strlen($string);$i++){
    //设置字的颜色
    $frontColor = ImageColorAllocate($im, rand(0,120),rand(0,120),rand(0,120));
    //把字符写入图形中
    imagestring($im,10, rand(20*$i+1,20*$i+10), rand(0,5), substr($string,$i,1),$frontColor);
}
header( "Content-type: image/x-png ");           //输出图形格式
imagepng($im);                                   //输出 PNG 格式图形
imagedestroy($im);                               //释放资料
exit();
?>
```

运行该程序后,运行结果如图 12.5 所示。

图 12.5　程序运行结果

【实例 12-2】PHP 图形处理的函数很丰富,包括了图形处理的信息、颜色、格式、字体、通

道等操作。使用 PHP 图形函数，可以构建几何图形来展示数据。

在很多情况下，通过图形展示数据，往往比数据本身更加直观。而饼形图在展示数据分配比例时，是再好不过的选择了。

本实例主要使用到的函数是 imagefilledarc()函数。其作用是绘制椭圆弧，并使用指定的颜色进行区域填充。

代码 12-6　imagefilledarc()函数的使用

```php
<?php
//定义一个用于生成饼状图的函数
function showData($array){
    $image = imagecreate(400,400);                      //创建一个图形句柄
    $bgColor = imagecolorallocate($image,255,255,255);  //设置背景颜色
    //定义饼状图的中心点
    $x = 200;                                            //中心点 X 坐标
    $y = 200;                                            //中心点 Y 坐标
    //定义椭圆弧的宽度和高度
    $w = 380;                                            //宽度
    $h = 380;                                            //高度
    //定义一个计数器,用于指定存储临时数据
    $i = 0;
    //画出椭圆弧,并填充颜色
    foreach($array as $point){
        $rc = imagecolorallocate($image,rand(0,255),rand(0,255),rand(0,255));  //随机取得颜色
        //根据指字参数,画出椭圆弧并使用颜色填充
        imagefilledarc($image, $x, $y, $w, $h,$i,$point,$rc, IMG_ARC_PIE);
        $i = $point;
    }
    header('Content-type: image/png');                   //输出头文件信息
    imagepng($image);                                    //输出 PNG 图形
    imagedestroy($image);                                //释放资源
}
//定义一个用于存储调查数据的数组
$array = array(0,20,160,220,360);
//根据数组中的数据,画出饼状图
showData($array);
?>
```

运行该程序后，运行结果如图 12.6 所示。

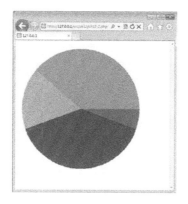

图 12.6　程序运行结果

## 12.6 小结

尽管本章介绍了许多内容,但也仅涉及到了使用 GD 扩展程序处理图像的皮毛。这里介绍了如何上传图像,重置图像的大小,改变图像的颜色,自动创建小图标,创建新图像,合并两幅图像等知识。

## 12.7 习题

### 一、填空题

1. 在 PHP 中要测试 GD 库是否加载通过需调用_____函数实现。
2. 按下列要求填空(其中$im 为一个图像标识符)。

```
header("            ");
imagepng($im);                              //输出 PNG 图像到浏览器
```

3. 按下列要求填空(其中$im 为一个图像标识符)。

```
$red = imagecolorallocate($im,___,___,___);       //分配红色
$green = imagecolorallocate($im,___,___,___);     //分配绿色
$blue = imagecolorallocate($im,___,___,___);      //分配蓝色
```

4. 在图像中画一个填充的多边形的函数是_____,在图像中画一个填充的椭圆的函数是_____,在图像中画一个矩形的函数是_____,在图像中画一条虚线的函数是_____。

### 二、选择题

1. 以下扩展名中,不是属于图片的是(    )。
   A. jpg            B. gif            C. png            D. pdf
2. 下列 GD 图像函数中,用来创建图像标识的是(    )。
   A. imagecreatetruecolor()        B. imagecolorallocate()
   C. imagefill()                   D. imageline()
3. 可以用来指定生成图片质量高低的函数是(    )。
   A. imagepng()                    B. imagegif()
   C. imagewbmp()                   D. imagejpeg()

### 三、简答题

1. 在 PHP 中创建图像有哪两种方式?
2. 若要向图像中写入中文,需要注意什么?

# 第 13 章 电子邮件类

电子邮件，相信这个词对于正处在互联网时代的人们为说是最熟悉不过的字眼了。从第一封电子邮件发送成功到现在几乎人人都有一个电子邮箱，可想而知，电子邮件在互联网中扮演的角色有多么重要。本章就来详细讲解如何使用 PHP 发送电子邮件。

## 13.1 用 mail 函数发送邮件

PHP 提供 mail()函数，允许直接从脚本中发送电子邮件。其使用语法如下：

```
bool mail ( string to, string subject, string message [, string additional_headers [, string additional_parameters]] )
```

其中的 to 参数是电子邮件收件人，或收件人列表。subject 是电子邮件的主题（不能包含任何换行符，否则邮件可能无法正确发送）。message 表示需要发送的信息，行之间必须以一个 LF (\n) 分隔。每行不能超过 70 个字符。

虽然使用 mail()函数发送邮件很简单，但是需要注意一个前提：要使邮件函数可用，PHP 需要有已安装且正在运行的邮件系统。要使用的程序是由 php.ini 文件中的配置设置定义的。

以下是对相关配置选项的简要解释。

- SMTP：仅用于 Windows，PHP 在 mail()函数中用来发送邮件的 SMTP 服务器的主机名称或者 IP 地址。
- smtp_port：仅用于 Windows，SMTP 服务器的端口号，默认为 25。自 PHP 4.3.0 起可用。
- sendmail_from：Windows 专用，规定从 PHP 发送的邮件中使用的"from"地址。
- sendmail_path：UNIX 系统专用，规定 sendmail 程序的路径（通常是/usr/sbin/sendmail 或 /usr/lib/sendmail）

下面的代码 13-1 演示了如何使用 mail()来发送一封简单的电子邮件。

代码 13-1　使用 mail 发送电子邮件

```
    <?php
$message = "第一行\n 第二行\n 第三行";              // 需要发送的信息
$message = wordwrap($message, 70);                  // 为了防止其中一行的字符数大于 70
    mail('test@example.com', '我的主题', $message);  // 发送电子邮件
    ?>
```

这段代码首先创建需要发送的信息，因为内容的每行不能超过 70 个字符，所以使用 wordwrap()来进行换行操作。最后使用 mail()函数发送这个电子邮件。

但是通常发送的邮件不单单包含文字，更多的时候含有图片等信息。这个时候就可以使用 mail()来发送一个 HTML 内容的电子邮件，如代码 13-2 所示。

代码 13-2　发送一个 HTML 格式的邮件

```
    <?php
    $to  = 'mary@example.com' . ', ';                    //收件人
```

```
$subject = '生日快乐';                                              //主题

$message = '
<html>
<head>
    <title>祝你生日快乐</title>
</head>
<body>
    <p>小美,祝你生日快乐!</p>
    <p>今天是你 17 岁的生日,希望你能像花儿一样成长,快乐!</p>
</body>
</html>
';// HTML 格式的内容

// 必须设置发送的 header
$headers  = 'MIME-Version: 1.0' . "\r\n";
$headers .= 'Content-type: text/html; charset=gb2312' . "\r\n";
// 附加的一些 headers
$headers .= 'To: Mary <mary@example.com>' . "\r\n";
$headers .= 'From: Andy <andy@example.com>' . "\r\n";
mail($to, $subject, $message, $headers);
?>
```

以上代码中首先设置了收件人、主题和含 HTML 内容的邮件信息。与代码 13-1 不同的是,这段代码还设置了 header 头信息,并规定了允许发送 HTML 格式的内容。最后直接调用 mail()函数,带上相应的入参,即可发送邮件。

> **注意** 使用 mail()函数发送电子邮件,需要系统本身就已安装电子邮件系统且在运行中,还需要在 php.ini 做好相应的配置。在发送 HTML 格式的文件时,需要加上如代码 13-2 所示的特定 header 的内容。

## 13.2 使用 SMTP 发送邮件

上一节中已经介绍了使用 mail()来发送电子邮件,但是通常情况下服务器是没有安装电子邮件系统的,所以有很大的局限性。如果使用 SMTP 来发送电子邮件的话,就没有这个烦恼了。而且现在很多网站的电子邮件系统都是提供 SMTP 服务的。本节就针对这个问题,介绍如何使用 SMTP 来发送电子邮件。

本节使用的代码需要用到一个 PHP 开源的发送电子邮件类叫做 PHPMailer。就如它的名字一样,PHPMailer 是一个使用 PHP 编写的邮件发送类,同时,PHPMailer 也是一个功能强大的类。不但提供含有 SMTP 类用来发送邮件,而且还提供相应的 POP3 类可以用来收取邮件。从其官方网站(http://phpmailer.worxware.com)下载成功后会得到一个压缩包,因为只需要用到它的 SMTP 功能,所以只解压缩其中的主文件(class.phpmailer.php)和 SMTP 类文件(class.smtp.php)到网站相应的目录即可。

代码 13-3 演示了使用 SMTP 发送邮件的例子。

代码 13-3   使用 SMTP 发送邮件

```
<b>使用 SMTP 发送邮件</b><hr />
<?php
if(isset($_POST['submit'])) {
```

```php
        include("class.phpmailer.php");                //包含 phpmailer 类

    $from = $_POST['from'];
    $to = $_POST['to'];
    $subject = $_POST['subject'];
    $send_body = $_POST['send_body'];

    $smtp = 'smtp.gmail.com';                          //使用的 smtp 服务器
    $port = 465;                                       //端口号
    $username = 'username@gmail.com';                  //账户
    $password = 'password';                            //密码

    $mail= new PHPMailer();                            //建立新对象
    $mail->IsSMTP();                                   //设定使用 SMTP 方式寄信
    $mail->SMTPAuth = true;                            //设定 SMTP 需要验证
    $mail->SMTPSecure = "ssl";                         // Gmail 的 SMTP 主机需要使用 SSL 连接
    $mail->Host = $smtp;                               //SMTP 服务器地址
    $mail->Port = $port;                               //端口号
    $mail->CharSet = "gb2312";                         //邮件的编码格式

    $mail->Username = $username;                       //邮箱账号
    $mail->Password = $password;                       //邮箱密码
    $mail->From = $from;                               //寄件者信箱
    $mail->FromName = $from;                           //寄件者姓名
    $mail->Subject = $subject;                         //邮件标题
    $mail->Body = $send_body;                          //邮件内容
    $mail->IsHTML(true);                               //邮件内容
    $mail->AddAddress($to);                            //收件者

    if(!$mail->Send()) {
        echo "发送错误: " . $mail->ErrorInfo;
    } else {
        echo "<div align=center>邮件发送成功,请注意查收! </div>";
    }
    die();
}
?>
<form id="form1" name="form1" method="post" action="">
<table border="0" cellspacing="0" cellpadding="2">
    <tr>
        <td align="right">收件人: </td>
        <td><input type="text" name="to" id="to" /></td>
    </tr>
    <tr>
        <td align="right">主题: </td>
        <td><input type="text" name="subject" id="subject" /></td>
    </tr>
    <tr>
        <td align="right">内容: </td>
        <td><textarea name="send_body" id="send_body" cols="45" rows="5"></textarea></td>
    </tr>
    <tr>
        <td align="right">来自: </td>
        <td><input type="text" name="from" id="from" /></td>
    </tr>
```

## 从零开始学 PHP（第 3 版）

```
    <tr>
        <td> </td>
        <td><input type="submit" name="submit" id="submit" value="提交" /></td>
    </tr>
</table>
</form>
```

因为使用 PHPMailer 类，所以程序在开始的时候使用 include()函数将这个类的主文件包含进来。然后用 new 方法创建一个 PHPMailer 实例。对其赋值相关的参数，最后调用该对象的 send 函数即可发送电子邮件。

> **Tips** 现在很多时候都是用 gmail 或者 qq 等支持 ssl 的 smtp 邮箱来发送电子邮件。这时需要将 php.ini 中";extension=php_openssl.dll"前的分号去掉，重启系统后就能开启 openssl 模块。且在使用 PHPMailer 类发送邮件时，需要特别设置一个参数 SMTPSecure 的值为 ssl。

首先当没有数据提交的时候，显示的是一个发送电子邮件的表单，如图 13.1 所示。输入相应的数据并单击"提交"按钮后，该程序就能发送电子邮件，成功后的结果如图 13.2 所示。

图 13.1 使用 SMTP 发送电子邮件表单

图 13.2 使用 SMTP 发送电子邮件结果

## 13.3 典型实例

**【实例 13-1】** 发送一个带附件的邮件。

在使用电子邮件的时候常常需要附带一些图片或者文字，这时就要求发送邮件时能有带上附件的功能。同样地，本节也是用开源的 PHPMailer 类来实现发送一个带附件的邮件，下面就来具体讲解。

当然使用 PHPMailer 类来发送一个带附件的邮件是非常简单的。如同上一节发送 SMTP 邮件一样，对其设置必要的信息后，只要调用 PHPMailer 对象的 AddAttachment()函数，传入相应附件的路径即可。具体如代码 13-4 所示。

代码 13-4　发送一个带附件的邮件

```php
<b>使用 SMTP 发送邮件</b><hr />
<?php
if(isset($_POST['submit'])) {
    include("class.phpmailer.php");              //包含 phpmailer 类

    $from = $_POST['from'];
    $to = $_POST['to'];
    $subject = $_POST['subject'];
    $send_body = $_POST['send_body'];

    $smtp = 'smtp.gmail.com';                    //使用的 smtp 服务器
    $port = 465;//端口号
    $username = 'username@gmail.com';            //账户
    $password = 'password';                      //密码

    $mail= new PHPMailer();                      //建立新对象
    $mail->IsSMTP();                             //设定使用 SMTP 方式寄信
    $mail->SMTPAuth = true;                      //设定 SMTP 需要验证
    $mail->SMTPSecure = "ssl";                   // Gmail 的 SMTP 主机需要使用 SSL 连接
    $mail->Host = $smtp;                         //SMTP 服务器地址
    $mail->Port = $port;                         //端口号
    $mail->CharSet = "gb2312";                   //邮件的编码格式

    $mail->Username = $username;                 //邮箱账号
    $mail->Password = $password;                 //邮箱密码

    $mail->From = $from;                         //寄件者信箱
    $mail->FromName = $from;                     //寄件者姓名

    $mail->Subject = $subject;                   //邮件标题
    $mail->Body = $send_body;                    //邮件内容

    $mail->IsHTML(true);                         //邮件内容
    $mail->AddAddress($to);                      //收件者

    $uploaddir = 'upload/';                      //上传附件放置的路径
    $uploadfile = $uploaddir . basename($_FILES['userfile']['name']);
    if (move_uploaded_file($_FILES['userfile']['tmp_name'], $uploadfile)) {//如果上传成功
        $mail->AddAttachment($uploadfile);       //添加附件
    }

    if(!$mail->Send()) {
        echo "发送错误: " . $mail->ErrorInfo;
    } else {
        echo "<div align=center>带附件的邮件发送成功, 请注意查收! </div>";
    }
    die();
}
?>
<form action="" method="post" enctype="multipart/form-data" name="form1" id="form1">
<table border="0" cellspacing="0" cellpadding="2">
    <tr>
        <td align="right">收件人: </td>
```

```
                <td><input type="text" name="to" id="to" /></td>
            </tr>
            <tr>
                <td align="right">主题：</td>
                <td><input type="text" name="subject" id="subject" /></td>
            </tr>
            <tr>
                <td align="right">内容：</td>
                <td><textarea name="send_body" id="send_body" cols="45" rows="5"></textarea></td>
            </tr>
            <tr>
                <td align="right">来自：</td>
                <td><input type="text" name="form" id="form" /></td>
            </tr>
            <tr>
                <td align="right">附件：</td>
                <td><input type="file" name="userfile" id="userfile" /></td>
            </tr>
            <tr>
                <td> </td>
                <td><input type="submit" name="submit" id="submit" value="提交" /></td>
            </tr>
        </table>
    </form>
```

以上代码基本与代码 13-3 一致，只是这里的表单中多了一个可以选择附件的文件域，用来上传附件用。然后发送邮件的服务器代码中，使用 PHPMailer 对象的 AddAttachment() 函数将上传上来的文件作为一个附件发送。

首次运行该代码后，得到一个发送电子邮件的表单，如图 13.3 所示。填入相关信息，选择附件并单击提交按钮以后，便开始发送带附件的邮件。成功以后返回消息，如图 13.4 所示。

图 13.3　发送一个带附件的邮件表单　　　图 13.4　发送一个带附件的邮件结果

## 13.4　小结

读者也许会问，PHP 不是已经内置了 mail() 函数了吗，为什么要用 PHPMailer 呢？确实，mail() 函数更快，但是，PHPMailer 却可以使发送邮件变得更加便捷，发送附件和 HTML 邮件也成为可能。同时，可以使用你自己喜欢的 SMTP 服务器来发送邮件，而不是仅限于 UNIX 平台（mail()函数就有这个限制，对于广大 Windows 主机用户来说，简直是噩梦）。总之，PHPMailer 能带来更加便捷的体验。

## 13.5 习题

### 一、填空题

1. 在 PHP 中内置发送电子邮件的函数是_____。要使这个函数能正常运行，需要在本机配置_____服务。
2. 开源的 PHPMailer 不但提供了发送电子邮件使用的_____类，同时也提供了用于接收邮件的_____类。
3. 通过 PHPMailer 来发送带支持 ssl 功能的电子邮件时，需要打开 PHP 的_____模块。
4. 如果使用 PHPMailer 来发送带附件的电子邮件，则需要使用到它的_____函数。

### 二、选择题

1. 以下不是合法的电子邮件地址的是（　　）。
   A. john@php.net
   B. "John Coggeshall" <someone@internetaddress.com>
   C. joe @ example.com
   D. jean-cóggeshall@php.net

2. 以下哪种情况会用到 mail 函数的第五个（最后一个）参数$additional_parameters（　　）
   A. 从 UNIX 或 Windows/Novell 发送邮件时都会用到。
   B. 只有在 Windows/Novell 平台上用 SMTP 命令向 MTA 发送邮件时。
   C. 只有在和 sendmail 或一个指定了 sendmail_path 的打包程序协作发送时。
   D. PHP 里用不到这个参数。

3. 以下哪种情况需要在头信息中添加邮件内容编码（Content-Transfer-Encoding）（　　）
   A. 只有在发送非普通文本（ASCII）数据时。
   B. 需要指出 E-Mail 的格式时，例如 HTML，普通文本（plain text），富文本（rich text）。
   C. 任何时候都可以用它来指出 MIME 的编码类型。
   D. 只能用来指定特殊的编码格式（例如 base64）。

4. 使用 PHPMailer 类来发送电子邮件时，它的哪个属性是用来指定邮件编码的（　　）
   A. SMTPAuth           B. Subject
   C. Body              D. CharSet

### 三、简答题

1. 使用 MIME 发送有附件的邮件时，邮件正文和附件必须靠一个特殊的分隔符分开。MIME E-Mail 的头信息里如何定义这个分隔符？
2. 简单描述一下使用 PHPMailer 发送 SMTP 电子邮件的一般步骤。

# 第 14 章 数据库类

PHP 功能的强大在于它与数据库的超强结合。数据库,顾名思义,就是数据存放的仓库。在计算机中这个仓库是一个有组织、有纪律的存储系统。一个好的网站离不开一个功能强大的数据库,因此,在学习 PHP 时,也需要熟悉 PHP 和数据库的相关操作,本章将要介绍的就是有关 PHP 和数据库的一些基本知识。

## 14.1 MySQL 数据库

MySQL 是一个小巧玲珑的数据库服务器软件,对于小型(当然也不一定很小)应用系统是非常理想的。除了支持标准的 ANSI SQL 语句,它还支持多种平台,而在 UNIX 系统上该软件支持多线程运行方式,从而能获得相当好的性能。需要特别说明的是,MySQL 数据库与 PHP 是一对很好的搭档。接下来就来讲解在 PHP 中如何使用 MySQL 数据库。

### 14.1.1 连接到 MySQL

所谓数据库就是专为存储数据而设计的库,是相对独立的。所以对于运行在 Web 服务器上的 PHP 程序,在使用数据库时,首先需要做的就是连接数据库。PHP 本身就提供对 MySQL 数据库的支持,使用 mysql_connect()函数来连接,语法如下:

```
resource mysql_connect ( [string server [, string username [, string password [, bool new_link [, int client_flags]]]]] )
```

该函数用来打开或重复使用一个到 MySQL 服务器的连接。server 是需要连接的 MySQL 服务器,可以包括端口号使用英文的冒号隔开,例如 "hostname:port"。username 和 password 分别是连接数据时所需的用户名和密码。new_link 参数默认为 FALSE,如果用同样的参数第二次调用 mysql_connect(),将不会建立新连接,而将返回已经打开的连接标识。设置为 TRUE 时,则总是打开新的连接。

接下来举一个连接本地 MySQL 数据库的例子,如代码 14-1 所示。

代码 14-1 连接到 MySQL 数据库

```php
<b>连接到 MySQL 数据库</b><hr /><p>
<?php
error_reporting(0);                                        //禁止错误输出
$link = mysql_connect('localhost:3306', 'root', '');       //创建数据库连接
if (!$link) {                                              //如果失败
    die('连接 MySQL 服务器失败: ' . mysql_error());         //显示出错信息
}
echo '连接 MySQL 服务器成功! ';                             //否则显示连接成功的信息
mysql_close($link);                                        //最后关闭数据库连接
?>
```

以上代码连接的是一个服务器本地的 MySQL 数据库，连接用户名为 root，密码为空。运行后，得到的结果如图 14.1 所示。

> **注意** MySQL 默认是使用 3306 端口的，如果没有被更改连接时可以省略端口。安装后会自动创建一个 root 账户，如果没有更改密码，那么它的密码为空。

如果不能创建连接，那么就会输出相应的错误提示。把连接数据库的密码修改掉以后，出现的结果如图 14.2 所示。

图 14.1　连接成功

图 14.2　连接失败

## 14.1.2　创建数据库和表

上一个小节中介绍了如何创建一个 MySQL 的连接，接下来就来讲解如何创建数据库和表。PHP 并没有提供直接创建数据库和表的函数，但是它提供的 mysql_query() 函数可以执行 SQL 语句。所以只要构造相应的语句，并使用 mysql_query() 函数来执行它就可以达到创建数据库和表的目的。该函数的使用语法如下：

```
resource mysql_query ( string query [, resource link_identifier] )
```

mysql_query()向与指定的连接标识符关联的服务器中的当前活动数据库发送一条查询。如果没有指定 link_identifier，则使用上一个打开的连接。

在创建数据库之前，还需要了解创建数据库的 SQL 语句。CREATE DATABASE 用于创建数据库，并进行命名。如果要使用 CREATE DATABASE，需要获得数据库 CREATE 权限。其使用语法如下：

```
CREATE DATABASE database_name
```

在下面的例子中，创建了一个名为 "taozi" 的数据库，代码如 14-2 所示。

代码 14-2　创建数据库

```
<b>创建数据库</b><hr /><p>
<?php
error_reporting(0);                              //禁止错误输出
$con = mysql_connect("127.0.0.1", "root", "");   //建立连接
if (!$con)                                       //如果失败
{
    die('建立连接失败: ' . mysql_error());        //输出出错提示
}
```

```php
if (mysql_query("CREATE DATABASE taozi",$con))        //创建数据库
{
    echo "创建数据库成功！";                          //成功后的提示
}
else                                                  //如果失败
{
    echo "创建数据库失败：" . mysql_error();          //出错提示
}
mysql_close($con);                                    //关闭数据连接
?>
```

以上代码首先使用 mysql_connect()函数建立一个数据连接，成功后再使用 mysql_query()函数来执行创建数据库的语句。

之后就可以在此数据库的基础上建立数据表，需要用到的创建数据表的语法如下：

```
CREATE TABLE table_name
(
column_name1 data_type,
column_name2 data_type,
column_name3 data_type,
……
)
```

为了执行创建数据表的命令，必须向 mysql_query()函数添加 CREATE TABLE 语句。下面的例子展示了如何创建一个名为 "fruit" 的表，此表有三列。列名是 "name"，"color" 及 "price"，如代码 14-3 所示。

代码 14-3　创建数据表

```php
<b>创建数据表</b><hr /><p>
<?php
error_reporting(0);                                   //禁止自动错误输出
$con = mysql_connect("127.0.0.1", "root", "");        //建立连接
if (!$con)                                            //如果失败
{
    die('建立连接失败：' . mysql_error());            //输出出错提示
}
if (mysql_query("CREATE DATABASE taozi",$con))        //创建数据库
{
    echo "创建数据库成功！";                          //成功后的提示
}
else                                                  //如果失败
{
    echo "创建数据库失败：" . mysql_error();          //出错提示
}
mysql_select_db("taozi", $con);                       //选择需要使用的数据库
$sql = "CREATE TABLE fruit
(
name varchar(15),
color varchar(15),
price float
)";                                                   //创建数据表的 SQL 语句
mysql_query($sql, $con);                              //使用 mysql_query 执行 SQL 语句
echo "<p>创建数据表成功！";
mysql_close($con);                                    //关闭数据库连接
```

```
?>
```

以上代码在成功创建数据库以后,首先调用 mysql_select_db()函数来选择需要操作的数据库,然后再使用 mysql_query()函数执行创建数据表的 SQL 语句,最后使用 mysql_close 关闭数据连接。

## 14.1.3 向表插入数据

在有了数据库和表以后,就可以向其中插入数据。同样,在使用 PHP 向数据库的表中插入数据时,也需要先建立连接,然后调用 mysql_query()函数来执行相应的插入 SQL 语句。

SQL 语法中使用 INSERT INTO 语句用于向数据库表添加新记录,使用语法如下所示:

```
INSERT INTO table_name
VALUES (value1, value2,....)
```

还可以规定希望在其中插入数据的列:

```
INSERT INTO table_name (column1, column2,...)
VALUES (value1, value2,....)
```

> **Tips** SQL 语句对大小写不敏感。INSERT INTO 与 insert into 相同。

在前面的小节中,为数据库创建了一个名为"fruit"的表,有三个列:"name","color"及"price"。在本例中将使用同样的表。下面的例子向"fruit"表添加了两个新记录,如代码 14-4 所示。

代码 14-4　向表插入数据

```
<b>向表插入数据</b><hr /><p>
<?php
error_reporting(0);                                    //禁止自动错误输出
$con = mysql_connect("127.0.0.1", "root", "");         //建立连接
if (!$con)                                             //如果失败
{
    die('建立连接失败: ' . mysql_error());             //输出出错提示
}

mysql_select_db("taozi", $con);                        //选择需要使用的数据库
//使用 mysql_query 执行 SQL 语句,向数据表中插入数据
mysql_query("INSERT INTO fruit (name, color, price) VALUES ('apple', 'green', '8.5')");
mysql_query("INSERT INTO fruit (name, color, price) VALUES ('orange', 'yellow', '1.35')");

echo "<p>插入数据成功!";
mysql_close($con);                                     //关闭数据库连接
?>
```

上述代码,在建立数据连接和选择相应的数据库之后,调用 mysql_query()函数来执行插入数据的 SQL 语句向"fruit"表插入两条水果相关的数据。

但是在实际编程过程中,用得最多的是通过用户对表单的提交来插入数据。下面的例子演示了在使用表单时如何插入数据,如代码 14-5 所示。

代码 14-5　使用表单插入数据

```
<b>表单数据插入</b><hr />
<?php
```

```php
    if($_GET['act'] == 'insert') {
        $con = mysql_connect("127.0.0.1", "root", "");         //建立连接
        if (!$con)                                              //如果失败
        {
            die('建立连接失败：' . mysql_error());              //输出出错提示
        }

        mysql_select_db("taozi", $con);                         //选择需要使用的数据库
        //使用 mysql_query 执行 SQL 语句，向数据表中插入数据
        mysql_query("INSERT INTO fruit (name, color, price) VALUES ('". $_POST['name'] ."', '". $_POST['color'] ."', '". $_POST['prince'] ."')");

        echo "<p>插入数据成功！";
        mysql_close($con);                                      //关闭数据库连接
        die();                                                  //成功后停止输出
    }
    ?>
    <form action="14-5.php?act=insert" method="post">
        <table>
            <tr>
                <td>水果名称：</td>
                <td><input type="text" name="name" /></td>
            </tr>
            <tr>
                <td>水果颜色：</td>
                <td><input type="text" name="color" /></td>
            </tr>
            <tr>
                <td>水果价格：</td>
                <td><input type="text" name="prince" /></td>
            </tr>
            <tr>
                <td> </td>
                <td><input type="submit" value="提交" /></td>
            </tr>
        </table>
    </form>
```

以上代码，初次运行后会出现一个表单，如图 14.3 所示。对其输入相应的数据后，单击"提交"按钮提交，会执行 if 条件判断语句中的代码。在其中完成了数据连接、对数据库的选择，还有使用 SQL 语句插入提交数据的操作。执行成功以后，得到的效果如图 14.4 所示，表示数据已经成功插入到数据表中。

图 14.3　数据输入表单

图 14.4　数据插入成功

## 14.1.4 更新表中数据

现在数据表中已经有数据了,但是现在想要把苹果的价格往上调,桔子的价格往下降,该如何操作呢?这时就需要用到更新数据的 SQL 语句,来更新表中的数据。UPDATE 语句用于在数据库表中修改数据,其使用语法如下:

```
UPDATE table_name
SET column_name = new_value
WHERE column_name = some_value
```

> **注意** SQL 对大小写不敏感。UPDATE 与 update 等效。

为了让 PHP 能执行上面的语句,必须使用 mysql_query()函数。该函数用于向 SQL 连接发送查询和命令。

在本章节中已经创建了一个名为"fruit"的表,并且其中已经插入了一些数据。它看起来的结构和数据如图 14.5 所示。

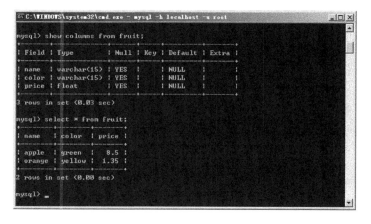

图 14.5 fruit 表结构和数据

下面的例子为更新"fruit"表的一些数据,如代码 14-6 所示。

代码 14-6 更新表中的数据

```php
<b>更新表中数据</b><hr /><p>
<?php
error_reporting(0);                                      //禁止自动错误输出
$con = mysql_connect("127.0.0.1", "root", "");           //建立连接
if (!$con)                                               //如果失败
{
    die('建立连接失败: ' . mysql_error());               //输出出错提示
}

mysql_select_db("taozi", $con);                          //选择需要使用的数据库
//使用 mysql_query 执行 SQL 语句,向数据表中插入数据
mysql_query("UPDATE fruit SET price = '19.1' WHERE name = 'apple'");
mysql_query("UPDATE fruit SET price = '2.2' WHERE name = 'orange'");

echo "<p>更新数据成功!";
```

```
mysql_close($con);                                              //关闭数据库连接
?>
```

在这次更新后,"fruit"表格中的数据如图14.6所示。

图14.6  更新后的数据

## 14.1.5  查询数据表

最后来介绍一下在 PHP 中如何查询数据表的内容。这里需要用到 SQL 的 SELECT 语句,该语句用于从数据库中选取数据。使用语法如下所示:

```
SELECT column_name(s) FROM table_name
```

同样地,为了能让它在 PHP 上面执行,需要使用 mysql_query()函数。该函数用于向 MySQL 发送查询或命令。下面的例子选取存储在"fruit"表中的所有数据(*字符表示选取表中所有数据)并以表格的方式显示,如代码14-7所示。

代码14-7  查询数据表

```
<b>查询数据表</b><hr /><p>
<?php
error_reporting(0);                                             //禁止自动错误输出
$con = mysql_connect("127.0.0.1", "root", "");                  //建立连接
if (!$con)                                                      //如果失败
{
    die('建立连接失败: ' . mysql_error());                       //输出出错提示
}

mysql_select_db("taozi", $con);                                 //选择需要使用的数据库

$result = mysql_query("SELECT * FROM fruit");                   //读取 fruit 表的数据

echo "<table border='1'><tr><th>水果</th><th>颜色</th><th>价格</th></tr>";//构造表头

while($row = mysql_fetch_array($result))                        //循环查询结果集
{
    echo "<tr>";
    echo "<td>" . $row['name'] . "</td>";                       //输出水果名
    echo "<td>" . $row['color'] . "</td>";                      //颜色
    echo "<td>" . $row['price'] . "</td>";                      //价格
    echo "</tr>";
}
```

```
echo "</table>";

mysql_close($con);                                              //关闭数据库连接
?>
```

查询数据表的步骤与其他对数据表操作的步骤基本是相同的。特别的是，在读取数据以后对数据的循环输出，在示例中是使用 mysql_fetch_array()函数来读取结果集中的数据并以数组的方式返回数据。运行代码后得到的结果如图 14.7 所示。

图 14.7　查询数据表

##  14.2　MSSQL 数据库使用实例

虽然 MySQL 数据库与 PHP 是天生的一对搭档，但是有时出于项目要求或者特殊原因需要其他的数据库作为项目的数据源，这个时候该怎么办呢？不用担心，PHP 已经为大家想到了这点，并提供许多种主流数据库的解决方案。

本节来做一个使用 PHP 来操作 MsSQL 数据库的例子。因为 MsSQL 到现在的版本已经有很多，这里是以 MSSQL2000 为例子，其附带有一个"Northwind"数据库，如图 14.8 所示。下面打开其中的"Categories"表，大致会显示如图 14.9 所示的数据。

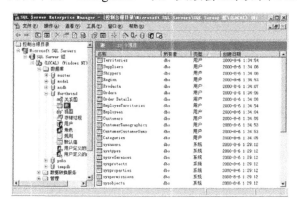

图 14.8　"Northwind"数据库中的表

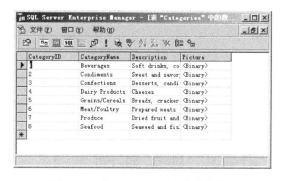

图 14.9　"Categories"表中的数据

由上图可得知，这个数据表中含有"CategoryID"、"CategoryName"、"Description"及"Picture"字段。其中特殊的是"Description"字段，存储的是二进制形式的图片。

> **Tips** 不能用 DB-Library（如 ISQL）或 ODBC 3.7 或更早版本将 ntext 数据或仅使用 Unicode 排序规则的 Unicode 数据发送到客户端。相对于这个注意事项，在查询数据集的时候可以将 ntext 数据转为 text 数据。

查询 MSSQL 数据表如代码 14-8 所示，运行代码后得到的结果如图 14-10 所示。

代码 14-8　查询 MSSQL 数据表

```
<b>查询 MSSQL 数据表</b><hr /><p>
<?php
$msconnect=mssql_connect("localhost", "sa", "");                //创建 ms 数据库连接
```

```
    $msdb=mssql_select_db("Northwind", $msconnect);            //选择数据库
    $msquery = "SELECT CategoryID, convert(varchar(255), CategoryName) as CategoryName, convert(text,
Description) as Description, Picture FROM Categories";         //创建查询的 SQL 语句
    $msresults= mssql_query($msquery);                         //使用 SQL 语句查询
    echo '<ul>';
    while ($row = mssql_fetch_array($msresults)) {             //循环遍历记录
        echo "<li>ID: " . $row['CategoryID'] . "<br>名称: " . $row['CategoryName'] . "<br>说明: " .
$row['Description'] . "</li>";
    }
    echo '</ul>';
    ?>
```

图 14.10　查询 MSSQL 数据表结果

## 14.3　典型实例

**【实例 14-1】** 由于 PHP 存储数据库的功能一直未标准化，所以在访问不同的数据库时，需要不能的访问函数。而 ADODB 的出现解决了这个问题。ADODB 是由 PHP 编写的数据库操作类，其支持的数据库包括 MySQL、PostgreSQL、Interbase、Informix、Oracle、MS SQL 7、Foxpro、Access、ADO、Sybase、DB2、ODBC 等。

ADODB 最大的特点是，访问不同的数据库时，使用的访问接口都是一样的。这使得开发人员不需要学习多种数据库的连接方法，就可以轻松地使用 ADODB 操作各种不同的数据库。由于 ADODB 使用统一的接口访问各种数据库，这也使得数据库之间的转换变得很简单。

本实例演示如何安装和使用 ADODB。

要在开发项目中使用 ADODB，需要操作以下 3 个步骤。

（1）下载：要取得 ADODB 的安装包，可以从网站（https://sourceforge.net/projects/adodb/files/latest/download）上下载。

（2）安装：解压缩下载后的安装包，把解压后的 adodb5 文件夹复制到项目文件夹下。

（3）使用：在 PHP 代码中引用 adodb5 文件夹中的 adodb.inc.php 文件即可。如果要想实现更

多的类，可以参考以下文件的功能，并根据实际情况，选择要包含的文件。
- adodb.inc.php：ADODB 的主文件，在要使用的页面中，必须包含这些文件。
- adodb-errorhandler.inc.php：用于管理自订错误信息。
- adodb-session.php：用于操作 Session。
- adodb-pager.inc.php：用于实现分页管理。
- adodb-pear.inc.php：加入此文件后，可以使用 PHP4 的 PEAR DB 语法来使用 ADODB。例如：$dsn="mysql://root@localhost/learn"。
- rsfilter.inc.php：用于过滤记录。
- tohtml.inc.php：用于把取出的数据库记录，转换成表格。
- toexport.inc.php：用于输出 CSV 格式的文件。
- pivottable.inc.php：可以在脚本中使用 pivot table 功能。

代码 14-9　安装与使用 ADODB

```php
<?php
//包含 adodb 文件
include_once("adodb5/adodb.inc.php");
//设置链接 MySQL 数据的变量
$host = "localhost";    //数据库服务器地址
$user = "root";         //用户名
$pass = "";  //密码
$db   = "mysql";        //要操作的数据库
//建立链接对象，并设置连接数据库的类型
$conn = &ADONewConnection('mysql');
// 连接数据库
// 例如:$conn->Connect('主机','使用者','密码','数据库');
// 持续性连接，可使用 PConnect()方法
// 例如:$conn->PConnect('主机','使用者','密码','数据库');
$conn->Connect($host,$user,$pass,$db);
// 要不要显示调试信息量，false 代表不要，true 代表要
// 例如:$conn->debug = false;
//设置为显示调试信息
$conn->debug = true;
//设置字符集
$conn->Execute("SET NAMES gb2312");
//设置 SQL 语句
$sql = "select * from help_topic limit 0,15";
//执行 SQL 语句，并将返回的数据保存到变量$result 中
$result = $conn->Execute($sql);
//检查返回的结果集，若返回 FALSE，显示错误信息
if($result == FALSE){
    echo "<pre>".$conn->ErrorMsg()."</pre>";
}else{
    //使用 FetchRow()方法,把返回结果以数组形式赋予$row
    $table = "<table border='1'><tr><th>ID</th><th>名称</th><th>分类 ID</th><th>链接</th></tr>";
    while($row = $result->FetchRow()){   //使用 FetchRow()方法，以数组形式，返回当前行内容
        //在表格中使用
        $table .= "<tr><td>".$row[0]."</td><td>".$row[1]."</td><td>".$row[2]."</td><td>".$row[5]."</td></tr>";

    }
    $table .= "</table>";
```

```
    echo $table;
}
//关闭链接
$conn->close();
?>
```

运行该程序后运行结果如图 14.11 所示。

| ID | 名称 | 分类 ID | 链接 |
|---|---|---|---|
| 0 | JOIN | 28 | http://dev.mysql.com/doc/refman/5.6/en/join.html |
| 1 | HEX | 38 | http://dev.mysql.com/doc/refman/5.6/en/string-functions.html |
| 2 | CONTAINS | 31 | http://dev.mysql.com/doc/refman/5.6/en/functions-for-testing-spatial-relations-between-geometric-objects.html |
| 3 | SRID | 37 | http://dev.mysql.com/doc/refman/5.6/en/geometry-property-functions.html |
| 4 | SHOW CONTRIBUTORS | 27 | http://dev.mysql.com/doc/refman/5.6/en/show-contributors.html |
| 5 | VARIANCE | 16 | http://dev.mysql.com/doc/refman/5.6/en/group-by-functions.html |
| 6 | DROP SERVER | 40 | http://dev.mysql.com/doc/refman/5.6/en/drop-server.html |
| 7 | SHOW AUTHORS | 27 | http://dev.mysql.com/doc/refman/5.6/en/show-authors.html |
| 8 | CONCAT | 38 | http://dev.mysql.com/doc/refman/5.6/en/string-functions.html |
| 9 | GEOMETRY HIERARCHY | 35 | http://dev.mysql.com/doc/refman/5.6/en/gis-geometry-class-hierarchy.html |
| 10 | CHAR FUNCTION | 38 | http://dev.mysql.com/doc/refman/5.6/en/string-functions.html |
| 11 | SHOW CREATE TRIGGER | 27 | http://dev.mysql.com/doc/refman/5.6/en/show-create-trigger.html |
| 12 | SHOW CREATE PROCEDURE | 27 | http://dev.mysql.com/doc/refman/5.6/en/show-create-procedure.html |
| 13 | OPEN | 24 | http://dev.mysql.com/doc/refman/5.6/en/open.html |
| 14 | ST_INTERSECTS | 31 | http://dev.mysql.com/doc/refman/5.6/en/functions-for-testing-spatial-relations-between-geometric-objects.html |

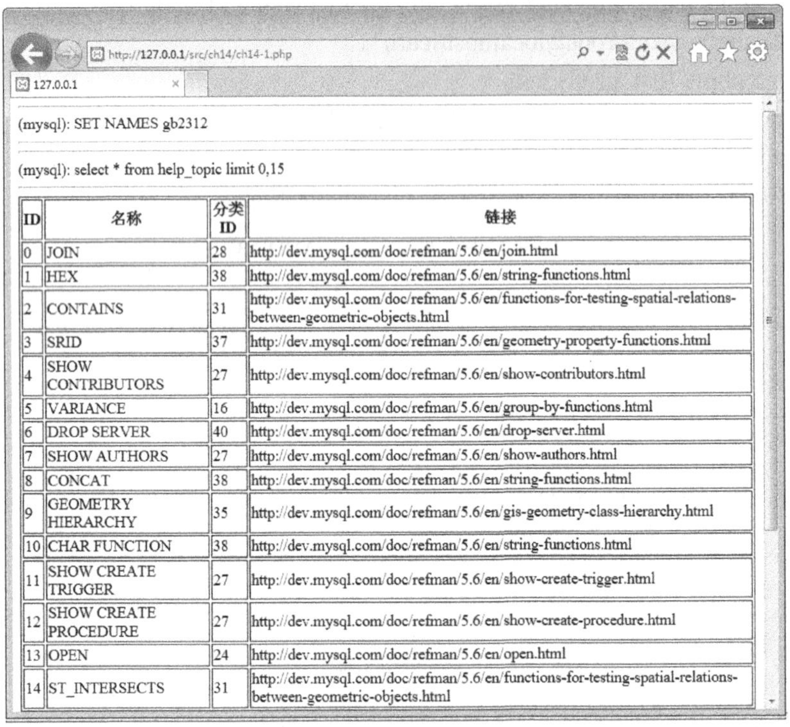

图 14.11　程序运行结果

**【实例 14-2】**ADODB 有很多特性，不仅可以使用同一接口访问不同数据库，而且也提供了很多有用的函数，供开发人员使用。本实例将演示使用 ADODB 实现数据分页的相关操作。

要使用 ADODB 的分页功能，需要在引用“adodb.in.php”文件的同时，也需要引用“adodb-pager.inc.php”文件。

用于处理数据分页的类是 ADODB_Pager，其函数 Render()用于显示分页信息。具体使用方法如下代码所示。

代码 14-10　处理数据分页

```
<?php
include_once('adodb5/adodb.inc.php');                  //包含 ADODB 文件
include_once('adodb5/adodb-pager.inc.php');              //包含分页功能文件
session_start();                                         //启动 Session，传递数据
//设置链接 MySQL 数据的变量
$host = "localhost";                                     //数据库服务器地址
$user = "root";                                          //用户名
$pass = "password";                                      //密码
$db   = "mysql";//要操作的数据库
$conn = &ADONewConnection('mysql');                    //建立链接对象
```

```
$conn->Connect($host,$user,$pass,$db);              //连接数据库
$conn->Execute("SET NAMES gb2312");                 //设置字符集

//选择要分页的表
$sql = "select help_topic_id,name,help_category_id,url from help_topic";
$pager = new ADODB_Pager($conn,$sql);               //创建$pager对象

//初始化分页设置
$pager->first = "第一页";
$pager->prev  = "上一页";
$pager->next  = "下一页";
$pager->last  = "最后一页";
$pager->gridAttributes='border="1" cellpadding="3" cellspacing="0"';

$pager->Render($rows_per_page=10);                  //设置每页显示3条记录
?>
```

运行该程序后，运行结果如图 14.12 所示。

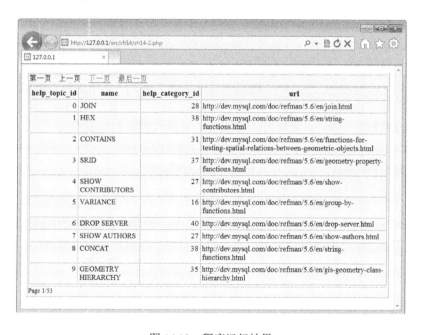

图 14.12　程序运行结果

## 14.4　小结

本章主要介绍如何使用 PHP 来操作 MySQL 数据库。主要有连接数据库、创建数据库、创建数据表、查询数据表、插入数据及删除数据等。此后还介绍了如果使用 PHP 来建立与 MSSQL 数据的连接，以及如何对其进行相关的操作。

通过本章的学习，读者对基本数据库的应用会有更深一步的了解。

## 14.5 习题

**一、填空题**

1. PHP 连接一个 MySQL 服务器，可以调用函数_____，还可以调用函数_____，实现永久连接。
2. 程序获得一个服务器的连接后，调用_____函数选择要访问的数据库。
3. 创建一个名为数据库 student，并将结果赋予变量$resul,_____。
4. MySQL 库提供的两个错误检查函数是_____和_____，每个函数都返回一个与 MySQL 操作相关联的错误信息。
5. 查询数据库个数的函数是_____，能用来查询数据库表个数的函数是_____。
6. $dbase_name = mysql_tablename($database,$i)，变量$dbase_name 存储的是_____。
7. _____语句是用新值更新现存表中的行和列。
8. _____语句可以从数据表提取的结果数据集合中得到指定记录号的记录。

**二、选择题**

1、在 PHP 中创建 MySQL 连接时一般要测试连接是否成功，常用的错误处理指令是（　　）。
　A．dead　　　　B．die　　　　C．exception　　　　D．process
2．分析表头时使用（　　）函数时，必须将结果传入到其他变量中。
　A．mysql_fetch_field()　　　　B．mysql_fetch_row()
　C．mysql_fetch_column()　　　D．mysql_fetch_row()
3．增加记录可以使用（　　）语句。
　A．delete　　　B．create　　　C．select　　　　D．insert into
4．每个 mysql_fetch_array()或 mysql_fetch_row()语句，得到一条数据表记录的第一个字段的值放入到指定数组第（　　）单元中。
　A．0　　　　　B．1　　　　　C．2　　　　　　D．3

**三、简答题**

1．试说出查看数据库和数据表名的方法。
2．简述数据查询的方法。

**四、编程题**

1．通过 PHP 脚本连接到自己的 MySQL 数据库，建立一个 address 数据库。将公司的员工姓名、性别、电话、E-mail、家庭住址等信息存入数据库中。
2．制作一个具有搜索功能的页面，查询 address 数据库里的信息。

# 第三篇　PHP 高级开发

# 第 15 章　PHP 与 XML

XML（eXtensible Markup Language，可扩展标记语言）技术作为一种工具正广泛应用于程序与程序之间的数据传递，因为不同种类的数据都能使用 XML 作为中间数据，实现数据的无缝兼容。当然 PHP 也支持 XML 的操作，本章就向读者介绍如何使用 PHP 对 XML 文件进行各种操作。

## 15.1　XML 快速入门

在深入学习 XML 以前，先来了解一下什么是 XML。然后再通过建立一个简单的 XML，开始循序渐进的学习。

### 15.1.1　什么是 XML

XML 即可扩展标记语言（Extensible Markup Language），是一种与平台无关的表示数据的方法。简单地说，使用 XML 创建的数据可以被任何应用程序在任何平台上读取。甚至可以通过手动编码来编辑和创建 XML 文档。其原因是，XML 与 HTML 一样，都是建立在相同的基于标记技术基础之上。

### 15.1.2　XML、HTML 和 SGML 之间的关系和区别

XML 和 HTML 都来自于 SGML，它们都含有标记，有着相似的语法；HTML 和 XML 的最大区别在于：HTML 是一个定型的标记语言，它用固有的标记来描述，显示网页内容。比如&lt;H1&gt;表示首行标题，有固定的尺寸。相对的，XML 则没有固定的标记，XML 不能描述网页具体的外观、内容，它只是描述内容的数据形式和结构。

这是一个质的区别：网页将数据和显示混在一起，而 XML 则将数据和显示分开来。

正是这种区别使得 XML 在网络应用和信息共享上更方便、高效、可扩展。所以我们相信，XML 作为一种先进的数据处理方法，将使网络进入到一个新的境界。

### 15.1.3　建立一个简单的 XML 文件

接下来就来建立一个简单的 XML 文件，这个文件包含了一条小奕发给小林的一条信息，如代码 15-1 所示。

代码 15-1　一个简单的 XML 文件

```
<?xml version="1.0" encoding="gb2312" ?>
<note>
    <from>小奕</from>
    <to>小林</to>
```

```
    <message>周末一起去吃火锅呀</message>
</note>
```

文档的第 1 行是 XML 声明,定义此文档所遵循的 XML 标准的版本,在这个例子里是 1.0 版本的标准,使用的是"GB2312"字符集。

文档的第 2 行是根元素(就像是说"这篇文档是一个便条"):

```
<note>
```

文档的第 3~6 行描述了根元素的 3 个子节点(from,to 和 message):

```
<from>小奕</from>
<to>小林</to>
<message>周末一起去吃火锅呀</message>
```

文档的最后一行是根元素的结束:

```
</note>
```

使用浏览器浏览这个文档看到的效果如图 15.1 所示。

图 15.1 一个简单的 XML 文件

## 15.2 深入 XML 文档

15.1 节介绍了什么是 XML,以及相关的信息,并建立一个简单的 XML 文档,本节就在这一基础上深入地讨论 XML 文档的规定。

### 15.2.1 XML 声明

如果可以知道某个 XML 文档属于哪个类型,这对于我们非常有用。在 Windows 平台上,文件扩展名.xml 表示它是一个 XML 文档,但是对于其他操作系统平台,这种方法不起作用。此外,用户也可能希望用其他扩展名创建 XML 文件。

XML 提供了 XML 声明语句,说明文档是属于 XML 类型。此外这个声明语句还给解析器提供其他信息。也可以不使用 XML 声明,因为没有这个声明语句,解析器通常也能够判断一个文档是否是 XML 文档,但是加上 XML 声明语句被认为是一个很好的习惯。下面是几点有关 XML 声明语句的说明。

- XML 声明语句从<?xml 开始,到?>结束。
- 声明语句里必须有 version(版本)属性,但是 encoding(编码)和 standalone(独立)属性是可选的。

- version、encoding 和 standalone 3 个属性必须按上述（第二点）顺序排列。
- version 属性值必须是 1.0 或 1.1，表示版本信息。
- XML 声明必须放在文件的开头，即文件的第一个字符必须是<，前面不能有空行或空格，关于这一点，有些解析器不那么严格。

例如，XML 声明语句可以像前面那样复杂，也可以像下面这样简单：

```
<?xml version="1.0"?>
```

## 15.2.2 元素的概念

XML 元素是指从该元素的开始标记到结束标记之间的这部分内容。XML 元素有元素内容、混合内容、简单内容或者空内容，且每个元素都可以拥有自己的属性。看如下的一段 XML 代码：

```
<book>
<title>XML 指南</title>
<prod id="33-657" media="paper"></prod><chapter>XML 入门简介
<para>什么是 HTML</para>
<para>什么是 XML</para>
</chapter>
<chapter>XML 语法
<para>XML 元素必须有结束标记</para>
<para>XML 元素必须正确的嵌套</para>
</chapter>
</book>
```

在上面的例子中，book 元素有元素内容，因为 book 元素包含了其他的元素。Chapter 元素有混合内容，因为它里面包含了文本和其他元素。para 元素有简单的内容，因为它里面仅有简单的文本。prod 元素有空内容，因为它不携带任何信息。

在上面的例子中，只有 prod 元素有属性，id 属性值是 33-657，media 属性值是 paper。

其中 XML 元素命名必须遵守下面的规则。

- 元素的名字可以包含字母、数字和其他字符。
- 元素的名字不能以数字或者标点符号开头。
- 元素的名字不能以 XML（或者 xml，Xml，xMl...）开头。
- 元素的名字不能包含空格。

自己"发明"的 XML 元素还必须注意下面一些简单的规则。

任何的名字都可以使用，没有保留字（除了 XML），但是应该使元素的名字具有可读性；名字使用下画线是一个不错的选择。尽量避免使用"-"、"."，因为有可能引起混乱。

XML 文档往往都对应着数据表，应该尽量让数据库中的字段的命名和相应的 XML 文档中的命名保持一致，这样可以方便数据变换。

非英文的字符和字符串也可以作为 XML 元素的名字，例如<我爱中国><诸子百家>这都是完全合法的名字；但是有一些软件不能很好地支持这种命名，所以尽量使用英文字母来命名。

在 XML 元素命名中不要使用"："，因为 XML 命名空间需要用到这个十分特殊的字符。

## 15.2.3 标记和属性

置标能够区分 XML 文件与无格式文本文件。置标的最大部分是标记。简而言之，标记在 XML 文档中以<开始，以>结束，而且不包含在注释或者 CDATA 段中。因此，XML 标记有与 HTML 标记相同的形式。开始或打开标记以<开始，后面跟有标记名；终止或结束标记以</开始，后面也

跟标记名。遇到的第一个>该标记结束。

属性是不能包含其他元素的命名的简单类型定义。属性也可以被分配一个可选默认值，且必须出现在复杂类型定义的底部。此外，如果声明了多个属性，它们可以以任意顺序出现。

### 15.2.4 Well-formed XML（结构良好的XML）

符合全部 XML 语法规则的 XML 文档是结构良好的。结构不良好的文档从技术上讲就不是 XML。<br> 之类的 HTML 标记在 XML 中是不允许的，要想成为结构良好的 XML，必须写成 <br />。解析器不能正确解析结构不良好的 XML。此外，XML 文档有且只能有一个根元素。可以将根元素看成是有无穷层的文件柜。虽然只有一个文件柜，但是在其中放什么和放多少没有什么限制。有数不清的抽屉和夹子可以存放信息。

> **注意** 使用一些工具，比如"XMLSpy 2006"就可以测试某文档是否为结构良好的 XML 文档。

### 15.2.5 Valid XML（有效的XML）

有效的 XML 文档是指通过了 DTD 验证的 XML 文档。在此大家要明白 XML 文档可分为结构良好的 XML 文档和有效的 XML 文档，以及它们之间的关系；即具有良好结构的 XML 文档并不一定就是有效的 XML 文档，反之一个有效的 XML 文档必定是一个结构良好的 XML 文档。

### 15.2.6 DTD（文件类型定义）

DTD 是一种保证 XML 文档格式正确的有效方法，可以通过比较 XML 文档和 DTD 文件来查看文档是否符合规范，元素和标签使用是否正确。一个 DTD 文档包含：元素的定义规则，元素间关系的定义规则，元素可使用的属性，可使用的实体或符号规则。

每一个 XML 文档都可携带一个 DTD，用来对该文档格式进行描述，测试该文档是否为有效的 XML 文档。既然 DTD 有外部和内部之分，当然就可以为某个独立的团体定义一个公用的外部 DTD；那么多个 XML 文档就都可以共享使用该 DTD，使得数据交换更为有效。甚至在某些文档中还可以使内部 DTD 和外部 DTD 相结合。在应用程序中也可以用某个 DTD 来检测接收到的数据是否符合某个标准。

对于 XML 文档而言，虽然 DTD 不是必需的，但它为文档的编制带来了方便；加强了文档标记内参数的一致性，使 XML 语法分析器能够确认文档。如果不使用 DTD 对 XML 文档进行定义，那么 XML 语法分析器将无法对该文档进行确认。

## 15.3 用 SimpleXML 处理 XML 文档

讲了那么多 XML 的知识，想必大家最关心的还是如何使用 PHP 来处理它，本节就来讲解如何使用 PHP 的 SimpleXML 来处理 XML 文档。SimpleXML 提供了一种简单直观的方法来处理 XML。它只有一个单一类型的类、3 个函数和 6 个方法。

### 15.3.1 建立一个 SimpleXML 对象

使用 SimpleXML 处理 XML 文档，首先要做的就是建立 SimpleXML 对象。SimpleXMLElement

类是这个扩展中所有操作的核心类。可以用 new 关键字直接创建这种类，或者使用 simplexml_load_file()或 simplexml_load_string()函数返回这种类。

使用 new 方式创建 SimpleXML 对象的方法如下：

```
$xml = "<root><node1>Content</node1></root>";   //一个字符形式的 XML 文档
$sxe = new SimpleXMLElement($xml);              //使用 new 方法创建 SimpleXML 对象
```

使用 simplexml_load_string()创建：

```
$xml = "<root><node1>Content</node1></root>";   //一个字符形式的 XML 文档
$sxe = simplexml_load_string($xml);             //使用 simplexml_load_string 方法创建 SimpleXML 对象
```

如何选择这两种创建 SimpleXMLElement 的方法呢？simplexml_load_string()提供了更多的参数选择，比如控制解析选项的能力。如果不需要这些额外的函数，那么就可以凭个人爱好任意选择一种方法。

使用 simplexml_load_file()从一个 URI 创建：

```
$sxe = simplexml_load_file("filename.xml");
```

使用该方法能在已有的文件上直接创建 SimpleXML 对象。

## 15.3.2　XML 数据的读取

与操作数组类型的变量类似，读取 XML 也可以通过类似的方法来完成。首先需要一个 XML 数据源，如代码 15-2 所示。

代码 15-2　一个 XML 文档

```
<?xml version="1.0" encoding="gb2312" ?>
<book>
    <title>XML 指南</title>
    <prod id="33-657" media="paper"></prod>
    <chapter>XML 入门简介
        <para>什么是 HTML</para>
        <para>什么是 XML</para>
    </chapter>
    <chapter>XML 语法
        <para>XML 元素必须有结束标记</para>
        <para>XML 元素必须正确地嵌套</para>
    </chapter>
</book>
```

如果需要读取上面 XML 数据中每一个 "chapter" 标签下的 "para" 属性，可以通过使用 foreach 函数来完成，如以下代码所示。

```
<?php
$xml = simplexml_load_file('15-2.xml');     //载入 XML 文档
foreach($xml->chapter as $a) {              //循环读取
    echo $a->para . '<br />';               //输出 para 元素的内容
}
?>
```

运行后得到的结果如下：

```
什么是 HTML
XML 元素必须有结束标记
```

也可以使用方括号"[]"来直接读取 XML 数据中指定的标签。以下的代码输出了上面 XML 数据中的第一个"chapter"标签下的"para"属性。

```
<?php
$xml = simplexml_load_file('15-2.xml');      //载入 XML 文档
echo $xml->chapter->para[0] . '<br />';      //读取根节点下的 chapter 节点下的第一个 para
echo $xml->chapter->para[1] . '<br />';      //读取根节点下的 chapter 节点下的第二个 para
?>
```

运行后得到的结果如下：

```
什么是 HTML
什么是 XML
```

对于一个标签下的所有子标签，SimpleXML 组件提供了 children 方法进行读取。例如，对于上面的 XML 数据中的"chapter"标签下的子标签的读取。

```
<pre>
<?php
$xml = simplexml_load_file('15-2.xml');      //载入 XML 文档
foreach($xml->chapter->children() as $a) {   //循环子节点
    var_dump($a);                            //输出源结构
}
?>
</pre>
```

运行得到的结果如下：

```
object(SimpleXMLElement)#3 (1) {
  [0]=>
  string(13) "什么是 HTML"
}
object(SimpleXMLElement)#5 (1) {
  [0]=>
  string(12) "什么是 XML"
}
```

可以看出，使用 children 方法后，所有的子标签均被当作一个新的 XML 文件进行处理。

以上方法是读取 XML 标签元素的内容，下面介绍如何读取元素中的属性。此时需要用到 attributes 方法。例如，以下代码完成了对于上面的 XML 数据中的"prod"标签下的"media"属性的读取。

```
<?php
$xml = simplexml_load_file('15-2.xml');      //载入 XML 文档
echo $xml->prod->attributes()->media;        //使用 attributes 方式读取属性
echo '<br />';
echo $xml->prod['media'];                    //另外一种读取属性的方式
?>
```

运行后得到的结果如下：

```
paper
paper
```

SimpleXML 组件提供了一种基于 XML 数据路径的查询方法。XML 数据路径即从 XML 的根到某一个标签所经过的全部标签。这种路径使用斜线"/"隔开标签名。例如，对于上面的 XML 数据，要查询所有的标签"para"中的值，从根开始要经过 book、chapter 和 para 标签，则其路径为"/book/chapter/para"。

SimpleXML 组件使用 xpath 方法来解析路径，该方法接受一个 XPath 路径返回的包含有所有查询标签值的数组。以下代码查询了上面 XML 数据中的所有 para 标签。

```
<pre>
<?php
$xml = simplexml_load_file('15-2.xml');      //载入 XML 文档
$result = $xml->xpath('/book/chapter/para'); //使用 XPath 查询
var_dump($result);                           //输出结果
?>
</pre>
```

运行后得到的结果如下所示。

```
array(4) {
  [0]=>
  object(SimpleXMLElement)#2 (1) {
    [0]=>
    string(13) "什么是 HTML"
  }
  [1]=>
  object(SimpleXMLElement)#3 (1) {
    [0]=>
    string(12) "什么是 XML"
  }
  [2]=>
  object(SimpleXMLElement)#4 (1) {
    [0]=>
    string(30) "XML 元素必须有结束标记"
  }
  [3]=>
  object(SimpleXMLElement)#5 (1) {
    [0]=>
    string(30) "XML 元素必须正确地嵌套"
  }
}
```

## 15.3.3 XML 数据的修改

对于 XML 数据的修改与读取 XML 数据中的标签方法类似，即通过直接修改 SimpleXML 对象中的标签的值来实现。以下代码实现了对上面 XML 数据中第一个"chapter"标签的"para"标签的修改。

```
<?php
$xml = simplexml_load_file('15-2.xml');   //载入 XML 文档
$xml->chapter->para[0] = "实事求是";      //修改内容
?>
```

经历这个过程后，并不会对原有的 XML 文件有任何影响。但是，在程序中，对于 SimpleXML 对象的读取将使用修改过的值。

## 15.3.4 XML 数据的保存

将 SimpleXML 对象中的 XML 数据存储到一个 XML 文件中的方法非常简单，即将 asXML

方法的返回结果输出到一个文件中即可。以下代码首先将 XML 文件中的 chapter 节点下的 para 进行了修改，然后将修改过的 XML 数据输出到另一个 XML 文件中。

```php
<?php
$xml = simplexml_load_file('15-2.xml');                          //载入 XML 文档
$ch_str = mb_convert_encoding("实事求是", "UTF-8", "GBK");        //将要修改成的中文转成 UTF-8 编码格式
$xml->chapter->para[0] = $ch_str;                                //修改内容
$new_xml = $xml->asXML();                                        //得到 xml 文档
file_put_contents("new.xml", $new_xml);                          //保存成文件
?>
```

对于以上代码需要注意的是，SimpleXML 对象对中文等语言的修改操作都是基于"UTF-8"格式的，所以在本例中首先是将要修改的中文语言转成"UTF-8"格式，否则运行的时候会报错。

运行此代码前的 XML 文档如图 15.2 所示，运行后得到的新的 XML 文档如图 15.3 所示。

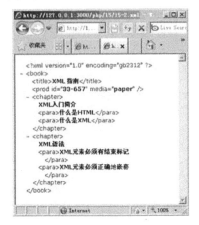

图 15.2　修改前的原 XML 文档

图 15.3　被修改后的 XML 文档

## 15.3.5　实例：从 XML 文件中读取新闻列表

在本节的最后，一起来实现一个读取新闻列表的例子。这里以百度的新闻 RSS 列表（http://news.baidu.com/n?cmd=1&class=civilnews&tn=rss）为范例，在浏览器中打开网页，如图 15.4 所示。

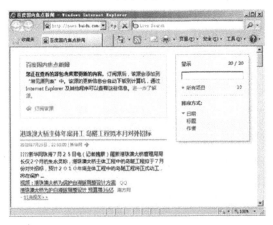

图 15.4　百度新闻 RSS

首先将这个 RSS 下载下来（便于查看原格式），保存成 XML 文件；使用文本编辑器查看结构，大概会是如图 15.5 所示的结构。

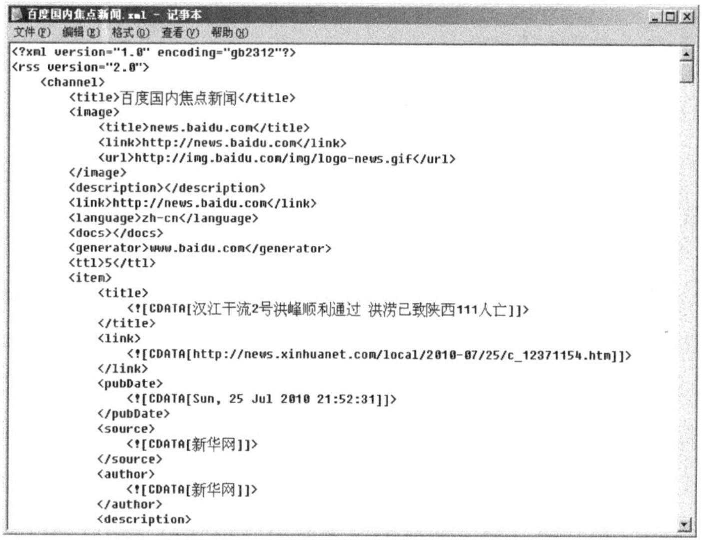

```
<?xml version="1.0" encoding="gb2312"?>
<rss version="2.0">
    <channel>
        <title>百度国内焦点新闻</title>
        <image>
            <title>news.baidu.com</title>
            <link>http://news.baidu.com</link>
            <url>http://img.baidu.com/img/logo-news.gif</url>
        </image>
        <description></description>
        <link>http://news.baidu.com</link>
        <language>zh-cn</language>
        <docs></docs>
        <generator>www.baidu.com</generator>
        <ttl>5</ttl>
        <item>
            <title>
                <![CDATA[汉江干流2号洪峰顺利通过 洪涝已致陕西111人亡]]>
            </title>
            <link>
                <![CDATA[http://news.xinhuanet.com/local/2010-07/25/c_12371154.htm]]>
            </link>
            <pubDate>
                <![CDATA[Sun, 25 Jul 2010 21:52:31]]>
            </pubDate>
            <source>
                <![CDATA[新华网]]>
            </source>
            <author>
                <![CDATA[新华网]]>
            </author>
            <description>
```

图 15.5　RSS 结构

有了 RSS 地址和结构以后就可以对其中的数据进行读取，下面的例子是对这个 RSS 的数据进行读取并显示，如代码 15-3 所示。

代码 15-3　读取百度新闻 RSS

```
<b>读取百度新闻 RSS</b><hr />
<?php
/*载入 RSS 地址，因为其中包含 CDATA 数据，所以将第三个参数设置为 LIBXML_NOCDATA，可保证数据读取的正确性*/
$xml = simplexml_load_file('http://news.baidu.com/n?cmd=1&class=civilnews&tn=rss', 'SimpleXML
图Element', LIBXML_NOCDATA);
foreach($xml->channel->item as $item) {                              //循环读取 RSS 的内容
    echo "标题：" . $item->title . "<br />";                        //读取标题
    echo "地址：" . $item->link . "<br />";                         //读取链接
    //读取时间并格式化
    echo "时间：" . date('Y-m-d H:m:s', strtotime($item->pubDate)) . "<br />";
    echo "出处：" . $item->author . "<br />";                       //读取出处
    //echo "摘要：" . $item->description . "<br />";                //读取描述
    echo "<hr />";
}
?>
```

使用 SimpleXML 处理 RSS 新闻是非常方便的，首先通过 simplexml_load_file 载入 RSS 新闻列表，从代码中可以看到这里设置第三个参数为“LIBXML_NOCDATA”，是因为这个 RSS 中的内容是包含在 CDATA 标记中的，加上这个参数才能正确读取。此后就可以使用循环函数将需要读取的节点读出，图 15.6 就是运行以上代码后得到的结果。

图 15.6 读取 RSS 后的结果

## 15.4 使用 DOM 库处理 XML 文档

当然，PHP 除了使用 SimpleXML 处理 XML 文档，还提供 DOM 库来实现同样的处理。与 SimpleXML 相比，它提供的功能要强大许多。

### 15.4.1 创建一个 DOM 对象并装载 XML 文档

要使用 DOM 库处理 XML 文档，首先要做的就是创建一个 DOM 对象，然后载入相应的 XML 文档。这两个步骤都是非常简单的。

创建 DOM 对象的语句如下所示：

```
$dom = new DOMDocument();
```

这样就创建了一个 DOM 对象。如果需要定义它的版本信息和编码方式，则语句如下：

```
$dom = new DOMDocument('1.0', 'iso-8859-1');
```

有了 DOM 对象之后就可以使用它的 load() 方法来载入一个已经存在的 XML 文档，示例如下：

```
$dom->load(simple.xml);
```

也可以直接载入 XML 片段：

```
$dom->loadXML('<root><node/></root>');
```

以下是载入并显示 XML 文档的一个例子，代码如下：

```
<?php
$doc = new DOMDocument();        //创建 DOMDocument 对象
$doc->load("15-2.xml");          //载入 15-2.xml 文档
echo $doc->saveXML();            //保存成一个字符串
?>
```

以上代码的输出：

```
XML 入门简介 什么是 HTML 什么是 XML  XML 语法  XML 元素必须有结束标记  XML 元素必须正确地嵌套
```

假如在浏览器窗口中查看源代码,会看到下面这些 HTML:

```
<?xml version="1.0" encoding="gb2312"?>
<book>
    <title>XML 指南</title>
    <prod id="33-657" media="paper"/>
    <chapter>XML 入门简介
        <para>什么是 HTML</para>
        <para>什么是 XML</para>
    </chapter>
    <chapter>XML 语法
        <para>XML 元素必须有结束标记</para>
        <para>XML 元素必须正确地嵌套</para>
    </chapter>
</book>
```

上面的例子创建了一个 DOMDocument-Object,并把"15-2.xml"中的 XML 载入到这个文档对象中。saveXML()函数把内部 XML 文档放入一个字符串,这样就可以输出它。

## 15.4.2 获得特定元素的数组

如果读者了解 JavaScript 读取 HTML 某个指定标签的功能,肯定会联想到 getElementsByTagName()函数。PHP 的 DOM 库同样提供了这个函数来获得特定元素并把它们保存到一个数组中。下面的例子演示了如何从 15.4.1 节使用的 XML 中提取"para"元素,代码如下:

```
<pre>
<?php
$doc = new DOMDocument();                              //创建 DOMDocument 对象
$doc->load("15-2.xml");                                //载入 15-2.xml 文档
$nodes = $doc->getElementsByTagName('para');           //获得特定元素的数组
foreach($nodes as $node) {                             //循环显示
    echo $node->tagName;                               //打印节点名称
    echo "<br>";
}
?>
</pre>
```

运行后得到的结果如下:

```
para
para
para
para
```

从结果中可以知道,这段代码将示例文档中的所有"para"节点都读取出来了。

## 15.4.3 取得节点内容

在得到需要的节点以后,可以使用 DOM 节点的"nodeValue"属性来取得节点内容,这时只需要在上一个例子中稍作修改就可以,代码如下:

```
<pre>
<?php
$doc = new DOMDocument();                              //创建 DOMDocument 对象
$doc->load("15-2.xml");                                //载入 15-2.xml 文档
$nodes = $doc->getElementsByTagName('para');           //获得特定元素的数组
foreach($nodes as $node) {                             //循环显示
```

```
            echo $node->nodeValue;                    //打印节点内容
            echo "<br>";
    }
?>
</pre>
```

运行后得到的结果如下：

```
什么是 HTML
什么是 XML
XML 元素必须有结束标记
XML 元素必须正确地嵌套
```

从结果中可以知道，这段代码将示例文档中的所有"para"节点的内容都读取出来了。

> **注意** 使用 DOM 库读取 XML 文档后，得到的内容都会被转成 UTF-8 格式的编码，所以在显示的时候需要选择相应的格式。

### 15.4.4 取得节点属性

如果要取得节点属性，需要用到 DOM 元素的 getAttribute()方法。对该方法传入节点属性的名称，就可以返回其属性值。还是以"15-2.xml"文档为例子，提取"prod"节点的"media"属性，代码如下：

```
<pre>
<?php
$doc = new DOMDocument();                             //创建 DOMDocument 对象
$doc->load("15-2.xml");                               //载入 15-2.xml 文档
$nodes = $doc->getElementsByTagName('prod');          //获得特定元素的数组
echo $nodes->item(0)->getAttribute('media');          //取第一个元素的 media 属性
?>
</pre>
```

运行后得到的结果如下：

```
paper
```

从以上代码可以看到使用 getElementsByTagName()方法来得到节点列表，然后调用 item(0)这个方法得到第一个节点，最后再调用 getAttribute()方法得到相应的属性值。

> **注意** PHP 的 DOM 库同样提供 getElementById()方法来取得某个含有 id 属性的元素，但是这时需要 DTD 文件的配合。

## 15.5 典型实例

【实例 15-1】使用 DOM 库读取新闻列表。

本实例提供一个使用 DOM 库读取新闻列表的例子。这里以新华网的新闻 RSS 列表（http://www.xinhuanet.com/world/news_world.xml）为范例，在浏览器中打开网页，如图 15.7 所示。

首先将这个 RSS 下载下来（便于查看原格式），保存成 XML 文件；使用文本编辑器查看结构，大概会是如图 15.8 所示的结构。

图 15.7　新华网 RSS

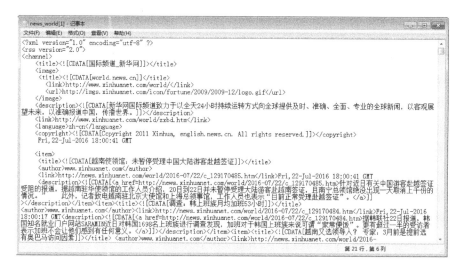

图 15.8　新华网 RSS 结构

有了 RSS 地址和结构以后就可以对其中的数据进行读取，下面的例子是对这个 RSS 的数据进行读取并显示，如代码 15-4 所示。

代码 15-4　对 RSS 的数据进行读取并显示

```
<b>读取新浪新闻 RSS</b><hr />
<pre>
<?php
$doc = new DOMDocument();                              //创建 DOMDocument 对象
```

```
$doc->load("http://www.xinhuanet.com/world/news_world.xml");   //载入 RSS 文档
$nodes = $doc->getElementsByTagName('item');                    //获得特定元素的数组
foreach($nodes as $node) {
    //读取标题
    echo "标题:" . trim($node->getElementsByTagName('title')->item(0)->nodeValue) . "<br />";
    //读取链接
    echo "地址:" . $node->getElementsByTagName('link')->item(0)->nodeValue . "<br />";
    //读取出处
    echo "出处:" . $node->getElementsByTagName('author')->item(0)->nodeValue . "<br />";
    echo "<hr />";
}
?>
</pre>
```

此处代码与使用 SimpleXML 处理 RSS 新闻的步骤是类似的。首先创建 DOM 对象，然后使用 load()方法载入 RSS 新闻列表。与上个例子不同的是，在读取数据时的操作会比较多。此后就可以使用循环函数将需要读取的节点读出，图 15.9 所示就是运行以上代码后得到的结果。

图 15.9  读取 RSS 后的结果

【实例 15-2】本实例演示如何创建 XML 文件。

为了方便使用，首先创建 XML 的代码组织成类，保存到 xml.php 文件中，xml.php 文件中的代码如下所示。

代码 15-5  创建 XML 文件

```
<?php
class xml{
    var $_char    = "utf-8";                    //设置默认字符集
    var $_charset = "<?xml version=\"1.0\" encoding=\"{char}\" ?>";
    var $_root    = "root";                     //设置根结点名称
    var $_xml     = "";                         //用于存储 XML 内容的变量
```

```php
    //初始化字符集变量
    function xml($char="utf-8"){
        $this->_char = $char;
    }
    //插入一条记录
    function insert($line){
        if(is_array($line)){            //检查插入的记录是否是数组
            $xml = "<items>";
            foreach($line as $k=>$v){   //遍历 XML 内容
                $xml .= "<".$k.">".$v."</".$k.">";  //为 XML 文件添加新内容
            }
            $xml .= "</items>";
            $this->_xml .= $xml;
        }
    }
    //设置要标签
    function setRoot($root){
        $this->_root = $root;           //返回 XML 文件的根结点名称
    }
    //取得 XML 内容
    function getContents(){
        //取得字符集设置字符
        $charset = str_replace("{char}",$this->_char,$this->_charset);
        //使用字符集、根结点、XML 数据组成完整的 XML 内容
        $this->_xml = $charset."<".$this->_root.">".$this->_xml."</".$this->_root.">";
        return $this->_xml;
    }
}
?>
```

在编写完 xml 类后，就可以在程序中使用了。本实例的代码演示 xml 类创建 XML 文件的方法。

代码 15-6　xml 类创建 XML 文件的方法

```php
<?php
include("xml.php");              //引用 XML 类
//定义两个数组
$student1 = array("name"=>"小郑","age"=>22,"job"=>"计算机");
$student2 = array("name"=>"小林","age"=>23,"job"=>"计算机");
//初始化 xml 类，并设置字符集为 gb2312
$xml = new xml("gb2312");        //初始化 XML 类
$xml->insert($student1);         //向 XML 文件中插入记录
$xml->insert($student2);         //向 XML 文件中插入记录
$x = $xml->getContents();        //返回 XML 内容并显示
echo $x;
?>
```

运行该程序后，运行结果如图 15.10 所示。

图 15.10　程序运行结果

【实例 15-3】读取 XML。XML 文件的最基本功能是用于数据交换，本实例将在上一实例的基础上，完善 xml 类的功能，扩展 xml 类实现读取 XML 文件的功能。

PHP 提供了专门的 XML 解析函数，使用这些专门的 XML 解析函数，可以将 XML 映射成 HTML，或解析为数组，供其他程序使用。

PHP 中可以解析的 XML 函数有很多种，Pear 扩展库中也提供了解析 XML 的函数。这些 XML 解析函数，基本上都以 SAX 和 DOM 为基础。使用 SAX 方法的函数解析 XML 速度快，但是要对不同结构的 XML 文件，需要创建不同的解析函数；而 DOM 是通过底层的操作来解析 XML，这种情况下就需要编写更多的代码，来实现 XML 文件的解析。

本实例将使用 SimpleXML 相关函数，解析 XML 文件。有兴趣的读者，可以参考相关资料，使用 PHP 相关函数，创建自定义的 XML 解析类。

为了方便使用，本实例将读取的 XML 代码放在 xml 类中，修改上例的 xml.php 文件，添加如下所示代码。

代码 15-7　修改 xml.php 文件

```php
<?php
class xml{
......
    //解析 XML 内容
    function parse($xmlFile){
        if(function_exists("simplexml_load_file")){     //检查 simplexml_load_file()函数是否存在
            $xml = simplexml_load_file($xmlFile);   //使用 simplexml_load_flie()函数读取 XML
        }elseif(function_exists("file_get_contents")){  //检查 file_get_contents()函数是否存在
            $xml = file_get_contents($xmlFile);     //使用 file_get_contents()函数读取 XML
            $xml = new SimpleXMLElement($xml);  //使用 SimpleXMLElement()类解析 XML
        }elseif(function_exists("fopen")){              //检查 fopen()函数是否存在
            $handle = fopen($xmlFile,"r");          //使用 fopen()获取 XML 文件内容
            $xml = "";
            while(!feof($handle)) {                 //使用 while 循环读取 XML 文件
                $xml .= fread($handle, 8192);
            }
            fclose($handle);
            $xml = new SimpleXMLElement($xml);  //使用 SimpleXMLElement()类解析读取的 XML 内容
        }else{
            $xml = false;
```

```php
            }
            return $xml;
        }
......
    }
?>
```

在修改完 xml 类后就可以在程序中使用了，下面的代码演示了 xml 类读取 XML 文件的方法。

代码 15-8　读取 XML 文件

```php
<?php
include("xml.php");                  //引用 XML 类
$xmlFile = "test.xml";               //设置要解决析 XML 文件
$xml = new xml("gb2312");            //实例化 XML 类
$xml_content = $xml->parse($xmlFile);//使用 parse()方法，解析 XML 文件
xmlTable($xml_content);              //使用 xmlTable()显示 XML 内容
nodecodeTable($xml_content);         //使用 nodecodeTable()函数，显示 XML 内容
function xmlTable($content){
    include("charset.php");          //引用字符编码处理类
    $char = new Charset();           //实例化字符处理类
    $header = "<tr><th>姓名</th><th>年龄</th><th>工作</th></tr>";
    $body = "";
    foreach($content as $k=>$v){     //遍历数组
        $body .= "<tr><td>".$char->utf82gb($v->name)."</td><td>".$char->utf82gb($v->age)."</td><td>".$char->utf82gb($v->job)."</td></tr>";
    }
    echo "<table border=1>".$header.$body."</table>"; //显示表格内容
}
function nodecodeTable($content){
    $header = "<tr><th>姓名</th><th>年龄</th><th>工作</th></tr>";  //设置表格显示头部内容
    $body = "";
    foreach($content as $k=>$v){                                //遍历数组
        $body .= "<tr><td>".$v->name."</td><td>".$v->age."</td><td>".$v->job."</td></tr>";
    }
    echo "<table border=1>".$header.$body."</table>";           //显示数组
}
?>
```

运行该程序后，运行结果如图 15.11 所示。

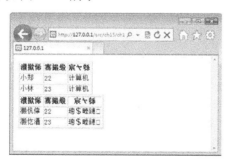

图 15.11　程序运行结果

## 15.6 小结

对于 XML 的应用总有许多夸大之处和混淆之处。但是，XML 并不像想象的那么难，特别是在 PHP 这样优秀的语言中。在理解并正确地实现了 XML 之后，就会发现有许多强大的工具可以使用。XPath 和 XSLT 就是这样两个值得研究的工具。

## 15.7 习题

一、填空题

1. XML 是一种_____语言，以结构化的方式描述各种类型的数据。
2. XML 声明语句从_____开始，到_____结束。
3. DTD 是一种保证 XML 文档格式正确的有效方法，可以通过比较_____文档和_____文件来查看文档是否符合规范，元素和标签使用是否正确。
4. 所谓有效的 XML 文档是指通过了_____的验证的，具有良好结构的 XML 文档。
5. PHP 主要提供两个类用来操作 XML 文件，一个是_____，另一个是_____。

二、选择题

1. 关于 XML 以下叙述中哪个为真？（　　）。
A．XML 是基于文本的标记语言，提供存储数据的预定义标签。
B．XML 是一种平台中性的数据交换格式。
C．XML 的数据交换需要 VAN。
D．XML 允许指出关于数据的格式化指令。
2. 以下代码片段中哪个被认为是结构良好的？（　　）。
A． &lt;EMPLOYEE empid=e001&gt;
　　&lt;EMPNAME&gt;Alice Peterson&lt;/EMPNAME&gt;
　　&lt;BASICPAY&gt;$2000&lt;/BASICPAY&gt;
　　&lt;/EMPLOYEE&gt;
B． &lt;EMPLOYEE empid="e001"&gt;
　　&lt;EMPNAME&gt;Alice Peterson&lt;BASICPAY&gt;$2000&lt;/EMPNAME&gt;
　　&lt;/BASICPAY&gt;
　　&lt;/EMPLOYEE&gt;
C． &lt;EMPLOYEE empid="e001"&gt;
　　&lt;EMPNAME&gt;Alice Peterson&lt;BASICPAY&gt;$2000&lt;/BASICPAY&gt;&lt;/EMPNAME&gt;
　　&lt;/EMPLOYEE&gt;
D． &lt;EMPLOYEE empid="e001"&gt;
　　&lt;EMPNAME&gt;Alice Peterson&lt;BASICPAY&gt;$2000&lt;/BASICPAY&gt;&lt;/EMPNAME&gt;
　　&lt;/employee&gt;
3. 关于属性的以下叙述中哪个为真？（　　）。
A．用属性标记 XML 文档中的数据。
B．属性是用来标识和描述存储在 XML 文档中的数据的基本单位。

C．属性是与数据块关联的名。
D．属性提供了其声明的元素的信息。

### 三、简答题

1. XML 是什么，它与 HTML 有什么区别？
2. XML 文档由哪些部分组成？
3. 什么是 XML 文档中的元素，什么是元素的属性，请举例说明。

# 第 16 章　PHP 与正则表达式

正则表达式其实就是与字符串匹配的一系列字符，或称为一个字符式样。PHP 中支持两种类型的正则表达式：POSIX 和 Perl 样式。每种类型都由一组函数来实现正则表达式。因为 Perl 比较流行也比较适合做匹配，所以本章详细介绍正则表达式的匹配和 Perl 样式的函数；主要包括的知识点有，掌握一般的匹配模式、熟记常用的元字符意义及一些匹配函数。

## 16.1　了解正则表达式

首先要了解什么是正则表达式。本节主要介绍正则表达式的概念，以及使用 PHP 做一个简单的正则验证。

### 16.1.1　什么是正则表达式

正则表达式是一个描述一组字符串的模板。正则表达式是使用多种操作符组合更小的表达式以构建类似算术表达式。

建立块的基本原则是正则表达式匹配一个单字符。多数字符，包括所有的字幕和数字，都是匹配它们自己的正则表达式。任何带有特殊含义的字符可以以反斜杠开头来进行引用。

在典型的搜索和替换操作中，必须提供要查找的确切文字。这种技术对于静态文本中的简单搜索和替换任务可能足够了，但是由于它缺乏灵活性，因此在搜索动态文本时就有困难了，甚至是不可能的。使用正则表达式，就可以：

- 测试字符串的某个模式。例如，可以对一个输入字符串进行测试，查看在该字符串中是否存在一个电话号码模式或一个信用卡号码模式。这称为数据有效性验证。
- 替换文本。可以在文档中使用一个正则表达式来标识特定文字，然后可以全部将其删除，或者替换为别的文字。
- 根据模式匹配从字符串中提取一个子字符串。可以用来在文本或输入字段中查找特定文字。

例如，如果需要搜索整个 Web 站点以删除某些过时的材料并替换某些 HTML 格式化标记，则可以使用正则表达式对每个文件进行测试，查看在该文件中是否存在所要查找的材料或 HTML 格式化标记。用这个方法，就可以将受影响的文件范围缩小到包含要删除或更改的材料的那些文件；然后可以使用正则表达式来删除过时的材料；最后，可以再次使用正则表达式来查找并替换那些需要替换的标记。

### 16.1.2　入门：一个简单的正则表达式

构造正则表达式的方法和创建数学表达式的方法一样，也就是用多种元字符与操作符将小的表达式结合在一起来创建更大的表达式。

可以通过在一对分隔符之间放入表达式模式的各种组件来构造一个正则表达式。对 PHP 而言，分隔符为一对正斜杠（/）字符。例如：

```
/cat/
```

以上就是一个简单的正则表达式。其组成元素可以是单个字符、字符集合、字符范围、字符间的选择或者所有这些组成元素的任意组合。

## 16.2 正则表达式的语法

在了解了正则表达式的基本情况以后，下面讲解正则表达式的语法。一个正则表达式是由普通字符（例如字符 a 到 z）及特殊字符（称为元字符）组成的文字模式。该模式描述在查找文字主体时待匹配的一个或多个字符串。正则表达式作为一个模板，将某个字符模式与所搜索的字符串进行匹配。

### 16.2.1 普通字符

普通字符由所有那些未显式指定为元字符的打印和非打印字符组成。这包括所有的大写和小写字母字符、所有数字、所有标点符号及一些符号。

最简单的正则表达式是一个单独的普通字符，可以匹配所搜索字符串中的该字符本身。例如，单字符模式"A"可以匹配所搜索字符串中任何位置出现的字母"A"。这里有一些单字符正则表达式模式的示例：

```
/O/
/r/
/z/
```

可以将多个单字符组合在一起得到一个较大的表达式。例如，下面的 PHP 就是通过组合单字符表达式"O"、"r"及"z"所创建出来的一个表达式。

```
/Orz/
```

请注意这里没有连接操作符。所需要做的就是将一个字符放在了另一个字符的后面。

### 16.2.2 特殊字符

所谓特殊字符，就是一些有特殊含义的字符，比如说"*.txt"中的*，简单地说就是表示任何字符串的意思。有不少元字符在试图对其进行匹配时需要进行特殊的处理。要匹配这些特殊字符，必须首先将这些字符转义，也就是在前面使用一个反斜杠（\）。正则表达式有以下特殊字符，如表 16.1 所示。

表 16.1 特殊字符表

| 特殊字符 | 说明 |
| --- | --- |
| $ | 匹配输入字符串的结尾位置。如果设置了正则对象的多行匹配属性，则 $ 也匹配 '\n' 或 '\r'。要匹配 $ 字符本身，请使用 \$ |
| ( ) | 标记一个子表达式的开始和结束位置。子表达式可以获取供以后使用。要匹配这些字符，请使用 \( 和 \) |
| * | 匹配前面的子表达式零次或多次。要匹配 * 字符，请使用 \* |
| + | 匹配前面的子表达式一次或多次。要匹配 + 字符，请使用 \+ |
| . | 匹配除换行符 \n 之外的任何单字符。要匹配 .，请使用 \ |

续表

| 特殊字符 | 说明 |
|---|---|
| [ | 标记一个中括号表达式的开始。要匹配 [，请使用 \[ |
| ? | 匹配前面的子表达式零次或一次，或指明一个非贪婪限定符。要匹配 ? 字符，请使用 \? |
| \ | 将下一个字符标记为或特殊字符、或原义字符、或后向引用、或八进制转义符。例如，'n' 匹配字符 'n'，'\n' 匹配换行符，序列 '\\' 匹配 "\"，而 '\(' 则匹配 "(" |
| ^ | 匹配输入字符串的开始位置，除非在方括号表达式中使用，此时它表示不接受该字符集合。要匹配 ^ 字符本身，请使用 \^ |
| { | 标记限定符表达式的开始。要匹配 {，请使用 \{ |
| \| | 指明两项之间的一个选择。要匹配 \|，请使用 \\| |

### 16.2.3 非打印字符

有不少很有用的非打印字符，偶尔必须使用。表 16.2 显示了用来表示这些非打印字符的转义序列。

表 16.2 非打印字符表

| 字符 | 含义 |
|---|---|
| \cx | 匹配由 x 指明的控制字符。例如，\cM 匹配一个 Control-M 或回车符。x 的值必须为 A~Z 或 a~z 之一；否则，将 c 视为一个原义的 'c' 字符 |
| \f | 匹配一个换页符。等价于 \x0c 和 \cL |
| \n | 匹配一个换行符。等价于 \x0a 和 \cJ |
| \r | 匹配一个回车符。等价于 \x0d 和 \cM |
| \s | 匹配任何空白字符，包括空格、制表符、换页符等。等价于 [ \f\n\r\t\v] |
| \S | 匹配任何非空白字符。等价于 [^ \f\n\r\t\v] |
| \t | 匹配一个制表符。等价于 \x09 和 \cI |
| \v | 匹配一个垂直制表符。等价于 \x0b 和 \cK |

### 16.2.4 限定符及贪婪模式和非贪婪模式

有时候不知道要匹配多少字符。为了能适应这种不确定性，正则表达式支持限定符的概念。这些限定符可以指定正则表达式的一个给定组件必须要出现多少次才能满足匹配。表 16.3 给出了各种限定符及其含义的说明。

表 16.3 限定符表

| 字符 | 描述 |
|---|---|
| * | 匹配前面的子表达式零次或多次。例如，zo* 能匹配 "z" 及 "zoo"。* 等价于 {0,} |
| + | 匹配前面的子表达式一次或多次。例如，'zo+' 能匹配 "zo" 及 "zoo"，但不能匹配 "z"。+ 等价于 {1,} |
| ? | 匹配前面的子表达式零次或一次。例如，"do(es)?" 可以匹配 "do" 或 "does" 中的"do"。? 等价于 {0,1} |
| {n} | n 是一个非负整数。匹配确定的 n 次。例如，'o{2}' 不能匹配 "Bob" 中的 'o'，但是能匹配 "food" 中的两个 o。 |
| {n,} | n 是一个非负整数。至少匹配 n 次。例如，'o{2,}' 不能匹配 "Bob" 中的 'o'，但能匹配 "foooood" 中的所有 o。'o{1,}' 等价于 'o+'，'o{0,}' 则等价于 'o*' |
| {n,m} | m 和 n 均为非负整数，其中 n≤m。最少匹配 n 次且最多匹配 m 次。例如，"o{1,3}" 将匹配 "fooooood" 中的前三个 o。'o{0,1}' 等价于 'o?'。请注意在逗号和两个数之间不能有空格 |

对一个很大的输入文档，章节数很轻易就超过 9，因此需要有一种方法来处理两位数或者三位数的章节号。限定符就提供了这个功能。下面的 PHP 正则表达式可以匹配具有任何位数的章节标题：

```
/Chapter [1-9][0-9]*/
```

请注意限定符出现在范围表达式之后。因此，它将应用于所包含的整个范围表达式，在本例中，只指定了从 0 到 9 的数字。

这里没有使用"+"限定符，因为第二位或后续位置上并不一定需要一个数字。同样也没有使用"?"字符，因为这将把章节数限制为只有两位数字。在"Chapter"和空格字符之后至少要匹配一个数字。

如果已知章节数限制为 99 章，则可以使用下面的正则表达式来指定至少有一位数字，但不超过两个数字。

```
/Chapter [1-9][0-9]?/
```

以上是使用限定符的正则匹配示例，它们都是贪婪的。那如何是贪婪的，又如何是非贪婪的呢？下面介绍贪婪模式和非贪婪模式的概念。

**贪婪模式**

"*"、"+"和"?"限定符都称为贪婪的，也就是说，它们尽可能多地匹配文字。所以本节所举的两个例子的正则就是贪婪模式的。

但是有时这不是所希望发生的情况。有时正好希望最小匹配，即非贪婪模式。

**非贪婪模式**

通过在"*"、"+"和"?"限定符后放置"?"，该表达式就从贪婪匹配转为了非贪婪或最小匹配。

下面举个例子说明一下。考虑这个表达式，如下：

```
/a.*b/
```

它将会匹配最长的以 a 开始、以 b 结束的字符串。如果用它来搜索 aabab 的话，它会匹配整个字符串 aabab。这被称为贪婪匹配。

有时，更需要非贪婪匹配，也就是匹配尽可能少的字符。前面给出的限定符都可以被转化为非贪婪匹配模式，只要在它后面加上一个问号?。这样.*?就意味着匹配任意数量的重复，但是在能使整个匹配成功的前提下使用最少的重复。现在看看非贪婪版的例子：

```
/a.*?b/
```

匹配最短的，以 a 开始、以 b 结束的字符串。如果把它应用于 aabab 的话，它会匹配 aab（第一到第三个字符）和 ab（第四到第五个字符）。

## 16.2.5 定位符

用来描述字符串或单词的边界，"^"和"$"分别指字符串的开始与结束，"\b"描述单词的前或后边界，"\B"表示非单词边界。

不能对定位符使用限定符。因为在一个换行符或者单词边界的前面或后面不会有连续多个位置，因此诸如"^*"的表达式是不允许的。

要匹配一行文字开始位置的文字，请在正则表达式的开始处使用"^"字符。不要把"^"的这个语法与其在括号表达式中的语法弄混。

要匹配一行文字结束位置的文字，请在正则表达式的结束处使用"$"字符。

要在查找章节标题时使用定位符,下面的正则表达式将匹配位于一行的开始处最多有两个数字的章节标题:

```
/^Chapter [1-9][0-9]{0,1}/
```

一个真正的章节标题不仅出现在一行的开始,而且这一行中也仅有这一个内容,因此,它必然也位于一行的结束。下面的表达式确保所指定的匹配只匹配章节而不会匹配交叉引用。它是通过创建一个只匹配一行文字的开始和结束位置的正则表达式来实现的。

```
/^Chapter [1-9][0-9]{0,1}$/
```

### 16.2.6 选择与编组

用圆括号将所有选择项括起来,相邻的选择项之间用"|"分隔。但用圆括号会有一个副作用,即相关的匹配会被缓存,此时可用"?:"放在第一个选项前来消除这种副作用。

其中"?:"是非捕获元之一,还有两个非捕获元是"?="和"?!"。这两个还有更多的含义:前者为正向预查,在任何开始匹配圆括号内的正则表达式模式的位置来匹配搜索字符串;后者为负向预查,在任何开始不匹配该正则表达式模式的位置来匹配搜索字符串。

假定有一个包含引用了 Windows 2000、Windows XP、Windows Vista 及 Windows 7 的文档。进一步假设需要更新该文档,方法是查找所有对 Windows 2000、Windows XP 及 Windows 7 的引用,这时可以使用下面的正则表达式,这是一个正向预查,如下所示:

```
/Windows(?=2000|XP|7)/
```

### 16.2.7 后向引用

对一个正则表达式模式或部分模式两边添加圆括号将导致相关匹配存储到一个临时缓冲区中,所捕获的每个子匹配都按照在正则表达式模式中从左至右所遇到的内容存储。存储子匹配的缓冲区编号从 1 开始,连续编号直至最大 99 个子表达式。每个缓冲区都可以使用"\n"访问,其中 n 为一个标识特定缓冲区的一位或两位十进制数。

> **Tips** 可以使用非捕获元字符"?:"、"?="或者"?!"来忽略对相关匹配的保存。

所捕获的每个子匹配都按照在正则表达式模式中从左至右所遇到的内容存储。存储子匹配的缓冲区编号从 1 开始,连续编号直至最大 99 个子表达式。每个缓冲区都可以使用"\n"访问,其中 n 为一个标识特定缓冲区的一位或两位十进制数。

后向引用一个最简单、最有用的应用是提供了确定文字中连续出现两个相同单词的位置的能力。请看下面的句子:

```
Is is the cost of of gasoline going up up?
```

根据所写内容,上面的句子明显存在单词多次重复的问题。如果能有一种方法无须查找每个单词的重复现象就能修改该句子就好了。下面的正则表达式使用一个子表达式就可以实现这一功能:

```
/\b([a-z]+) \1\b/gi
```

在这个示例中,子表达式就是圆括号之间的每一项。所捕获的表达式包括一个或多个字母字符,即由"[a-z]+"所指定的。该正则表达式的第二部分是对前面所捕获的子匹配的引用,也就是由附加表达式所匹配的第二次出现的单词。"\1"用来指定第一个子匹配。单词边界元字符确保只检测单独的单词。如果不这样，则诸如"is issued"或"this is"这样的短语都会被该表达式不正确地识别。

### 16.2.8 各操作符的优先级

在构造正则表达式之后，就可以像数学表达式一样来求值，也就是说，可以从左至右并按照一个优先权顺序来求值。表 16.4 从最高优先级到最低优先级列出了各种正则表达式操作符的优先权顺序。

表 16.4 优先级表

| 操作符 | 描述 |
| --- | --- |
| \ | 转义符 |
| (), (?:), (?=), [] | 圆括号和方括号 |
| *, +, ?, {n}, {n,}, {n,m} | 限定符 |
| ^, $, \anymetacharacter | 位置和顺序 |
| \| | "或"操作 |

### 16.2.9 修饰符

在正则表达式中的修饰符，是用来进一步描述正则所匹配的内容的。它需要被放在定界符的后面，如匹配一个不区分大小写的"cat"的正则，可以这样写：

```
/cat/i
```

其中的"i"就是修饰符，这里表示不区分大小写的意思。表 16.5 列出的是 PHP 正则中允许的修饰符。

表 16.5 修饰符表

| 修饰符 | 作用 |
| --- | --- |
| i | 完成不区分大小写的搜索 |
| g | 查找所有出现（all occurrences，完成全局搜索） |
| m | 将一个字符串视为多行（m 就表示 multiple）。默认情况下，^和$字符匹配字符串中的最开始和最末尾。使用 m 修饰符将使^和$匹配字符串中每行的开始 |
| s | 将一个字符串视为一行，忽略其中的所有换行符；它与 m 修饰符正好相反 |
| x | 忽略正则表达式中的空白和注释 |
| U | 第一次匹配后停止。默认情况下，将找到最后一个匹配字符结果。利用这个修饰符可以在第一次匹配后停止。进而形成循环匹配 |

## 16.3 PHP 中相关正则表达式的函数

在有了正则表达式之后，下面介绍在 PHP 中如何使用相关正则表达式的函数，对相应的字符串进行操作。

## 16.3.1 用正则表达式检查字符串是否为规定格式

在 PHP 中提供正则函数 preg_match()来验证匹配,语法如下:

```
int preg_match ( string pattern, string subject [, array matches [, int flags]] )
```

该函数在 subject 字符串中搜索与 pattern 给出的正则表达式相匹配的内容。如果提供了 matches,则其会被搜索的结果所填充。$matches[0]将包含与整个模式匹配的文本,$matches[1]将包含与第一个捕获的括号中的子模式所匹配的文本,以此类推。

preg_match()返回 pattern 所匹配的次数。是 0 次(没有匹配)或 1 次,因为 preg_match()在第一次匹配之后将停止搜索。

> **注意** PHP 同样提供 ereg()函数来验证正则对字符串的匹配,但是并不推荐使用。

> **Tips** 如果只想查看一个字符串是否包含在另一个字符串中,虽然可以使用 preg_match()来判断,但是建议用 strpos()或 strstr()替代,后者判断速度要快得多。

首先从简单的开始。假设要搜索一个包含字符"cat"的字符串,搜索用的正则表达式就是"cat"。如果搜索对大小写不敏感,单词"catalog"、"Catherine"、"sophisticated"都可以匹配。下面是实现这个功能的一个例子,如代码 16-1 所示。

代码 16-1 一个简单的正则表达式

```php
<b>一个简单的正则表达式</b><hr /><p>
正则表达式:/cat/i
<?php
// 模式定界符后面的"i"表示不区分大小写字母的搜索
if (preg_match ("/cat/i", "catalog")) {            //使用 preg_match 与 catalog 进行匹配
    echo "<p>catalog is matched.";
} else {
    echo "<p>catalog is not matched.";
}
if (preg_match ("/cat/i", "Catherine")) {          //使用 preg_match 与 Catherine 进行匹配
    echo "<p>Catherine is matched.";
} else {
    echo "<p>Catherine is not found.";
}
if (preg_match ("/cat/i", "sophisticated")) {      //使用 preg_match 与 sophisticated 进行匹配
    echo "<p>sophisticated is matched.";
} else {
    echo "<p>sophisticated is not matched.";
}
if (preg_match ("/cat/i", "emmma")) {              //使用 preg_match 与 emmma 进行匹配
    echo "<p>emmma is matched.";
} else {
    echo "<p>emmma is not matched.";
}
?>
```

以上代码使用同一个正则表达式分别与 4 个不同的字符串进行匹配，根据匹配结果的不同返回不同的信息。页面执行后，得到的结果如图 16.1 所示。

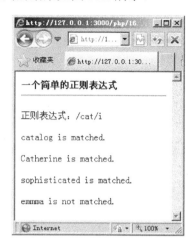

图 16.1　一个简单的正则表达式

> **Tips** 在本例中使用的定界符是反斜杠，也可以是其他字符，比如#、$等。

## 16.3.2　将字符串中特定的部分替换掉

查找字符串中某个特定的部分并替换成指定的字符，这也是一个经常遇到的问题。PHP 提供 preg_replace()函数来实现这个功能，其使用语法如下所示：

```
mixed preg_replace ( mixed pattern, mixed replacement, mixed subject [, int limit] )
```

该函数在 subject 中搜索 pattern 模式的匹配项并替换为 replacement。如果指定了 limit，则仅替换 limit 个匹配；如果省略 limit 或者其值为-1，则所有的匹配项都会被替换。

replacement 可以包含\\n 形式或（自 PHP 4.0.4 起）$n 形式的逆向引用，首选使用后者。每个此种引用将被替换为与第 n 个被捕获的括号内的子模式所匹配的文本。n 可以从 0 到 99，其中\\0 或$0 指的是被整个模式所匹配的文本。对左圆括号从左到右计数（从 1 开始）以取得子模式的数目。

对替换模式在一个逆向引用后面紧接着一个数字时(即：紧接在一个匹配的模式后面的数字)，不能使用熟悉的\\1 符号来表示逆向引用。比如\\11，它将会使 preg_replace()搞不清楚是想要一个\\1 的逆向引用后面跟着一个数字 1 还是一个\\11 的逆向引用。这个问题的解决方法是使用\${1}1。这会形成一个隔离的$1 逆向引用，而使另一个 1 只是单纯的文字。

代码 16-2 是将字符串中所有"菠菜"替换成"白菜"的一个例子，如下所示。

代码 16-2　将字符串中特定的部分替换掉

```
<b>将字符串中特定的部分替换掉</b><hr /><p>
<?php
$string = "菠菜原产于我国北方，俗称大菠菜";        //原字符串
echo "<p>原字符串：" . $string;                    //输出原字符串
$pattern = "/菠菜/";                               //查找的文字
```

```
$replacement = "白菜";                                    //替换后的文字
echo "<p>替换后的字符串："  ;
echo preg_replace($pattern, $replacement, $string);//输出替换后的文字
?>
```

以上代码使用 preg_replace()函数将"菠菜"替换成"白菜",然后直接返回被替换后的字符串。运行后得到的结果如图 16.2 所示。

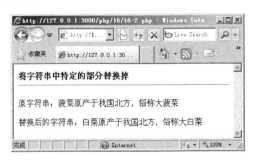

图 16.2　将字符串中特定的部分替换掉

### 16.3.3　取得字符串中符合规定的部分

取得字符串中符合规定的部分也是一个常用的功能,本节通过一个提交网页中所有链接的例子来说明如何使用。需要用到 PHP 提供的 preg_match_all()函数,其使用语法如下所示:

```
int preg_match_all ( string pattern, string subject, array matches [, int flags] )
```

该函数在 subject 中搜索所有与 pattern 给出的正则表达式匹配的内容并将结果以 flags 指定的顺序放到 matches 中。搜索到第一个匹配项之后,接下来的搜索从上一个匹配项末尾开始。matches 会被搜索的结果所填充,$matches[0]将包含与整个模式匹配的文本,$matches[1]将包含与第一个捕获的括号中的子模式所匹配的文本,以此类推。

> **注意**　也可以使用前面提到的 preg_match()函数取得字符串中符合规定的部分,但是它只能得到第一次的匹配。

下面实现一个取得页面中所有链接地址的例子,如代码 16-3 所示。

代码 16-3　取得页面中所有的链接地址

```
<b>取得页面中所有的链接地址</b><hr /><p>
<?php
$html = file_get_contents("http://www.mahuu.com");       //取得页面的源代码
$html = mb_convert_encoding($html, "GBK", "UTF-8");      //进行转码操作
$a = "/<a[\s]+[^>]*href\=[\"']?([^>'\"]+)[\"']?[^>]*>/i"; //匹配链接地址的正则

preg_match_all($a, $html, $matches);                      //取得所有的匹配放入$matches

for ($i=0; $i< count($matches[0]); $i++) {                //循环所有的匹配
    echo "<p>" . $matches[1][$i];                         //输出链接地址
}
?>
```

在以上代码中，使用 file_get_contents()函数来取得一个网络上已有的页面。因为这个页面是"UTF-8"编码的，直接显示出来可能会出现乱码的情况，所以要再使用 mb_convert_encoding()将它转成"GBK"码。之后需要重点注意的是匹配链接地址的正则"/<a[\s]+[^>]*href\= [\"']?([^>'\"]+)[\"']?[^>]*>/i，解释如下：

```
/<a[\s]+[^>]*href=[\"']?([^>'\"]+)[\"']?[^>]*>/i
 |-------| (1)
         |----|         |-----| (2)
               |-----------------------------| (3)
                     |----------| (4)
```

（1）所指示的正则表示匹配"<a"与其后的一个以上空格；（2）表示匹配所有不包含">"符号的字符；（3）表示匹配"href="与其所跟的链接地址；（4）表示匹配的超级链接。运行后得到的结果如图 16.3 所示。

图 16.3 取得页面中所有的链接地址

## 16.4 典型实例

有了以上的正则基础以后，本节就来介绍几个常用的正则表达式。本节所介绍的正则表达式都是在注册用户时所需要用到的一些注册信息的验证。

【实例 16-1】检测邮件地址的有效性。

现在的网站注册用户时一般都需要填写电子邮件地址，本节实例给出一种校验邮件地址有效性的实现方法，如代码 16-4 所示。

代码 16-4 检测邮件地址的有效性

```
<b>邮件地址的有效性</b><hr><p>
<?php
if($_GET['act'] == "validate") {                    //如果act为validate则开始验证
    /*使用 preg_match 函数配合电子邮件的正则进行验证*/
    if
(preg_match("/^[a-z0-9]+([_\.-]*[a-z0-9]+)*@[a-z0-9]([-]?[a-z0-9]+)\.[a-z]{2,3}(\.[a-z]{2})?$/i",
$_POST['email'])) {
        echo "<font color='green'>此 email 有效! </font>";   //有效时的输出
    } else {
        echo "<font color='red'>此 email 无效! </font>";     //无效时的输出
```

```
        }
            die();                                    //停止解析
    }
?>
<form action="?act=validate" method="post">
    <input name="email" type="text">
    <br /><br />
    <input type="submit" value="验证">
</form>
```

以上代码首次运行时会显示一个提交表单，在输入框中输入需要验证的电子邮件地址，如图 16.4 所示。单击"验证"按钮以后，便会出现验证后的结果，如图 16.5 所示。

这里对例子中使用的电子邮件验证的正则做一下解释，如下所示：

```
^[a-z0-9]+([_\.-]*[a-z0-9]+)*@[a-z0-9]([-]?[a-z0-9]+)\.[a-z]{2,3}(\.[a-z]{2})?$
|-------------------------------| (1)
                                 |-----------------------| (2)
                                                          |----------| (3)
                                                                      |-------| (4)
```

（1）所指示的正则表示匹配"@"符号前的用户名；（2）表示"@"符号后第一个"."符号前的域名；（3）表示匹配第一个"."符号后的域名后缀；（4）匹配域名的第二个后缀。

图 16.4　输入电子邮件地址

图 16.5　验证地址有效

【实例 16-2】检查电话号码的有效性。

本节实例给出一种校验电话号码有效性的实现方法，如代码 16-5 所示。

代码 16-5　检查电话号码的有效性

```
<b>验证电话号码的有效性</b><hr><p>
<?php
if($_GET['act'] == "validate") {                       //如果 act 为 validate 则开始验证
    /*使用 preg_match 函数配合电话号码的正则进行验证*/
    if (preg_match("/^[+]?[0-9]+([xX-][0-9]+)*$/i", $_POST['tel'])) {
        echo "<font color='green'>此电话号码有效! </font>";   //有效时的输出
    } else {
        echo "<font color='red'>此电话号码无效! </font>";     //无效时的输出
    }
    die();                                             //停止解析
}
?>
```

```
<form action="?act=validate" method="post">
    <input name="tel" type="text">
    <br /><br />
    <input type="submit" value="验证">
</form>
```

首先对代码中的正则做一下解释,"[+]?[0-9]+"表示电话号码的区号,"[xX-]"表示区号与号码之间允许的分隔符,"[0-9]+"匹配的就是电话号码。

以上代码首次运行时会显示一个提交表单,在输入框中输入需要验证的电话号码,如图16.6所示。单击"验证"按钮以后,便会出现验证后的结果,如图16.7所示。

图16.6　输入电话号码

图16.7　验证电话号码有效

【实例16-3】用户名的有效性检测。

本节实例给出一种校验用户名的实现方法,如代码16-6所示。

代码16-6　用户名的有效性检测

```
<b>验证用户名的有效性</b><hr><p>
<?php
if($_GET['act'] == "validate") {                              //如果act为validate则开始验证
    /*使用preg_match函数配合用户名的正则进行验证*/
    if (preg_match("/^[_a-zA-Z0-9]*$/i", $_POST['name'])) {
        echo "<font color='green'>此用户名有效!</font>";      //有效时的输出
    } else {
        echo "<font color='red'>此用户名无效!</font>";        //无效时的输出
    }
    die();                                                    //停止解析
}
?>
<form action="?act=validate" method="post">
    <input name="name" type="text">
    <br /><br />
    <input type="submit" value="验证">
</form>
```

同样先对使用的正则表达式解释一下,"[_a-zA-Z0-9]*"表示含有字母、下画线和数字的任意个组合。

以上代码首次运行时会显示一个提交表单,在输入框中输入需要验证的用户名,如图16.8所示。单击"验证"按钮以后,便会出现验证后的结果,如图16.9所示。

图 16.8　输入用户名

图 16.9　验证用户名无效

【实例 16-4】中文字符的有效性检测。

本节实例给出一种校验中文字符有效性的实现方法，如代码 16-7 所示。

代码 16-7　中文字符的有效性检测

```
<b>验证中文字符的有效性</b><hr><p>
<?php
if($_GET['act'] == "validate") {                              //如果 act 为 validate 则开始验证
    /*使用 preg_match 函数配合用户名的正则进行验证*/
    //"/^[\x{4e00}-\x{9fa5}]+$/"                              //当编码为 utf-8 时的正则
    if (preg_match("/^[".chr(0xa1)."-".chr(0xff)."]+$/", $_POST['name'])) {
        echo "<font color='green'>此中文字符有效！</font>";    //有效时的输出
    } else {
        echo "<font color='red'>此中文字符无效！</font>";      //无效时的输出
    }
    die();                                                    //停止解析
}
?>
<form action="?act=validate" method="post">
    <input name="name" type="text">
    <br /><br />
    <input type="submit" value="验证">
</form>
```

其中的正则表达式的"chr(0xa1)"是汉字的起始内码，"chr(0xff)"是汉字的终止内码。这样就能容易地理解这个表达式匹配的是中文字符了。不过这个只能应用在"GB2312"编码的字符串上。如果是"UTF-8"编码的字符串就需要用正则表达式"/^[\x{4e00}-\x{9fa5}]+$/"。

以上代码首次运行时会显示一个提交表单，在输入框中输入需要验证的中文字符，如图 16.10 所示。单击"验证"按钮以后，便会出现验证后的结果，如图 16.11 所示。

图 16.10　输入中文字符

图 16.11　验证中文字符有效

## 16.5 小结

本章主要讲述了正则表达式匹配规则和一些元字符的应用，以及在 PHP 中处理它们的函数。正则表达式对检验数据是否合法是非常有用的，其实现过程也十分简单有效，掌握正则表达式对简化查找、替换、判断等过程都很有帮助。

## 16.6 习题

### 一、填空题

1. 进行全局正则表达式匹配的函数是_____。
2. PHP 还提供了代表字符类的元符号：符号_____、_____分别代表单个数字和单个非数字，相当于［0-9］和[^0-9]。
3. 元字符+用来匹配前面的子表达式_____。
4. 正则表达式/^abc/的意义是_____。
5. 利用正则表达式分隔字符串的函数是_____。
6. 函数 preg_replace_callback()和 preg_replace()作用一样，除了不是提供一个 replacement 参数，而是指定一个_____。
7. 字符簇［0-9\.\-］表示的意义是_____。
8. 字符簇［^a-z］表示的意义是_____。

### 二、选择题

1. 元字符$代表的意义是（　　）。
   A．匹配字符串开始位置　　　　　　　　B．匹配字符串的结尾位置
   C．匹配字符串开始和结束位置　　　　　D．匹配字符串任何位置
2. 元字符 a{3,}表示的意义是（　　）。
   A．匹配 a、{、,　　　　　　　　　　　B．匹配重复 3 次的字母 a
   C．匹配少于重复 3 次的字母 a　　　　　D．匹配重复 3 次以上的字母 a
3. 正则表达式/href='(.*)'表示（　　）。
   A．合法　　　　　　　　　　　　　　　B．含有未知修正符
   C．缺少起始定界符　　　　　　　　　　D．缺少结束定界符
4. 正则表达式/abc$/表示（　　）。
   A．匹配字符串 abc$　　　　　　　　　 B．匹配以 abc 开头的字符串
   C．匹配以 abc 结尾的字符串　　　　　　D．匹配任意的 abc 字符串
5. 下列程序的运行结果为（　　）。

```
$result=preg_match("/word/","This string have ten words");
if ($result){
    echo "匹配成功<br>";
}
else
    echo "匹配不成功"
```

A. 无任何输出 　　　　　　　　　B. 输出"匹配成功"
C. 输出"匹配不成功" 　　　　　　D. 程序有误

### 三、简答题

1. 简要说明什么是字符簇，它们的作用是什么。
2. 阐述 preg_match_all() 函数中各参数的意义。

### 四、编程题

1. 利用正则表达式判断邮件地址是否有效。
2. 利用正则表达式匹配 " <H3>留言板</H3><div align=left>请您留言：</div> "，此内容按格式输出到浏览器上，再将题目改为"历史回顾"。

# 第 17 章 PHP 与 AJAX

异步 JavaScript 和 XML（Asynchronous JavaScript and XML，AJAX）无疑是最流行的 Web 技术之一。使用它不仅能做出绚丽多彩的效果，而且能在一定程度上提高网站负载能力，还能做出很好的用户体验。本章首先讲解什么是 AJAX，以及它的原理和实现流程，最后结合 PHP 做一个简单的用户名验证程序。

## 17.1 什么是 AJAX

AJAX 全称为 "Asynchronous JavaScript and XML"（异步 JavaScript 和 XML），是指一种创建交互式网页应用的网页开发技术，使浏览器可以为用户提供更为自然的浏览体验。AJAX 不是一种技术，它实际上是几种技术，每种技术都有其独特之处，合在一起就成了一个功能强大的新技术。AJAX 包括：

- XHTML 和 CSS。
- 使用文档对象模型（Document Object Model）做动态显示和交互。
- 使用 XML 和 XSLT 做数据交互和操作。
- 使用 XMLHttpRequest 进行异步数据接收。
- 使用 JavaScript 将它们绑定在一起。

AJAX 提供与服务器异步通信的能力，从而使用户从请求/响应的循环中解脱出来。借助于 AJAX，可以在用户单击按钮时，使用 JavaScript 和 DHTML 立即更新 UI，并向服务器发出异步请求，以执行更新或查询数据库。当请求返回时，就可以使用 JavaScript 和 CSS 来相应地更新 UI，而不是刷新整个页面。最重要的是，用户甚至不知道浏览器正在与服务器通信：Web 站点看起来是即时响应的。

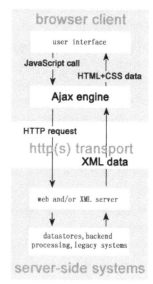

## 17.2 AJAX 的实现原理和工作流程

AJAX 的工作原理相当于在用户和服务器之间加了一个中间层，使用户操作与服务器响应异步化。并不是所有的用户请求都提交给服务器，像一些数据验证和数据处理等都交给 AJAX 引擎自己来做，只有确定需要从服务器读取新数据时再由 AJAX 引擎代为向服务器提交请求。可以用图 17.1 表示这之间的关系。

从图 17.1 可以看出，客户端的静态页面向服务器端发送请求后，就可以通过 AJAX 引擎直接得到从服务器端传过来的数据。

AJAX 应用程序的优势在于：

- 通过异步模式，提升了用户体验。
- 优化了浏览器和服务器之间的传输，减少不必要的数据往

图 17.1 AJAX 网页应用模型

返，减少了带宽占用。
- AJAX 引擎在客户端运行，承担了一部分本来由服务器承担的工作，从而减少了服务器负载。

虽然使用 AJAX 有很多的好处，但是它也有局限性。一般有如下几点：
- 不能实时请求和响应服务器数据。
- 不支持浏览器回退功能。
- 不能提交多媒体数据，比如图片、文件等。

所以，在使用这项技术的时候需要了解它的特性，做到知之用之。

## 17.3 AJAX 应用

AJAX 是运行在浏览器端的技术，它在浏览器端和服务器端之间使用异步技术传输数据。但完整的 AJAX 应用还需要服务器端的支持，因为浏览器端发出的请求要由服务器端处理并返回结果。服务器端的程序可以使用任何一种语言实现应用，在本书中使用的是 PHP。本节介绍 AJAX 和 PHP 在 Web 开发中的结合应用。

### 17.3.1 如何建立远程连接对象

AJAX 的核心是 XMLHttpRequest 对象，也就是远程连接对象。它是一套可以在 JavaScript、VBScript、JScript 等脚本语言中通过 HTTP 协议传送或者接收 XML 及其他数据的一套 API。XMLHttpRequest 最大的用处是可以更新网页的部分内容而不需要刷新整个页面。但是在不同的浏览器建立这个对象的方式有所不同。

在 Firefox 和 IE7、IE8 中可以用如下方式建立该对象：

```
<script language="javascript">
var xmlHttp = new XMLHttpRequest();
</script>
```

在 IE6 中则只能用如下方式：

```
<script language="javascript">
var xmlHttp = new ActiveXObject("Microsoft.xmlHTTP")
</script>
```

原因在于早先的 IE 浏览器版本只支持采用 ActiveX 对象这种方式建立 XMLHttpRequest 对象。所以要兼容主流的浏览器方式的话，就得结合以上两种方式。代码如下：

```
var xmlHttp=null
if (window.xmlHttpRequest)
{
xmlHttp = new xmlHttpRequest()
}
else if (window.ActiveXObject)
{
xmlHttp = new ActiveXObject("Microsoft.xmlHTTP")
}
```

以上代码首先定义了一个变量 xmlHttp，用来存储 XMLHttpRequest 对象，先将其赋值为 null。然后判断 window.xmlHttpRequest 对象是否存在，如果存在就创建该对象；否则，就创建 XMLHttpRequest 的 ActiveXObject 对象。其中 Microsoft.xmlHTTP 是 XMLHttpRequest 对象（ActiveX

控件）的 ID。

但是由于 IE 浏览器版本的关系，有的 IE 浏览器还支持更高版本的 XMLHttpRequest 控件，所以更完整地创建一个远程连接对象可以使用代码 17-1。

代码 17-1　建立远程连接对象

```javascript
function getXmlHttpRequest()
{
    var xmlHttp=null;                                       //创建一个变量
    try
    {
        xmlHttp = new XMLHttpRequest();                     //对于Firefox等浏览器
    }
    catch(e)
    {
        try
        {
            xmlHttp = new ActiveXObject("Msxml2.XMLHTTP");  //对于IE浏览器
        }
        catch (e)
        {
            try
            {
                xmlHttp = new ActiveXObject("Microsoft.XMLHTTP");
            }
            catch(e)
            {
                xmlHttp = false;
            }
        }
    }
    return xmlHttp;
}
```

这段代码将创建 XMLHttpRequest 对象的功能封装在一个函数之内。下面对该函数的操作步骤加以说明。

（1）首先建立一个变量 xmlHttp 来存储 XMLHttpRequest 对象，如代码第 3 行所示。

（2）尝试在非 IE 浏览器端创建该对象，如代码第 6 行所示。如果成功，则不再执行后续代码，变量 xmlHttp 即为所创建的 XMLHttpRequest 对象。

（3）如果上步创建失败，则尝试在 IE 浏览器中使用 Msxml2.XMLHTTP 创建 XMLHttpRequest 对象。如果成功，则不再执行后续代码，变量 xmlHttp 即为所创建的 XMLHttpRequest 对象。

（4）如果上步失败，再尝试使用 Microsoft.XMLHTTP 创建该对象。如果成功，变量 xmlHttp 即为所创建的 XMLHttpRequest 对象。

（5）如果以上步骤都失败，则该对象赋值为 false，表示创建 XMLHttpRequest 对象失败。

## 17.3.2　异步发送请求

异步发送请求是 AJAX 技术中最重要的环节，也是它区别于传统请求的不同之处。正是这一步实现了通过 JavaScript 和 Web 应用程序的交互，而不是像用户单击提交按钮后将提交 Web 客户端的整个 HTML 表单。在做这一步之前，有必要先对 XMLHttpRequest 对象的每一个属性方法有一个初步的了解。它的属性和方法分别如表 17.1 和表 17.2 所示。

表 17.1 XMLHttpRequest 对象的属性

| 属性 | 描述 |
| --- | --- |
| onreadystatechange* | 指定当 readyState 属性改变时的事件处理句柄。只写 |
| readyState | 返回当前请求的状态。只读 |
| responseBody | 将回应信息正文以 unsigned byte 数组形式返回。只读 |
| responseStream | 以 Ado Stream 对象的形式返回响应信息。只读 |
| responseText | 将响应信息作为字符串返回。只读 |
| responseXML | 将响应信息格式化为 Xml Document 对象并返回。只读 |
| status | 返回当前请求的 HTTP 状态码。只读 |
| statusText | 返回当前请求的响应行状态。只读 |

表 17.2 XMLHttpRequest 对象的方法

| 方法 | 描述 |
| --- | --- |
| abort | 取消当前请求 |
| getAllResponseHeaders | 获取响应的所有 HTTP 头 |
| getResponseHeader | 从响应信息中获取指定的 HTTP 头 |
| open | 创建一个新的 HTTP 请求,并指定此请求的方法、URL 及验证信息(用户名/密码) |
| send | 发送请求到 HTTP 服务器并接收回应 |
| setRequestHeader | 单独指定请求的某个 HTTP 头 |

在熟悉 XMLHttpRequest 对象的方法和属性之后,接下来,就可以实现使用 XMLHttpRequest 对象向服务器发出请求的 JavaScript 函数了。下面就以一个经典的 AJAX 发送函数作为示例来讲解如何异步发送请求,该 JavaScript 函数的具体实现如代码 17-2 所示。

代码 17-2 发出异步请求的 JavaScript 程序

```
function sendRequest(url, call_back, data)
{
    xmlHttp.onreadystatechange = call_back;
var data = data || "";
    if(data != "")
    {
        xmlHttp.open("POST", url, true);         //使用 POST 方法打开一个到 url 的连接,为发出请求做准备
        //以下为 POST 方式提交数据,所需要的 header
        xmlHttp.setRequestHeader("Content-type", "application/x-www-form-urlencoded");
        xmlHttp.setRequestHeader("Content-length", data.length);
        xmlHttp.setRequestHeader("Connection", "close");
    }
    else
    {
        xmlHttp.open("GET", url, true);          //使用 GET 方法打开一个到 url 的连接,为发出请求做准备
    }
    xmlHttp.send(data);                          //发送请求
}
```

这段 JavaScript 函数完成向服务器发出请求的功能,其中的代码意义都很明确,并没有晦涩难懂的地方,因此这里只做一些简要的解释。

首先在代码第 3 行使用了 XmlHttpRequest 对象的 onreadystatechange 属性，该属性的作用是告诉服务器在请求处理完成之后做什么。因为是异步请求，在 JavaScript 发出请求后并没有等待服务器的响应，所以当服务器完成请求处理，向浏览器发出响应时，应该通知 JavaScript，这就是 onreadystatechange 属性存在的意义。在这个示例中，当服务器完成请求处理时，将触发一个名叫 call_back() 的 JavaScript 入参函数。

接着在代码第 4 行，如果没有传入 data 参数，则 data 为空，否则就是传入的 data 的值。如果 data 存在，则调用 XmlHttpRequest 对象的 open 方法，打开此前建立的 url 地址，使用 POST 方法传送数据，并将请求设置为异步方式（open() 方法的第 3 个参数为 true，表示异步请求）。如果 data 也是调用该方法，只是第一个参数改为 GET，表示使用 GET 方式传送数据。

> **注意** 在使用 POST 方式提交数据时，不但需要将 open 方法的第一个参数设置为 POST，还需要使用 setRequestHeader() 函数发送特定的 header，如代码中所示。

最后在代码第 18 行，XmlHttpRequest 对象调用方法 send() 将请求向服务器发出。相信读者目前已经意识到 AJAX 并不是那么神秘，因为 AJAX 本身没有什么复杂的内容，一切都是按流程化的步骤进行。AJAX 所实现的提交表单的办法和传统的方法使用的是相同的技术；不同之处是 AJAX 通过 JavaScript 向服务器发出请求并由 JavaScript 处理响应，还有就是在整个请求和响应过程中，页面一直保持着。

在这里总结一下 AJAX 应用的基本流程，以使读者对 AJAX 请求部分有更清楚的理解。总结如下所示。

- 创建 XmlHttpRequest 对象。
- 在 JavaScript 函数中获取表单数据。
- 建立要连接的 URL 地址。
- 打开到该 URL 所在服务器的连接。
- 设置服务器处理完请求后需要调用的函数。
- 发送请求。

### 17.3.3 回调函数的应用

17.3.2 节中已经介绍了如何使用 AJAX 发送一个请求，那么之后服务器端便会收到这个请求并且会做一个相应的操作返回数据。之后客户是如何接收这个数据并对其进行操作的呢？

其实在代码 17.2 中的第 3 行就已经给出了答案了，即通过回调函数。AJAX 在发送请求的时候，同时也对 XmlHttpRequest 对象的 onreadystatechange 属性赋了一个函数，这个就是 AJAX 的回调函数。当 AJAX 发送请求时，这个函数就能监听这个请求的过程，具体状态反映在 XmlHttpRequest 对象的 readyState 上。该属性值的各个数值和意义如下所示。

- 0 表示对象已建立，但是尚未初始化（尚未调用 open 方法）。
- 1 表示对象已建立，尚未调用 send 方法。
- 2 表示 send 方法已调用，但是当前的状态及 HTTP 头未知。
- 3 表示已接收部分数据，因为响应及 HTTP 头不全，这时通过 responseBody 和 responseText 获取部分数据会出现错误。
- 4 表示数据接收完毕，此时可以通过 responseBody 和 responseText 获取完整的回应数据。

所以当该属性值为 4 时，表示响应加载完毕。这时 XmlHttpRequest 对象的另一个属性

responseText 存放了服务器文本格式的响应，也就是说，服务器将请求的处理结果填充到 XmlHttpRequest 对象的 responseText 属性中。知道了这两点，完成回调函数就顺理成章、水到渠成了。代码 17-3 就是处理服务器响应的 JavaScript 函数的一个实现。

代码 17-3  处理服务器响应的 JavaScript 程序

```
function callBack()
{
    if(xmlHttp.readyState == 4)
    {
        var response = xmlHttp.responseText;
        alert(response);
    }
}
```

这段处理服务器响应的代码看起来要比发出请求的 JavaScript 代码简单。该函数等待服务器的调用，当服务器处理完请求，就会调用该函数。代码第 3 行判断 XmlHttpRequest 对象的 readyState 属性的值是否为 4，如果为 4，则通过 XmlHttpRequest 对象的 responseText 获取服务器的响应数据，如代码第 5 行所示。最后通过 alert()函数将得到的结果显示出来，如代码第 6 行所示。AJAX 正是在这里实现了页面没有刷新，但页面内容却被更新的效果。

## 17.3.4  一个基于 AJAX 的用户名验证程序

通过以上三个小节的学习，相信读者已经对 AJAX 的实现机制有了一个整体性的了解。本节主要是结合学过的知识来做一个基于 AJAX 的用户名验证程序，以此能让读者对 AJAX 有一个更深刻的了解。

这个程序主要由三部分组成，一是客户端的表单，含有用户名和密码的输入框，二是服务器端的响应程序，第三就是连接客户端和服务器端的桥梁 AJAX。然后这个程序会对提交上来的用户名做判断，如果成功则返回欢迎消息，如果出错则出现提示。代码 17-4 就是实现了这个功能的客户端代码。

代码 17-4  验证表单 HTML 页面

```
<b>一个基于 AJAX 的用户名验证程序</b><hr />
<script type="text/javascript">
function getXmlHttpRequest()
{
    var xmlHttp=null;                                          //创建一个变量
    try
    {
        xmlHttp = new XMLHttpRequest();                        //对于 Firefox 等浏览器
    }
    catch(e)
    {
        try
        {
            xmlHttp = new ActiveXObject("Msxml2.XMLHTTP");     //对于 IE 浏览器
        }
        catch (e)
        {
            try
            {
```

```javascript
                xmlHttp = new ActiveXObject("Microsoft.XMLHTTP");
            }
            catch(e)
            {
                xmlHttp = false;
            }
        }
    }
    return xmlHttp;
}
function sendRequest(url, call_back, data)
{
    var data = data || "";
    xmlHttp.onreadystatechange = call_back;
    if(data != "")
    {
        xmlHttp.open("POST", url, true);        //使用 POST 方法打开一个到 url 的连接, 为发出请求做准备
        //以下为 POST 方式提交数据, 所需要的 header
        xmlHttp.setRequestHeader("Content-type", "application/x-www-form-urlencoded");
        xmlHttp.setRequestHeader("Content-length", data.length);
        xmlHttp.setRequestHeader("Connection", "close");
    }
    else
    {
        xmlHttp.open("GET", url, true);         //使用 GET 方法打开一个到 url 的连接, 为发出请求做准备
    }
    xmlHttp.send(data);                         //发送请求
}
function callBack()                             //回调函数
{
    if(xmlHttp.readyState == 4)                 //如果成功
    {
        var response = xmlHttp.responseText;    //读取返回值
        alert(response);                        //弹出信息
    }
}
var xmlHttp = getXmlHttpRequest();              //调用 getXmlHttpRequest, 得到一个 XMLHttpRequest 对象
function AJAXRequest() {
    var username = document.getElementById('username').value;
    var password = document.getElementById('password').value;
    // POST 方式提交数据
    sendRequest('17-5.php', callBack, 'username='+username+'&password='+password);
}

</script>
AJAX 验证表单:
<form id="form1" name="form1" method="post" action="">
    <p>
        用户名:<input type="text" name="username" id="username" />
    </p>
    <p>
        密码: <input type="password" name="password" id="password" />
    </p>
    <p>
        <input type="button" onclick="AJAXRequest()" value="开始验证" />
```

```
    </p>
</form>
```

这段代码的 JavaScript 部分，所用的就是前三节所讲的 AJAX 实现步骤的 JavaScript 函数，这里就不再赘述其功能。需要讲解的是 AJAXRequest()函数，这个函数首先得到页面中的 username 和 password 的值，然后通过 sendRequest()向服务器发送一个请求并确定回调函数为 callBack()。

代码 17-5 是完整的服务器端 PHP 程序。

代码 17-5　服务器端验证

```
<?php
header("Content-Type: text/html; charset=gb2312");    //设置编码格式
if($_POST['username'] == 'php' && $_POST['password'] == '123') {
    echo "你好，欢迎来到 PHP 的 AJAX 世界！";
} else {
    echo "用户名或者密码错误！";
}
?>
```

以上代码完成服务器的数据处理和请求，这里只是演示一下。当用户名是"php"并且密码为"123"时则显示欢迎消息，否则提示出错。

> **注意** 因为 AJAX 默认是通过 UTF-8 编码来传输数据的，所以如果客户端的编码是 GB1213 格式，那么服务器端输出的内容也需要是 GB2312 编码格式才能在客户端正常显示。

运行代码 17-5 以后随便输入一个用户名和密码，单击"开始验证"按钮以后出现如图 17.2 所示的错误信息。如果是正确的用户名和密码就会出现如图 17.3 所示的欢迎消息。整个过程中，页面都是没有刷新的。

图 17.2　AJAX 验证失败的提示

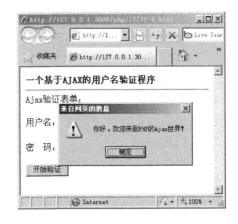

图 17.3　AJAX 验证成功的提示

## 17.4　Spry 框架

前面讲解了 AJAX 的原理和运行机制,但是传输的数据并不是 XML 格式。原因在于 JavaScript 对于不同的浏览器操作 XML 数据的方法会有所不同，使用起来比较麻烦。本节主要讲解如何使用 Spry 框架来处理 XML 数据的问题。

### 17.4.1　Spry 框架简介

Spry 是一个 JavaScript 框架，提供强大的 AJAX 功能，能够让设计人员为用户构建出具有更丰富体验的 Web 页面。Spry 利用 HTML、CSS 和最少的 JavaScript 功能将 XML、JSON 和 HTML 数据表现在页面中，并且不必刷新整个页面。Spry 还提供易于构建和设计的控件，为最终用户提供功能强大的页面元素。Spry 框架以 HTML 为核心，对于只具有 HTML、CSS 和 JavaScript 基础知识的用户来说很容易掌握。Spry 框架设计成标签时应尽量简单，JavaScript 应尽量少用。Spry 主要由三部分组成：Spry Data、Spry Widgets 和 Spry Effects。

Spry 是一个 Adobe 为 AJAX 量身打造的 JavaScript 框架。Spry 一个非常大的特色就是能够与 Adobe 的其他产品进行无缝整合使用（如与 Dreamweaver、Flash 和 AIR 等）。就像 Adobe 的其他优秀产品一样，Spry 也能提供相当优秀的文档资源，并有一个强大开发团队的支持。

有关 Spry 框架的详细信息，请访问其官方网站 http://labs.adobe.com/technologies/spry/，可以下载最新版本的框架，并且还有使用 Spry 构建 Web 页的教程等信息。

### 17.4.2　Spry 框架的使用方法

要使用 Spry 框架，首先要有这个框架的版本，Spry 可以从 Adobe 官方网站上免费下载，如图 17.4 所示。

图 17.4　Spry 框架官方网站

在中间部分可以看到一个有绿色框的表格，单击其中的第一项就可以进入相应的下载页面。如果还不是 Adobe 的成员，它会提醒先注册。如果已经拥有账户，那么就可以直接登录。登录后就会转到相应的下载页面，选中最新版本的 Spry 框架下载即可。得到解压缩后的目录如图 17.5 所示。

图 17.5　Spry 框架的目录结构

在目录图中可以看到，下载的 Spry 框架中已经包含大量演示、示例、技术文章和文档。其中的 includes 目录就包含 Spry 的核心文件和库文件，widgets 目录中包含相关的网页小插件等。

下面通过一个实例讲解如何使用 Spry。首先以 XML 文件的形式创建一些样本数据，其中包含几个人员方面的信息，如代码 17-6 所示。

代码 17-6　Spry 显示 XML 数据

```
<?php
    header('Content-Type: text/xml');  //设置 XML 输出文件头
?>
<employees>
    <employee id="1">
        <name>张大山</name>
        <email>sansan@163.com</email>
        <mobilePhone>11612345678</mobilePhone>
        <department>市场部</department>
    </employee>
    <employee id="2">
        <name>李桃桃</name>
        <email>taotao@mahuu.com</email>
        <mobilePhone>13812345678</mobilePhone>
        <department>研发部</department>
    </employee>
    <employee id="3">
        <name>王老虎</name>
        <email>laohu@yahoo.com.cn</email>
        <mobilePhone>12345678910</mobilePhone>
        <department>研发部</department>
    </employee>
</employees>
```

> **注意**　从以上代码可以发现，这段 PHP 程序只是单纯的输出 XML 格式数据。这里只是为了演示需要，在实际开发中读者可以修改这个程序，根据不同的请求来返回不同的数据。

从以上代码中可以看到很多行数据，每行包含相同的属性，Spry 与 XML 交互不需要 DTD（数据类型定义），这是处理 XML 的一个典型问题，但并不是标准。此处，这个示例的目的是使用 Spry 处理数据，然后输出到一个 HTML 页中，所以可以命名数据的属性并告知 Spry 在页面的那个位置显示它们。代码 17-7 就是实现这一过程的完整代码。

代码 17-7　使用 Spry 显示 XML 数据

```
<!DOCTYPE html PUBLIC "-//W3C//DTD XHTML 1.0 Transitional//EN" "http://www.w3.org/TR/xhtml1/DTD/xhtml1-transitional.dtd">
<html xmlns="http://www.w3.org/1999/xhtml" xmlns:spry="http://ns.adobe.com/spry">
<head>
<meta http-equiv="Content-Type" content="text/html; charset=utf-8" />
<script type="text/javascript" src="../spry/includes/xpath.js"></script>
<script type="text/javascript" src="../spry/includes/SpryData.js"></script>
<title>使用 Spry 来显示 XML 数据</title>
<script type="text/javascript">
var ds1 = new Spry.Data.XMLDataSet("17-6.php", "employees/employee");
</script>
</head>

<body>
<b>使用 Spry 来显示 XML 数据</b><hr /><br />
显示数据如下：<br /><br />
<div spry:region="ds1">
    <table cellpadding="3" border="1">
        <tr>
            <th>姓名</th>
            <th>电子邮件</th>
            <th>移动电话</th>
            <th>所属部门</th>
        </tr>
        <tr spry:repeat="ds1">
            <td>{name}</td>
            <td>{email}</td>
            <td>{mobilePhone}</td>
            <td>{department}</td>
        </tr>
    </table>
</div>
</body>
</html>
```

首先，需要引入两个 JavaScript 文件：第一个文件为了利用 XPath 使用了 Google 的开源代码；第二个文件是 Spry 数据库，它依赖 XPath 库，这也是为什么使用时要先声明的原因。

其次，声明了一个 Spry XMLDataSet 实例，此处将它命名为 ds1。初始化要求两个参数：XML 文件的位置和一个用来识别 XML 节点或包含数据的节点的 XPath 表达式。XML 还可以从一个 URL 加载。注意，XPath 表达式识别 XML 的根节点，然后识别代表每行数据的子节点。

最后，在页面的主体部分输出 Spry 数据集。Spry 动态区用于在页面上显示 XML 数据，当数据集改变时它们会同时更新。一个动态区使用 spry:region 在一个 div 标记中声明，HTML 标记作为动态区容器。动态区是 Spry 数据集的一个"观测区"，用括号区别数据集中的每个列，spry:repeat 标记迭代显示数据集中的所有行。

运行以上程序后，得到的效果如图 17.6 所示。

图 17.6 使用 Spry 显示 XML 数据的结果

## 17.4.3 Spry 框架与 Macromedia Dreamweaver 的结合

Spry 最大的特点就是它与 Macromedia Dreamweaver 的结合，使用 Dreamweaver 可以图形化地编写 Spry 代码。当然这样做有个前提，需要 Dreamweaver 的版本在 CS3 以上。本节就是用 Srpy 框架与 Macromedia Dreamweaver 的结合来开发 17.4.2 节中的例子。

（1）首先需要打开 Dreamweaver，新建一个 html 文件，如图 17.7 所示。

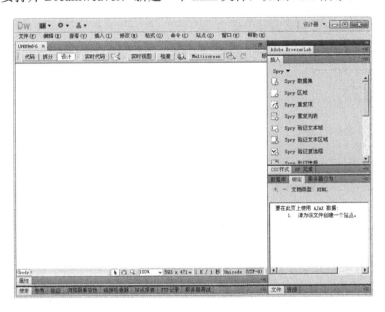

图 17.7　使用 Dreamweaver 新建一个 html 文件

（2）在左边的空白页面中单击一下，使鼠标的焦点落在此处。然后单击右边的 Spry 快捷窗口中的"Spry 数据集"。如果没有保存文档，会提示需要保存文档，这里为了需要将它保存为"17-8.html"。之后便会弹出一个创建 Spry 对象的窗口。因为使用的是 XML 数据，所以在选择数据类型时，选择 XML。指定数据文件为"17-6.php"。之后窗口中会显示被选择的 XML 文件的结构，这里使用鼠标选中第二层节点，如图 17.8 所示。

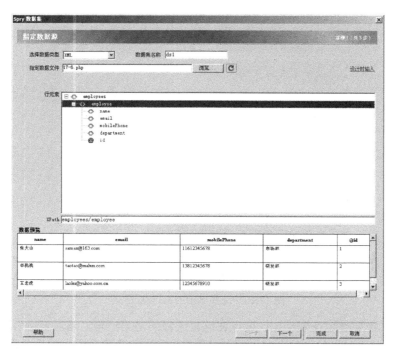

图 17.8 选取数据源

（3）之后单击"下一个"按钮，出现的配置数据字段界面如图 17.9 所示。

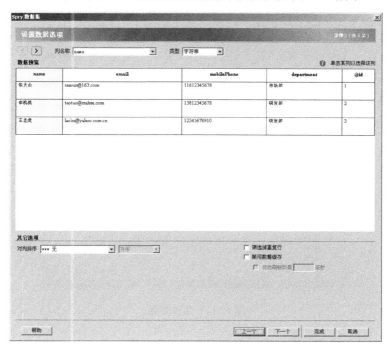

图 17.9 配置数据字段

（4）在这个界面可以设置字段类型和列排序的方式等内容，但是在本例中并不需要设置这些，直接单击"下一个"按钮。然后出现如图 17.10 所示的界面。

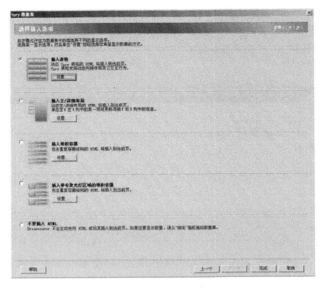

图 17.10 选择显示的 HTML 格式

（5）因为格式需要显示在表格中，所以在这里选择的是第一项"插入表格"。在这个页面中的每一个选项还有相应的设置，单击"设置"按钮进入后即可进行设置。最后单击"完成"按钮，保存文件。其间会提示是否需要插入"xpath.js"和"SpryData.js"两个文件，单击"是"按钮，则系统将自动创建 SpryAssets 目录并把相应的文件加入到页面中。如果不希望系统这样做，也可以单击"否"按钮，此后就需要采用手动方式来引入这两个 JavaScript 文件了。

（6）最后对其做一些界面上的修改，得到的效果如图 17.11 所示。

图 17.11 最终效果

生成的代码如代码 17-8 所示。

代码 17-8　Srpy 框架与 Macromedia Dreamweaver 的结合

```
<!DOCTYPE html PUBLIC "-//W3C//DTD XHTML 1.0 Transitional//EN" "http://www.w3.org/TR/xhtml1/DTD/xhtml1-transitional.dtd">
<html xmlns="http://www.w3.org/1999/xhtml" xmlns:spry="http://ns.adobe.com/spry">
```

```
<head>
<meta http-equiv="Content-Type" content="text/html; charset=utf-8" />
<title>Srpy 框架与 Macromedia Dreamweaver 的结合</title>
<script src="SpryAssets/xpath.js" type="text/javascript"></script>
<script src="SpryAssets/SpryData.js" type="text/javascript"></script>
<script type="text/javascript">
var ds1 = new Spry.Data.XMLDataSet("17-6.php", "employees/employee");
</script>
</head>

<body>
<b>Srpy 框架与 Macromedia Dreamweaver 的结合</b><hr />
显示数据如下：<br /><br />
<div spry:region="ds1">
    <table border="1" cellpadding="3">
        <tr>
            <th spry:sort="name">名字</th>
            <th spry:sort="email">电子邮件</th>
            <th spry:sort="mobilePhone">移动电话</th>
            <th spry:sort="department">所属部门</th>
            <th spry:sort="@id">编号</th>
        </tr>
        <tr spry:repeat="ds1">
            <td>{name}</td>
            <td>{email}</td>
            <td>{mobilePhone}</td>
            <td>{department}</td>
            <td>{@id}</td>
        </tr>
    </table>
</div>
</body>
</html>
```

由以上代码可以看到，基本与 17.4.3 节中的例子是差不多的，但是这段代码是使用图形化界面一步一步生成的。运行以后的效果如图 17.12 所示，单击"电子邮件"表头表格还会自动排序，如图 17.13 所示。

图 17.12 使用 Dreamweaver 做出的效果

图 17.13 表格自动排序

## 17.4.4 使用 Spry 制作级联下拉菜单

经过前面几节的介绍和学习，想必读者已经对 Spry 有了一定的了解，这节就使用 Spry 框架一起来做个很流行的 AJAX 效果——无刷新的级联下拉菜单。

首先需要定义两个数据用来做相关的显示。代码 17-9 是一个含有几个父亲名字的文件，它返回的格式为 XML。代码 17-10 是与代码 17-9 文件中父亲对应的儿子的列表文件，它会根据提交的参数不同，返回不同数据集合。

代码 17-9　父亲名字

```php
<?php
    header('Content-Type: text/xml'); //设置 XML 输出文件头
?>
<root>
    <father id="1">
    <name>张三</name>
    </father>
    <father id="2">
    <name>李四</name>
    </father>
    <father id="3">
    <name>王五</name>
    </father>
</root>
```

代码 17-10　返回相应的儿子名字

```php
<?php
    header('Content-Type: text/xml'); //设置 XML 输出文件头
?>
<root>
    <?php if($_REQUEST['father_id'] == 1):?>
    <child>
    <name>张小三</name>
    </child>
    <child>
    <name>张三三</name>
    </child>
    <?php elseif($_REQUEST['father_id'] == 2):?>
    <child>
    <name>李小四</name>
    </child>
    <child>
    <name>李四一</name>
    </child>
    <child>
    <name>李四二</name>
    </child>
    <child>
    <name>李四三</name>
    </child>
    <child>
    <name>李四四</name>
    </child>
```

```
    <?php elseif($_REQUEST['father_id'] == 3):?>
     <child>
      <name>王小五</name>
     </child>
     <child>
      <name>王五五</name>
     </child>
    <?php endif;?>
</root>
```

有了以上数据基础后,就可以实现客户端的代码了。代码 17-11 是实现了需要功能的实例,如下所示。

代码 17-11　使用 Spry 制作级联下拉菜单

```
<!DOCTYPE html PUBLIC "-//W3C//DTD XHTML 1.0 Transitional//EN" "http://www.w3.org/TR/xhtml1/DTD/
xhtml1-transitional.dtd">
<html xmlns="http://www.w3.org/1999/xhtml" xmlns:spry="http://ns.adobe.com/spry">
<head>
<meta http-equiv="Content-Type" content="text/html; charset=utf-8" />
<title>使用 Spry 制作级联下拉菜单</title>
<script src="../spry/includes/xpath.js" type="text/javascript"></script>
<script src="../spry/includes/SpryData.js" type="text/javascript"></script>
<script type="text/javascript">
var ds_father = new Spry.Data.XMLDataSet("17-9.php", "root/father");   //创建 XMLDataSet 对象
var ds_child = new Spry.Data.XMLDataSet("17-10.php", "root/child");    //创建 XMLDataSet 对象
function re_load() {
    var father_id = document.getElementById('father').value;           //读取选择的 ID
    ds_child.setURL("17-10.php?father_id=" + father_id);               //重新载入 XMLDataSet 对象
    ds_child.loadData();                                               //更新数据
    return false;
}
</script>
<style type="text/css">
body,td,th,select {
    font-family: Arial, Helvetica, sans-serif;
    font-size: 14px;
}
</style>
</head>
<body>
<b>联级下拉菜单</b><hr />

<span spry:region="ds_father">
    <span spry:state="loading">数据加载中...</span>
    <span spry:state="failed">数据加载错误!</span>
    <span spry:state="ready">父亲:
       <select name="father" id="father" onchange="re_load()">
          <option value="" selected="selected">请选择</option>
          <option value="{@id}" spry:repeat="ds_father">{name}</option>
       </select>
       
    </span>
</span>
<span spry:region="ds_child">
    <span spry:state="loading">数据加载中...</span>
```

```
        <span spry:state="failed">数据加载错误! </span>
        <span spry:state="ready">儿子:
            <select name="child" id="child">
                <option value="" selected="selected">请选择</option>
                <option value="{name}" spry:repeat="ds_child">{name}</option>
            </select>
        </span>
    </span>
</body>
</html>
```

同样，程序开始都需要先载入 Spry 的两个核心文件"xpath.js"和"SpryData.js"，这一步可以手动添加也可使用 Dreamweaver 自动载入。其后使用 Spry.Data.XMLDataSet 分别创建"父亲"数据集和"儿子"数据集，并绑定在 HTML 代码中。

程序的关键在于对"父亲"下拉列表添加了一个 onchange 实践并绑定函数为 re_load()。所以当这个下拉列表有变化的时候就会执行 re_load()函数。下面详细分析此函数所做的处理。

首先使用 document.getElementById()方法得到选中的值，然后使用 ds_child 对象的 setURL 属性重新载入对应的数据，最后调用该对象的 loadData()函数更新客户端数据。

程序运行后，选择"李四"后的结果如图 17.14 所示，选择"王五"后的结果如图 17.15 所示。

图 17.14 选择"李四"后的结果

图 17.15 选择"王五"后的结果

## 17.5 典型实例

【实例 17-1】所谓的选择器，就是上例中介绍的构造函数的第一种形式，在此称为选择器。

选择器可以帮助开发人员，从众多的页面元素中查找并选择需要的元素，然后将这个元素转换为 jQuery 的对象并返回。

本例将演示如何利用选择器，选择其他页面元素。

选择器可以接收的参数类型包括以下 5 种：
- ID：页面元素的 ID 值定位页面元素，可以精确地选择某一个页面元素。
- 名称：页面元素的名称，例如"div"、"a"等，可以用于选择同类型的所有元素。
- 关键字 class：根据 class 关键字定位页面元素，可以用于选择使用同一样式的元素。
- 多选：多选不同于全选，多选可以使用上面介绍的 3 种形式，选择不同类型的元素。
- "*"：选择页面所有元素即全选。

选择器根据参数查检页面，如果需要选择的元素存在，将返回 jQuery 对象。

以上介绍的 5 种选择器参数类型，是最基本也是最常见的形式。除此之外选择器的参数还包括很多属性，例如线、过滤器、表单、表单过滤器等，在此就不一一介绍了，感兴趣的读者可以查询 jQuery 的技术文档。

代码 17-12　利用选择器选择其他页面元素

```
<!DOCTYPE html PUBLIC "-//W3C//DTD XHTML 1.0 Transitional//EN"
    "http://www.w3.org/TR/xhtml1/DTD/xhtml1-transitional.dtd">
<html xmlns="http://www.w3.org/1999/xhtml" lang="en_US" xml:lang="en_US">
 <head>
  <title>jQuery 演示</title>
  <!--引用 jQuery 代码-->
  <script language="javascript" type="text/javascript" src="js/jquery-1.2.6.js"></script>
  <!--创建 javascript 代码-->
  <script language="javascript" type="text/javascript">
  <!--构造函数可以接收的第四类参数：回调函数-->
    $(function(){
        <!--使用 ID 选择页面元素-->
        $("#Layer1").css("border","3px solid red");
        $("#Layer1").find("li").css("border","3px solid black");
        $("#Layer2").css("border","3px solid black");
        $("#Layer2 > li").css("border","3px solid red");
        <!--使用元素名称选择页面元素-->
        $("p").css("border","3px solid blue");
        <!--使用 CSS 表达式选择页面元素-->
        $(".Layer3").css("border","3px solid gray");
        <!--同时选择不同类型的元素-->
        $("span,.div4,#div5,div > p").css("border","3px solid yellow");
    });
  </script>
  <style type="text/css">
<!--
#Layer1 {
    position:absolute;
    left:17px;
    top:220px;
    width:100px;
    height:100px;
    z-index:1;
}
#Layer2 {
    position:absolute;
    left:133px;
    top:220px;
    width:100px;
    height:100px;
    z-index:2;
}
.Layer3 {
    position:absolute;
    left:248px;
    top:220px;
    width:100px;
```

```
        height:100px;
        z-index:3;
   }
   -->
    </style>
 </head>
 <body>
  <div id="Layer1">第一层<li>第一行</li><li>第二行</li></div>
  <div id="Layer2">第二层<li>第一行</li><li>第二行</li></div>
  <div class="Layer3">第三层</div>
  <p id=p1>行1</p><p id=p2>行2</p>
  <span>第三层</span>
  <div class="div4">第四层</div>
  <div id="div5">第五层</div>
  <div><p>第六层</p></div>
 </body>
</html>
```

运行该程序，运行结果如图 17.16 所示。

图 17.16 程序运行结果

【实例 17-2】前面的实例只是客户端代码，本实例演示客户端、服务端代码的编写方法。

使用 jQuery 可以构建 AJAX 的客户端，而 AJAX 的服务器端可以响应的形式有 JavaScript 脚本、XML、JSON 等格式。通过 PHP 有效地管理服务器端的数据，可以完成一个根据不同请求，返回不同数据内容的服务器端。

AJAX 客户端代码如下所示。

代码 17-13 客户端、服务端代码的编写方法

```
<!DOCTYPE html PUBLIC "-//W3C//DTD XHTML 1.0 Transitional//EN"
        "http://www.w3.org/TR/xhtml1/DTD/xhtml1-transitional.dtd">
<html xmlns="http://www.w3.org/1999/xhtml" lang="en_US" xml:lang="en_US">
 <head>
  <title>jQuery演示</title>
  <!--引用jQuery代码-->
```

```
<script language="javascript" type="text/javascript" src="js/jquery-1.2.6.js"></script>
<!--创建javascript代码-->
  <script type="text/javascript">
    $(function(){
      //添加6个按钮
      $.each({0:"使用GET方法请求数据", 1: "使用POST提交表单数据", 2: "同步更新数据", 3: "使用$.get
获取服务器数据", 4: "使用$.post获取服务器数据", 5: "处理Error"},function(i, n){
        $("<input type=button>")
          .appendTo($('body'))              //将按钮添加至表单中
          .val(n);                          //设置按钮的值
      });
      //添加一个用于显示信息的div
      $("<div class='message'>消息显示</div>").appendTo($('body'));
      //找出所有按钮
      $('input:button').eq(0)
          .click(function(){                //为表单中的第一个按钮绑定单击事件
            //使用$.ajax的get方法,加载JavaScript脚本
            $.ajax({                        //使用AJAX方法
              type:"GET",                   //设置提交数据方式为GET
              url:"demo.js",                //url指向需要加载的脚本文件
              dataType:"script"             //注意加载JavaScript脚本时,dataType属性的值
            });
          })
        .end().eq(1)
          .click(function(){
            //使用$.ajax的post方法,向服务器端提交数据
            $.ajax({
              type: "POST",                 //数据传递方法为POST
              url: "ajaxServices.php",      //url属性的值指向服务器端文件
              //data属性的值是向服务器端提交的数据
              data: "action=save&title=客户端数据&detail=保存到服务器端",
              //success属性的值是一个回调函数,用于在数据提交成功后,处理返回数据
              success: function(msg){
                //获取数据成功后,将数据显示在相关元素中
                $(".message").append("<li>"+msg+"</li>");
              }
            });
          })
        .end().eq(2)
          .click(function(){
            //使用$.ajax实现客户端同步服务器端数据
            //关键属性async的值必须为false
            var html = $.ajax({ url: "ajaxServices.php?action=getHtml", async: false }).responseText;
            $(".message").append("<li>"+html+"</li>");
          })
        .end().eq(3)
          .click(function(){
            //使用$.get()方法,获取服务器端的数据
            $.get(
              "ajaxServices.php",           //设置服务器脚本
              { action:"methodGet"},        //设置数据获取方式
              function(msg){                //设置回调函数
                $(".message").append("<li>"+msg+"</li>");
              }
```

```
                            );
                    })
                .end().eq(4)
                    .click(function(){
                        //使用$.post()方法，获取服务器端的数据
                            $.post(
                                "ajaxServices.php",          //设置服务器脚本
                                { action:"methodPost"},
                                function(msg){
                                    $(".message").append("<li>"+msg+"</li>");
                                }
                            );
                    })
                .end().eq(5)
                    .click(function(){
                        //向一个不存在的文件发送数据请求，以产生错误信息
                        var html = $.ajax({ url: "none.php", async: false }).responseText;
                        //使用ajaxError()来处理错误信息
                        $(".message").ajaxError(
                            function(request, settings){
                                $(this).append("<li>AJAX 错误</li>");  //将错误信息显示在相关元素中
                            }
                        );
                    }
                )
            });
    </script>
    <style type="text/css">
        .message{
            padding: 20px;
            background-color: #000000;
            color: #FFFFFF;
            font-weight: bold;
            width: 200px;
        }
    </style>
</head>
<body>
</body>
</html>
```

运行该程序后，运行结果如图 17.17 所示。

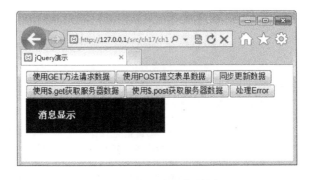

图 17.17　程序运行结果

在上面的代码中,当用户单击按钮时,会向服务端的 ajaxServices.php 中发送 ajax 请求,ajaxServices.php 代码如下所示。

代码17-14　当用户单击按钮后的情况

```php
<?php
//判断是否有数据提交
if(isset($_REQUEST["action"])){
    $action = strval($_REQUEST["action"]);
    //根据$action 变量,来输出相应的内容
    switch($action){
        case "save":                              //当用户提交的数据会 save 时,运行以下代码
            $title = $_POST['title'];
            $detail = $_POST['detail'];
            file_put_contents("fromClient.txt",$title."<br>".$detail);
            print "OK";
        break;
        case "getHtml":                           //当用户提交的数据是 getHtml 时,输出日期信息
            print(date("Y-m-d H:i:s"));
        break;
        case "methodGet":                         //当用户提交的数据是 methodGet 时,显示 get
            print("get");
        break;
        case "methodPost":                        //当用户提交的数据是 methodPOST 时,显示 post
            print("post");
        break;
    }
}else{
    //输出约定的错误信息
    print("error");
}
?>
```

在编写完服务器端代码,运行 Ch17-4.html 文件,并单击各个按钮,就可以得到服务器端的影响,运行结果如图 17.18 所示。

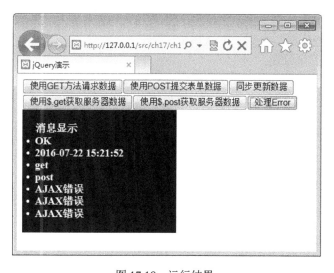

图 17.18　运行结果

## 17.6 小结

本节介绍了 AJAX 及其和 PHP 有关的内容，主要讲述的知识点包括以下内容。
- 什么是 AJAX。
- AJAX 的工作原理。
- 如何使用 AJAX，包括创建 XMLHttpRequest 对象、发送异步请求、回调函数的编写，最后通过完整实例介绍 PHP 程序结合 AJAX 的应用。
- 使用 Spry 框架来简化 AJAX 的开发。

## 17.7 习题

### 一、填空题

1. AJAX 全称为"_____"（异步 JavaScript 和 XML），是指一种创建交互式网页应用的_____技术，使浏览器可以为用户提供更为自然的浏览体验。

2. AJAX 是运行在浏览器端的技术，它在_____端和_____端之间使用异步技术传输数据。但完整的 AJAX 的应用还需要服务器端的支持，因为浏览器端发出的请求将要由服务器端处理并返回结果。

### 二、选择题

1. 以下哪一个 Web 应用不属于 AJAX 应用（　　）。
   A. Hotmail　　　　B. GMaps　　　　C. Flickr　　　　D. Windows Live
2. 以下哪个技术不是 AJAX 技术体系的组成部分（　　）。
   A. XMLHttpRequest　　B. DHTML　　　C. CSS　　　　D. DOM
3. XMLHttpRequest 对象有几个返回状态值（　　）。
   A. 3　　　　　　　B. 4　　　　　　C. 5　　　　　　D. 6

### 三、简答题

1. AJAX 的全称是什么？介绍一下 AJAX。
2. 简述 AJAX 的工作原理。
3. 介绍一下 XMLHttpRequest 对象的常用方法和属性。

# 第 18 章　PHP 类与对象

PHP 对面向对象功能的支持使 PHP 在大型项目开发中应用成为可能，面向对象编程可提高程序的重复利用率，大大提高编辑效率。本章将带读者走进 PHP 面向对象的神奇世界，见识 PHP 的面向对象给编程带来的方便、高效、易于管理之处。

## 18.1　类与对象的初探

"这个世界是由什么组成的？"这个问题如果让不同的人来回答会得到不同的答案。如果是一个化学家，他也许会告诉你"还用问嘛？这个世界是由分子、原子、离子等的物质组成的"。如果是一个画家呢？他也许会告诉你，"这个世界是由不同的颜色所组成的"……从不同的角度看问题，会得到不同答案！但如果让一个分类学家来考虑问题就有趣得多了，他会告诉你"这个世界是由不同类型的物与事所构成的"好！作为面向对象的程序员来说，就是要站在分类学家的角度去考虑问题！是的，这个世界是由动物、植物等组成的。动物又分为单细胞动物、多细胞动物、哺乳动物等，哺乳动物又分为人、大象、老虎……

接下来取与自身关系最近的人类来讲解。首先来看看人类所具有的一些特征，这个特征包括属性（一些参数，数值）及方法。每个人都有身高、体重、年龄、血型等一些属性。人会劳动、人都会直立行走、人都会用自己的头脑去创造工具等这些方法！人之所以能区别于其他类型的动物，是因为每个人都具有人这个群体的属性与方法。"人类"只是一个抽象的概念，它仅仅是一个概念，它是不存在的实体！但是所有具备"人类"这个群体的属性与方法的对象都叫人！这个对象"人"是实际存在的实体！每个人都是人这个群体的一个对象。老虎为什么不是人？因为它不具备人这个群体的属性与方法，老虎不会直立行走，不会使用工具等！所以说老虎不是人！

理解类和对象最简单的方法可能就是创建一些类和对象。

## 18.2　第一个类

理解类和对象最简单的方法可能就是创建一些类和对象，那么本节就使用 PHP 来创建一个"人类"。每个类的定义都以关键字 class 开头，后面跟着类名，可以是任何非 PHP 保留字的名字。后面跟着一对大括号，里面包含有类成员和方法的定义。创建一个最简单的类的代码，如下所示：

```
class People            //创建类
{
}
```

> **注意**　类名可以是包含字母、数字和下画线字符的任何组合，但不能以数字开头。

上例中的 Dictionary 类尽管用处有限，但完全合法。那么如何使用该类来创建一个对象呢？要创建一个对象的实例，必须创建一个新对象并将其赋给一个变量。当创建新对象时该对象总是被赋值，除非该对象定义了构造函数并且在出错时抛出了一个异常。

```
$people = new People();      //实例化
```

这就告诉 PHP 引擎来实例化一个新对象。然后，返回的对象可以存储在一个变量中以供将来使用。

## 18.3 属性

在类的主体中，可以声明叫做属性的特殊变量。对属性或方法的访问控制，是通过在前面添加关键字 public、protected 或 private 来实现的，具体的访问形式将在后面小节中介绍。

但现在例子中将所有属性声明为 public。下面的代码显示了一个声明了两个属性的类：

```
class People                 //创建类
{
    public $name = '张三';    //名字
    public $age = '18';       //年龄
}
```

正如所看到的，可以在声明属性的同时为其赋值。可以用 print_r() 函数快速浏览一下对象的状态。代码 18-1 显示 People 对象现在具有哪些成员，如下所示。

代码 18-1  People 对象一览

```
<b>People 对象一览</b><hr />
<?php
class People                 //创建类
{
    public $name = '张三';    //名字
    public $age = 18;         //年龄
}

$people = new People();      //实例化一个 People 对象

echo '<pre>';                //按照原格式输出
print_r($people);            //输出$people 对象
echo '</pre>';
?>
```

如果运行该脚本，将看到如图 18.1 所示的效果。

图 18.1  People 对象一览

可以使用对象操作符"->"访问公共对象属性。所以"$people-> name"表示由$people 引用的 People 对象的$name 属性。如果可以访问属性，就意味着可以设置和获得其值。代码 18-2 中的代码创建 People 类的两个实例，换言之，它实例化两个 People 对象并更改对象的$name 和$age 属性。

代码 18-2　创建 People 类的两个实例

```php
<b>创建 People 类的两个实例</b><hr />
<?php
class People                              //创建类
{
    public $name = '张三';                //名字
    public $age = 18;                     //年龄
}

$people1 = new People();                  //实例化一个 People1 对象
$people2 = new People();                  //实例化一个 People2 对象

$people1->name = '小乔';                  //赋值 people1 的名字
$people1->age = 26;                       //赋值 people1 的年龄
$people2->name = '张飞';                  //赋值 people2 的名字
$people2->age = 30;                       //赋值 people2 的年龄

echo '<pre>';                             //按照原格式输出
print_r($people1);                        //输出$people1 对象
print_r($people2);                        //输出$people2 对象
echo '</pre>';
?>
```

在代码的第 9、10 两行，分别创建两个 People 类的对象。此后，使用对象操作符"->"对各自的名字和年龄属性进行赋值。运行以上代码，可以看到这两个对象的属性值，如图 18.2 所示。

图 18.2　People 类的两个实例

## 18.4 方法

虽然用对象存储数据有优点，但是现在可能还没有感觉到。对象可以是东西，但关键在于它们还可以做事情。本节就来重点介绍类的方法。

简单地说,方法是在类中声明的函数。它们通常(但不总是)通过对象实例使用对象操作符来调用的。代码 18-3 演示了向 People 类中添加一个方法,并调用该方法。

代码 18-3　向 People 类中添加方法

```php
<b>向 People 类中添加方法</b><hr />
<?php
class People                              //创建类
{
   public $name = '张三';          //名字
   public $age = 18;                //年龄
    function intro()                 //添加方法
     {
         return "我的名字叫{$this->name},今年{$this->age}。\r\n";
     }
}

$people = new People();         //实例化一个 People 对象

echo '<pre>';                   //按照原格式输出
print_r($people->intro());      //输出$people 对象
echo '</pre>';
?>
```

图 18.3　向 People 类中添加方法

正如所看到的,声明 intro()方法与声明任何函数的方式一样,只不过它是在类中声明。intro()方法是通过 People 实例使用对象操作符调用的。intro()函数访问属性来提供对象状态的简述。

$this 伪变量提供了一种用于对象引用自己的属性和方法的机制。在对象外部,可以使用句柄来访问它的元素(在本例子中是 $ people)。在对象内部,则无此句柄,所以必须求助于$this。

以上代码的第 7~11 行就是新添加的类方法,该方法的名称为 intro,返回一个人的姓名和年龄的信息。其中姓名和年龄是通过对象操作符"->"访问对象属性而得到的。运行后得到的结果如图 18.3 所示。

## 18.5　构造函数

在本章的 18.3 节中,是通过实例化对象后再对它的属性进行操作。是否可以在实例化的时候就为这些属性赋值呢?答案是肯定的,本节就来介绍类的一个特别方法——构造函数。

PHP 引擎识别许多"魔术"方法。如果定义了方法,则 PHP 引擎将在相应的情况发生时自动调用这些方法。最常实现的方法是构造函数方法。PHP 引擎在实例化对象时调用构造函数。对象的所有基本设置代码都放在构造函数中。在 PHP V4 中,通过声明与类同名的方法来创建构造函数。在 PHP V5 中,应声明叫做__construct()的方法。代码 18-4 显示 People 类的构造函数。

代码 18-4　People 类的构造函数

```php
<b>People 类的构造函数</b><hr />
<?php
class People                                      //创建类
{
```

```php
    public $name = '';                          //名字
    public $age = 0;                            //年龄
    function __construct($name, $age)           //构造函数
    {
        $this->name = $name;                    //赋值名字
        $this->age = $age;                      //赋值年龄
    }
    function intro()                            //添加方法
    {
        return "我的名字叫{$this->name}，今年{$this->age}岁。\r\n";
    }
}

$people = new People('和氏璧', 29);              //实例化一个 People 对象

echo '<pre>';                                   //按照原格式输出
print_r($people->intro());                      //输出$people 对象
echo '</pre>';
?>
```

从以上代码可见，构造函数的添加与添加任何类方法的方式一样，只不过它的函数名一定要为 "__construct"。第 18 行的代码是实例化一个 People 类的对象，其中有带入构造函数所需的两个参数。

现在的 People 类比以前更安全。所有 People 对象都已经用必需的参数初始化过了。当然，还无法阻止一些人随后更改$name 属性或将$age 设置为空。可喜的是，PHP V5 可以帮助您实现这一功能。

代码运行后，得到的结果如图 18.4 所示。

图 18.4　使用 People 类的构造函数

## 18.6　关键字：在此我们是否可以有一点隐私

前面已经看到与属性声明相关的 public 关键字。该关键字表示属性的可见度。事实上，属性的可见度可以设置为 public、private 和 protected。声明为 public 的属性可以在类外部写入和读取，声明为 private 的属性只在对象或类上下文中可见。声明为 protected 的属性只能在当前类及其子类的上下文中可见。

如果将属性声明为 private 并试图从类范围外部访问它（如代码 18-5 所示），PHP 引擎将抛出致命错误。

代码 18-5　试图从类范围外部访问属性

```php
<b>试图从类范围外部访问属性</b><hr />
<?php
class People                              //创建类
{
    private $name = '';                   //名字
    private $age = 0;                     //年龄
    function __construct($name, $age)     //构造函数
    {
        $this->name = $name;              //赋值名字
        $this->age = $age;                //赋值年龄
    }
    function intro()                      //添加方法
    {
        return "我的名字叫{$this->name}，今年{$this->age}岁。\r\n";
    }
}

$people = new People('和氏璧', 29);       //实例化一个 People 对象

echo '<pre>';                             //按照原格式输出
print_r($people->name);                   //输出$people 对象
echo '</pre>';
?>
```

在代码的第 5~6 行，设置名字与年龄的关键字都为 private。然后创建完一个 People 类的对象之后，试图通过对象操作符"->"直接读取其 name 属性，这时 PHP 便会抛出一个致命错误，如图 18.5 所示。

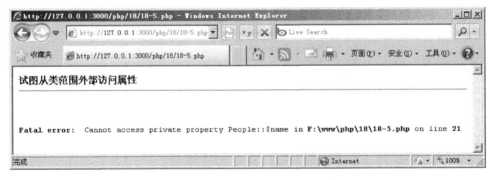

图 18.5　试图从类范围外部访问属性

一般来说，应该将大多数属性都声明为 private，然后根据需要提供获得和设置这些属性的方法。这样就可以控制类的接口，使一些数据只读，在将参数分配给属性之前对参数进行清理或过滤，并提供与对象交互的一套明确的规则。

修改方法可见度的方法与修改属性可见度的方法一样，即在方法声明中添加 public、private 或 protected。如果类需要使用一些外部世界无须知道的家务管理方法，则可以将其声明为 private。在代码 18-6 中，get_name()方法为 People 类的用户提供了获取名字的接口。该类还需要相应年龄的查询，不过年龄对于女性来说是秘密，所以这里声明为 private 方法。

代码 18-6　为 People 类开发查询接口

```php
<b>为People类开发查询接口</b><hr />
<?php
class People                              //创建类
{
    private $name = '';                   //名字
    private $age = 0;                     //年龄
     function __construct($name, $age)    //构造函数
     {
         $this->name = $name;             //赋值名字
         $this->age = $age;               //赋值年龄
     }
     function intro()                     //添加方法
     {
         return "我的名字叫{$this->name}，今年{$this->age}岁。\r\n";
     }
     function get_name()                  //添加方法
     {
         return $this->name;              //返回名字
     }
     private function get_age()           //添加方法
     {
         return $this->age;               //返回年龄
     }
}
$people = new People('和氏璧', 29);       //实例化一个People对象

echo '<pre>';                             //按照原格式输出
print_r($people->get_name());             //输出名字
echo '</pre>';
?>
```

将 get_age()方法声明为 private，能防止该类不适当地调用 get_age()。与属性一样，尝试从包含类外部调用私有方法将导致致命错误。代码运行后，得到的结果如图 18.6 所示。

可见对象的名字被正确地读取出来，而且没有报错。

图 18.6　为 People 类开发查询接口

## 18.7 在类上下文操作

到目前为止，所看到的方法和属性都在对象上下文中进行操作。也就是说，必须使用对象实例，通过$this 伪变量或标准变量中存储的对象引用来访问方法和属性。有时候，可能发现通过类而不是对象实例来访问属性和方法更有用。这种类成员叫做静态成员。

要声明静态属性,将关键字 static 放在可见度修饰符后面,直接位于属性变量前面。下面的代码显示了单个静态属性:$number,存放用于保存和读取 People 数据的默认目录的路径。因为该数据对于所有对象是相同的,所以将它用于所有实例都是有意义的。

```
class People {
    public static $number = 0;
    //...
}
```

可以使用范围解析操作符来访问静态属性,该操作符由双冒号"::"组成。范围解析操作符应位于类名和希望访问的静态属性之间。

```
People::$ number = 10;
```

正如所看到的,访问该属性无需实例化 People 对象。声明和访问静态方法的语法与此相似。再次,应将 static 关键字放在可见度修饰符后。代码 18-7 显示了一个静态方法,它们访问声明为 private 的$number 属性。

代码 18-7　访问$number 属性的静态方法

```
<b>访问$number 属性的静态方法</b><hr />
<?php
class People                                    //创建类
{
    private static $number = 10;                //private 的静态变量
    public static function get_number()         //public 的静态方法
    {
        return self::$number;                   //返回 number 数值
    }
}

echo '<pre>';                                   //按照原格式输出
print_r(People::get_number());                  //调用类的静态方法
echo '</pre>';
?>
```

由以上代码可看出,用户不再能访问$number 属性了。通过创建特殊方法来访问属性,可以确保所提供的任何值是健全的。这个方法使用关键字 self 和访问解析操作符来引用$number 属性。不能在静态方法中使用$this,因为$this 是对当前对象实例的引用,但静态方法是通过类而不是通过对象调用的。如果 PHP 引擎在静态方法中看到$this,它将抛出致命错误和一条提示消息。

代码运行后得到的结果如图 18.7 所示。

图 18.7　访问$number 属性的静态方法

需要使用静态方法有两个重要原因。首先，实用程序操作可能不需要对象实例来做它的工作。通过声明为静态，为客户机代码节省了创建对象的工作量。第二，静态方法是全局可用的。这意味着可以设置一个所有对象实例都可以访问的值，而且使得静态方法成为共享系统上关键数据的好办法。

尽管静态属性通常被声明为 private 来防止他人干预，但有一种方法可以创建只读静态范围的属性，即声明常量。与全局属性一样，类常量一旦定义就不可更改。它用于状态标识和进程生命周期中不发生更改的其他东西，比如所处的共同环境。

可以用 const 关键字声明类常量。例如，因为 People 对象的实际实现都设定有一个身高极限。如下将其设置为类常量。

```
class People {
    const MAXLENGTH = 250;
    // …
}
```

类常量始终为 public，所以不能使用可见度关键字。这并不是问题，因为任何更改其值的尝试都将导致解析错误。还要注意，与常规属性不同，类常量不以美元符号开始。

## 18.8 继承

继承是面向对象最重要的特点之一，就是可以实现对类的复用。通过"继承"一个现有的类，可以使用已经定义的类中的方法和属性。继承而产生的类叫做子类。被继承的类，叫做父类，也被称为超类。PHP 是单继承的，一个类只可以继承一个父类，但一个父类却可以被多个子类所继承。从子类的角度看，它"继承（inherit, extends）"自父类；而从父类的角度看，它"派生（derive）"子类。它们指的都是同一个动作，只是角度不同而已。子类不能继承父类的私有属性和私有方法。

> **说明** 在 PHP 中类的方法可以被继承，类的构造函数也能被继承。

使用 extends 关键字创建子类。如下是 Student 类的最小实现：

```
class Student extends People
{

}
```

Student 类现在的功能与 People 类完全相同。因为它从 People 继承了所有的公共（和保护）属性，所以可以将应用于 People 对象的相同操作应用于 Student 对象。这种关系可以扩展到对象类型。使用 Student 类实例化后的对象显然是 Student 类的实例，但它也是 People 的实例。同样地，以一般化的顺序来讲，一个人同时是人类、哺乳动物和动物。可以使用 instanceof 操作符来测试这一点，如果对象是指定类的成员，则返回 true，如代码 18-8 所示。

代码 18-8 使用 instanceof 操作符测试继承

```
<b>使用 instanceof 操作符测试继承</b><hr />
<?php
class People                              //创建类
{
    public $name = '';                    //名字
    public $age = 0;                      //年龄
    function __construct($name, $age)     //构造函数
```

```
        {
            $this->name = $name;                    //赋值名字
            $this->age = $age;                      //赋值年龄
        }
        function intro()                            //添加方法
        {
            return "我的名字叫{$this->name},今年{$this->age}岁。\r\n";
        }
        function get_name()                         //添加方法
        {
            return $this->name;                     //返回名字
        }
        function get_age()                          //添加方法
        {
            return $this->age;                      //返回年龄
        }
    }
    class Student extends People                    //类的继承
    {
    }

    echo '<pre>';                                   //安装原格式输出
    $student = new Student('旺福', 21);             //实例化 Student 对象
    if ($student instanceof Student) {              //判断是否是 Student 类的实例
        print "该对象是 Student 类的实例\r\n";       //输出
    }
    if ($student instanceof People) {               //判断是否是 People 类的实例
        print "该对象是 People 类的实例\r\n";        //输出
    }
    echo '</pre>';
?>
```

以上代码首先声明一个 People 类,并在代码的第 26~28 行创建 Student 类来继承 People 类。第 31 行是实例化一个 Student 对象,发现它与实例化 People 类时一样都需要传入初始参数。因为它是继承了 People 类,所以同样也继承了构造函数。之后使用 instanceof 关键字来判断这个对象是否是 Student 类和 People 类的实例。运行后得到的结果如图 18.8 所示。

图 18.8　使用 instanceof 操作符测试继承

以上是继承父类的一个例子,它只是简单地继承了父类能被继承的所有属性和方法。但是学生是有区别于人类这个大的范围定义的,所以在继承父类之后还需要给它添加一些特有的属性和方法。代码 18-9 展示了为新的 Student 类添加年级和班主任属性,以及一个能计算简单加法的方法,如下所示。

代码 18-9　添加了属性和方法的 Student 实现

```
<b>添加了属性和方法的 Student 实现</b><hr />
<?php
    class People                                    //创建类
    {
        public $name = '';                          //名字
        public $age = 0;                            //年龄
```

```php
    function __construct($name, $age)      //构造函数
    {
        $this->name = $name;                //赋值名字
        $this->age = $age;                  //赋值年龄
    }
    function intro()                        //添加方法
    {
        return "我的名字叫{$this->name},今年{$this->age}岁。\r\n";
    }
    function get_name()                     //添加方法
    {
        return $this->name;                 //返回名字
    }
    function get_age()                      //添加方法
    {
        return $this->age;                  //返回年龄
    }
}
class Student extends People                //类的继承
{
    private $grade = '一年级';               //年级
    private $head_teacher = '张三';          //班主任
    function add($a, $b)                    //加法函数
    {
        return $a + $b;
    }
}
echo '<pre>';                               //安装原格式输出
$student = new Student('旺福', 21);         //实例化 Student 对象
echo $student->intro();                     //自我介绍
echo "12 + 9 = ".$student->add(12, 9);     //加法运算
echo '</pre>';
?>
```

以上代码的第 26~34 行创建了一个继承自 People 的 Student 类，并为这个类添加$grade、$head_teacher 属性及 add()方法。第 37 行是实例化这个 Student 类，之后调用继承自父类的 intro()方法进行自我介绍。最后再调用自身的 add()方法做了一个加法运算。运行后得到的结果如图 18.9 所示。

图 18.9　添加了属性和方法的 Student 实现

## 18.9 典型实例

**【实例 18-1】** 本实例演示如何动态调用类。

实现动态调用类,其原理和可变变量,以及变量函数有共同之处。都是根据用户或系统提供的数据,来运行相对应的变量、函数或类。

在实际应用中,一个项目中的类可以有若干个,而且每一个类的功能也不相同。为了方便,通常把相同功能函数都存放在同一个类中,例如:一个名为"upload"的类,其包含的应该是与上传有关的函数。

为了能够根据用户或系统提供的数据来动态调用类,需要对类及其内部函数进行统一的定义。下面通过代码来介绍动态调用类的方法。

定义默认情况下调用的类,代码如下所示。

代码 18-10　动态调用类的方法

```php
<?php
//定义一个与文件中相同的类
class showtable{
    //创建构造函数,用于初始化类
    function showuser(){}
    //创建主函数,默认运行此函数
    function main(){
        echo "<table border='1'><tr><td>显示表格</td></tr></table>";
    }
    //创建其他函数
    function other(){
        echo "这是showtable类中函数other()";
    }
}
?>
```

定义根据用户输入调用的类,代码如下所示。

代码 18-11　定义根据用户输入调用的类

```php
<?php
//创建一个与文件中相同的类
class showuser{
    //创建构造函数
    function showuser(){}
    //创建默认函数
    function main($option){
        $u = explode(",",$option);
        echo "用户姓名: ".$u[0].", 年龄: ".$u[1];
    }
}
?>
```

接着定义主文件,用于动态调用其他类,代码如下所示。

代码 18-12  定义主文件

```php
<?php
//检查客户端提交的数据,确定是否需要调用其他类处理数据
if(isset($_POST["c"])){
    //根据客户端数据,确定要调用的类
    $c = $_POST["c"];
}else{
    //如果用户没有指定类,则默认调用showtable类
    $c = "showtable";
}
//检测客户端是否指定了方法来处理数据
if(isset($_POST["a"])){
    //根据客户端数据,调用指定的方法
    $a = $_POST["a"];
}else{
    //如果用户没有指定方法,则默认调用main()函数
    $a = "main";
}
//检查客户端是否提交了其他数据
if(isset($_POST["d"])){
    //如果客户端提交了其他数据,格式化数据
    $d = implode(",",$_POST["d"]);
}else{
    //如果客户端没有提交其他数据,设置为空
    $d = "";
}
//检测类文件是否存在
if(file_exists($c.".php")){
    //加载类文件
    include($c.".php");
    //检测类文件加载后,是否存在类
    if(class_exists($c)){
        //当类存在时,初始化类
        $e = new $c();
        //调用对象的方法
        $e->$a($d);
    }
}
?>

  <form action="Ch18-1.php" method="post">

  姓名:<input type="text" name="d[name]" value=""/><br/>
  年龄:<input type="text" name="d[age]" value="" size="40" maxlength="40"/>
<br>
  <input type="hidden" name="c" value="showuser"/>
  <input type="submit" name="name" value="提交"/>
  </form>
```

运行该程序后,运行结果如图 18.10 所示。

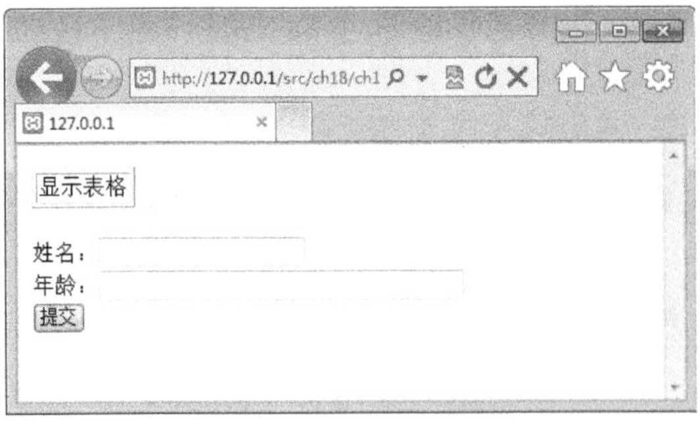

图 18.10　程序运行结果

在表单中的姓名文本框中输入"小李"，年龄文本框中输入"17"，单击"提交"按钮，运行结果如图 18.11 所示。

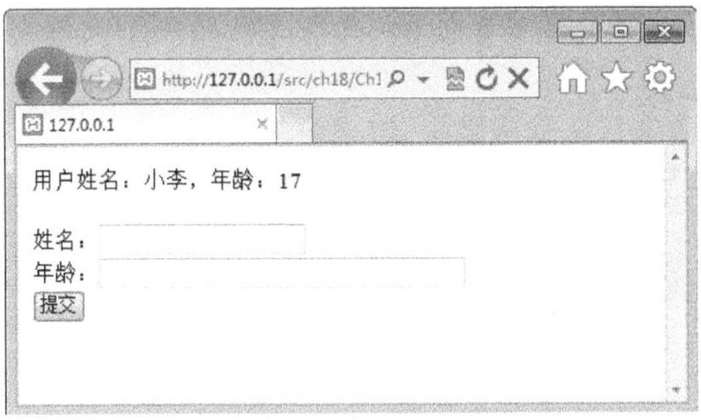

图 18.11　程序运行结果

【实例 18-2】在 PHP 中关于对象的知识，最多的是与类有关。当使用"new"关键字把类实例化后，就产生了对象。实际上 PHP 也支持把其他类型变量转换为对象，这样做有时可以使某一类型的变量，操作起来更加简单，例如数组。

取得对象的有两种方法：
- 使用 new 关键字，对类进行实例化，得到与类有关的对象。
- 使用"(object)"把其他类型的变量，转换为对象类型，也可以得到与变量相关的对象。

代码 18-13　把其他类型变量转换为对象

```
<?php
//定义一个字符串型变量
$str = "通过对象使用字符串";
//转换字符串类型为对象
$obj = (object)$str;
//使用新产生的对象
echo $obj->scalar;
echo "<br>";
$tree = array("name"=>"小明","age"=>17);    //定义一个数组
$obj1 = (object)$tree;                       //定义一个函数
echo $obj1->name."今年".$obj1->age."岁";
?>
```

运行该程序后，运行结果如图 18.12 所示。

图 18.12　程序运行结果

## 18.10　小结

由于篇幅有限，因此不可能全部介绍到 PHP 的所有知识，进一步研究有两个方向：广度和深度。广度指的是超出本文范围的那些特性，比如抽象类、接口、迭代器接口、反射、异常和对象复制。深度指的是设计问题。尽管理解 PHP 中可用于面向对象编程的工具范围很重要，但考虑如何最佳使用这些特性同样重要。如果读者感兴趣可以参考专门讲述面向对象上下文中设计模式的资料。

## 18.11　习题

### 一、填空题

1．类是一组具有相同属性和行为的对象的抽象，是_____、_____的定义。
2．面向对象的三大语言特点是：_____、_____、_____。
3．关键字_____声明的字段可以被该类和该类的子类访问，关键字_____声明的字段可以被外部直接访问。
4．一个_____只可以继承一个_____，但一个_____却可以被多个所继承，子类不能继承父类的_____和_____。
5．如果从父类继承的方法不能满足子类的需求，可以对其进行改写，这个过程叫方法的_____。
6．调用父类的构造函数时，必须使用关键字_____调用。
7．析构函数的作用是_____。
8．在类中使用当前对象的属性和方法时，必须使用_____取值。

### 二、选择题

1．使用哪个指令可以实例化类（　　）。
A．class　　　　B．new　　　　C．create　　　D．method
2．继承性是面向对象程序设计语言的一个主要特点，表示继承关系的关键字是（　　）
A．class　　　　B．new　　　　C．extends　　　D．static
3．下列哪个是构造函数名（　　）。
A．__destruct()　B．_construct()　C．不确定　　　D．以上都不是
4．final 关键字修饰的类（　　）。
A．可以被继承　　　　　　　　B．可以被覆盖

C. 既能被继承又能被覆盖　　　D. 既不能被继承又不能被覆盖

5. 下面程序的运行结果为（　　）

```
01  class student
02  {
03  function __construct(){
04  echo "I am a student . <br>";
05  }
06
07  function teacher() {
08  echo"I am a teacher . ";
09          }
10          }
11
12  $peo=new student();
```

A. I am a student  
　I am a teacher .  
B. I am a student .  
C. I am a teacher .  
D. 无任何输出

### 三、简答题

1. 简述类和对象的定义。
2. 阐述限定字符 public、private、protected、final、const、static 的作用。
3. 解释构造函数和析构函数的差异。

### 四、编程题

1. 创建一个 oblong 类，编写一个方法计算长方形的周长。
2. 创建一个购物类，创建物品名称、价格，判断是否有足够的资金购买，如果买，输出物品名称及价格，如果不买输出原因。

# 第 19 章 使用 PHP 扩展与应用库（PEAR）加速开发

在 PHP 网站开发中，PEAR 不得不提，其是 PHP 的扩展和应用程序库，涵盖很多有用的类库，而 PEAR 的安装也非常方便，下面来和大家分享在 Windows 系统下 PEAR 的安装与使用方法。

## 19.1 PEAR 介绍与安装

PEAR 是 PHP 的官方开源类库，是 PHP Extension and Application Repository 的缩写。PEAR 将 PHP 程序开发过程中常用的功能编写成类库，涵盖了页面呈面、数据库访问、文件操作、数据结构、缓存操作、网络协议等许多方面，用户可以很方便地使用。它是一个 PHP 扩展及应用的一个代码仓库，简单地说，PEAR 就是有组织的类的集合。

使用 PEAR 能带来的好处如下。

- PEAR 按照一定的分类来管理 PEAR 应用代码库，所以读者可以将自己的 PEAR 代码组织到其中适当的目录中，那么其他的人就可以方便地检索并分享到你的成果。
- PEAR 不仅仅是一个代码仓库，它同时也是一个标准，使用这个标准来书写 PHP 代码，将会增强程序的可读性，复用性，减小出错的几率。
- PEAR 通过提供 2 个类为使用者搭建了一个框架，实现了诸如析构函数、错误捕获功能，使用者只需通过继承就可以使用这些功能。

在了解了什么是 PEAR 以后，就来介绍如何安装它。

> **注意** 通常 PHP 版本在大于 4.3.0 的情况下，是自带有 PEAR 包并默认安装的。如果使用的 PHP 版本比较早，或者因为特殊原因没有安装 PEAR 包，那么可以使用如下方式安装。

（1）首先介绍在 Windows 系统中的安装方法，当下载和安装完成 PHP 以后，进入 PHP 的安装目录，找到 "go-pear.bat" 这个批处理文件，双击执行。会出现一个命令行窗口，如图 19.1 所示。

图 19.1 PEAR 安装命令行窗口

（2）提示是需要安装整个系统都可用的 PEAR 还是一个本地的拷贝。这里默认的是 system，直接按回车键，出现如图 19.2 所示的窗口。

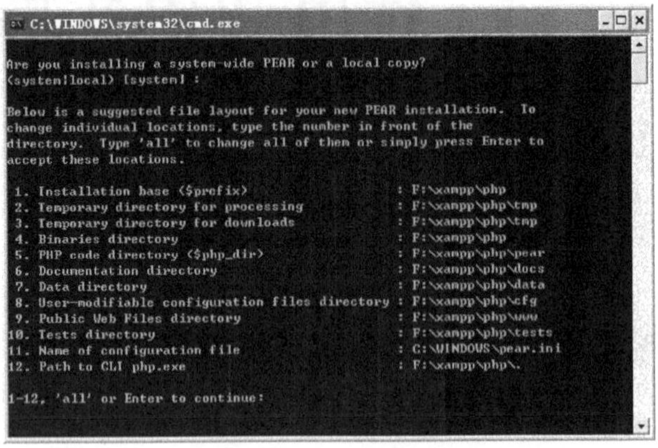

图 19.2　PEAR 安装信息

（3）显示关于 PEAR 安装的一些信息，这里默认即可。继续按回车键，首先会显示一些安装的过程，最后出现如图 19.3 所示的安装成功结果。

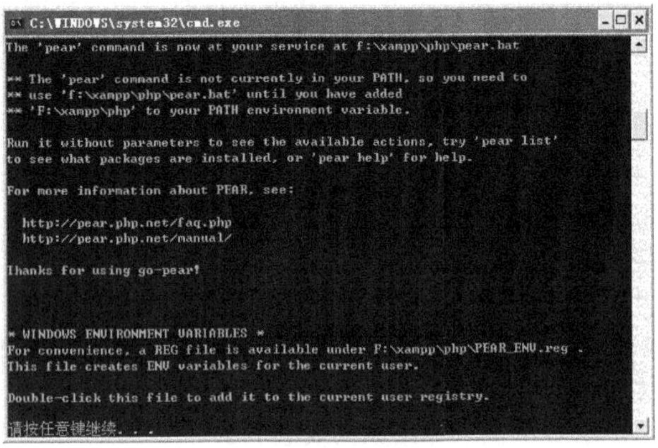

图 19.3　PEAR 安装成功

安装成功以后，会提示需要注册相关路径的环境变量。很方便的是，执行这个批处理程序后，它会自动在 PHP 目录下生成一个"PEAR_ENV.reg"的注册文件，只需双击它就可以。之后就可以使用命令行窗口进入 PEAR 的安装目录来运行 PEAR 这个命令。

如果需要升级 PEAR，可以使用浏览器访问 http://pear.php.net/go-pear，之后将这个页面的内容另存为本地文件，命名为"go-pear.php"。在命令行窗口中，使用如下命令来更新 PEAR 库。

```
php go-pear.php
```

如果需要安装某个特定的类库，比如安装 MDB2，可以使用如下语句：

```
pear install MDB2
```

有些类库还需要安装特定的子类，比如 MDB2 就有很多数据库子类。下面的代码演示了如何给 MDB2 安装 mysql 的驱动：

```
pear install MDB2#mysql
```

最后说一下在 UNIX/Linux/BSD 系统中 PEAR 的安装方法。其实很简单，只要执行一个语句，如下所示：

```
$ lynx -source http://pear.php.net/go-pear | php
```

##  用 PEAR 快速创建表单

通过上一个小节的介绍，相信大家都知道什么是 PEAR，而 PEAR::HTML_QuickForm 是 PEAR 中的一个非常实用的类库。使用它，可以动态地创建、验证和显示 HTML 表单。本节就来介绍如何使用 HTML_QuickForm 这个类来快速创建表单。

在使用 HTML_QuickForm 类之前，需要引入这个类。使用如下语句：

```
require_once 'HTML/QuickForm.php';
```

QuickForm.php 是这个类的主文件，它在 PEAR 安装目录的"HTML"目录下。之后就可以创建该类的对象，类似如下语句：

```
$form = new HTML_QuickForm('quickForm');
```

创建了一个 HTML_QuickForm 的对象，并且它的 name 属性为"quickForm"。因为没有给其他参数赋值，所以其他的表单属性将会使用默认的值。比如 method 方式默认为"POST"，target 属性默认为当前页面等。

在创建表单对象后，使用它的成员函数 addElement 为其添加各种表单元素，addElemment() 的三个参数分别表示类型、名称、显示的文字。

```
$form->addElement('header', 'header', '请登录');
$form->addElement('text', 'name', '用户名：');
$form->addElement('password', 'password', '密码：');
$form->addElement('submit', 'submit', '提交');
```

第 1 行代码添加的并不是一个"真的"表单元素，它在这里的作用是显示这个表单的标题。第 2 行和第 3 行代码分别为表单添加一个文本框和密码输入框。第 4 行则创建一个提交按钮，用于表单的提交。此时这个 HTML_QuickForm 对象已经有了表单需要的所有必要元素，可以使用如下语句输出这个表单。

```
$form->display();
```

但显然这不是使用 QuickForm 的主要原因，因为使用一些可视化的工具来创建表单会更快一些。

QuickForm 的主要功能不是在使用 PHP 创建表单上，而是创建完成以后自带对表单的验证功能，而且可以在客户端验证也可以在服务器端验证。表 19.1 所示是 PEAR::HTML_QuickForm 自带的验证规则。

表 19.1 PEAR::HTML_QuickForm自带的验证规则

| 规则名称 | 参数 | 规则描述 |
| --- | --- | --- |
| required |  | 必须输入，不能为空 |
| maxlength | $length | 最大字符长度 |
| minlength | $length | 最小字符长度 |
| rangelength | $min,$max | 字符长度的范围 |

续表

| 规则名称 | 参数 | 规则描述 |
|---|---|---|
| regex | $rx | 输入的数据必须匹配给定的正则表达式 |
| email | true (forDNS heck) | 验证 E-mail 地址的格式（可选选项中还可以查看域名是否有效） |
| lettersonly | | 只能是英文字母 |
| alphanumeric | | 只能是英文字母或数字 |
| numeric | | 只能是数字 |
| nopunctuation | | 不能包含以下特殊字符:()./*^?#!@$%+=,"'><~[]{}. |
| nonzero | | 不能为零 |
| compare | | 两次输入必须相同 |
| uploadedfile | | 表单元素必须包含正确的上传文件 |
| maxfilesize | $size | 上传文件的最大容量 |
| mimetype | $mime | 上传文件的类型，$mime 可以是数组，则上传文件的类型必须为其中一种 |
| filename | $file_rx | 上传的文件的名称必须满足给定的正则表达式 |

接下来就来对用户名和密码加验证，指定用户名为英文字符，而且长度不能少于 6 个，密码需要在 6～12 个字符之间。下面是添加相应验证规则的语句。

```
$form->addRule('name','用户名不能为空！', 'required');
$form->addRule('name','用户名必须为字母或数字！', 'alphanumeric');
$form->addRule('name','用户名必须为 6 位以上字母或数字', 'minlength', 6);
$form->addRule('password','密码不能为空！', 'required');
$form->addRule('password','密码必须为 6 位以上！', 'minlength', 6);
$form->addRule('password','密码不能超过 12 位！', 'maxlength', 12);
```

以上代码是服务器端加的验证，如果需要在客户端加验证，只需在此基础上，追加一个参数设置为"client"即可。例如需要在客户端验证用户名，并规定不能为空的代码如下：

```
$form->addRule('name','用户名不能为空！', 'required', 'client');
```

最后使用 QuickForm 对象的 validate 方法来对这个表单进行验证，使用如下语句：

```
$form->validate();
```

至此一个表单的验证结束。验证成功之后，还需对表单进行处理。比如登录成功之后会出现友好的提示信息等。这时需要用到的是 QuickForm 对象的 process 方法。代码 19-1 是使用 QuickForm 做的一个快速表单创建与验证的例子，如下所示。

代码 19-1　用 PEAR 快速创建表单

```
<b>用 PEAR 快速创建表单</b><hr />
<?php
require_once 'HTML/QuickForm.php';                              //载入 HTML_QuickForm 类

$form = new HTML_QuickForm('quickForm');                        //创建 HTML_QuickForm 对象

$form->addElement('header', 'header', '请登录');                 //添加表单标题
$form->addElement('text', 'name', '用户名：');                   //添加用户名输入框
$form->addElement('password', 'password', '密码：');             //添加密码输入框
$form->addElement('submit', 'submit', '提交');                   //添加提交按钮
```

```
$form->addRule('name','用户名不能为空！', 'required');              //设置用户名不能为空
$form->addRule('name','用户名必须为字母或数字！', 'alphanumeric');  //用户名必须为字母和数字
$form->addRule('name','用户名必须为6位以上字母或数字', 'minlength', 6);  //6位以上字母或数字
$form->addRule('password','密码不能为空！', 'required');            //必填项
$form->addRule('password','密码必须为6位以上！', 'minlength', 6);   //6位以上
$form->addRule('password','密码不能超过12位！', 'maxlength', 12);   //12位以下

if ($form->validate()) {                          //服务器端验证表单
    $form->process('pass_hello');                 //成功后执行处理函数
} else {
    $form->display();                             //显示表单
}

function pass_hello($data) {                      //验证成功后调用的处理函数
    print '你好, ' . $data['name'];               //输出用户名
    print '<br />';                               //换行
    print '你输入的密码是 '.$data['password'];    //输出密码
}
?>
```

以上代码的具体实现步骤已经做了讲解，需要注意的是最后的验证处理函数。该函数接收一个数据输入参数，当表单提交并被验证成功后，此参数就包含有表单提交的数据。运行代码后，出现如图19.4所示的初始页面。如果输入的用户名和密码不符合验证要求，就会出现相应的提示信息，如图19.5所示。如果验证成功，就调用处理函数，得到的结果如图19.6所示。

图19.4　快速表单初始页面

图19.5　验证失败

图19.6　验证成功

## 19.3 用 PEAR 轻松实现身份验证

几乎所有的 Web 程序都有用户的身份验证的功能,而身份验证的方式也有很多种。比如,数据库身份验证、LDAP 身份验证、POP3 身份验证、IMAP 身份验证等。而 PEAR 的 Auth 类提供对几乎所有验证方式的支持。本节就来讲解使用 PEAR 来实现最常用的数据库身份验证的方法。

开始前需要导入 Auth 类,使用语句如下:

```
require_once ('Auth.php');
```

下一步需要定义一个函数来创建一个登录表单。这个函数在将一个没有被认证的用户访问页面时被调用。这个表单需要使用 POST 方式传输数据,并且需要有两个文本输入框,其 name 值分别为 username 和 password。

这时,对于基于数据库的身份验证,需要在选项数组中创建一个连接数据库用的"DSN"字符串。这个字符串包括需要使用的数据库类型、登录数据库用的用户名和密码及所在主机地址等。可能的代码如下所示:

```
$options = array('dsn' => 'mysql://username:password@localhost/databasename');
```

现在已经有两个事物被定义,创建登录表单的函数和连接数据库的 DSN,这时就可以创建一个 Auth 类型的对象。创建这个对象需要 3 个参数:身份验证的类型(比如数据库、文件等),关于身份验证的相关选项和登录函数的函数名。如下所示:

```
$auth = new Auth('DB', $options, 'login_form_function_name');
```

第一个参数的设置为"DB",用来告诉 PEAR 验证时需要使用 DB 包。如果想使用文件系统来替换验证方式,则需要替换第一个参数为"File",且要将第二个参数设置为文件的目录。

可以使用如下语句来开启身份验证:

```
$auth->start();
```

此后,就可以调用身份验证对象的 checkAuth()方法来对身份进行验证,代码如下:

```
if ($auth->checkAuth()) {
    //验证通过后的处理
}
```

以上是使用 PEAR 实现身份验证的简单步骤。结合以上所学的知识,就可以做一个基于数据库的身份验证实例。在此之前,需要在数据库中创建身份验证所使用的数据表并填充用户数据。创建的表结构和插入的数据如下 SQL 语句所示:

```
CREATE TABLE `auth` (
`user_id` int(11) NOT NULL auto_increment,
`username` varchar(50) NOT NULL,
`password` varchar(50) NOT NULL,
PRIMARY KEY (`user_id`)
) ENGINE=MyISAM AUTO_INCREMENT=3 DEFAULT CHARSET=utf8;

INSERT INTO `auth` VALUES ('1', 'test', '098f6bcd4621d373cade4e832627b4f6');
INSERT INTO `auth` VALUES ('2', 'demo', 'fe01ce2a7fbac8fafaed7c982a04e229');
```

> **注意** 在插入用户数据时,使用的密码是经过 md5 加密后的字符串,因为 Auth 的密码认证方式码是默认 md5 加密的。

代码19-2是实现这个验证过程的一个例子，如下所示：

代码19-2　用PEAR轻松实现身份验证

```php
<?php
require_once ('Auth.php');                                              //载入Auth类

function show_login_form() {                                            //创建登录表单的函数
    echo '<b>用PEAR轻松实现身份验证</b><hr />';
    echo '<form method="post">';
    echo '<p>用户名：<input type="text" name="username" /></p>';
    echo '<p>密　码：<input type="password" name="password" /></p>';
    echo '<input type="submit" value="登录" />';
    echo '</form><br />';
}

$options = array('dsn' => 'mysql://root:@localhost/demo');               //设置连接数据库的DSN

$auth = new Auth('DB', $options, 'show_login_form');                    //创建Auth对象

$auth->start();                                                         //开启身份验证

if ($auth->checkAuth()) {                                               //如果验证成功
    echo '<b>用PEAR轻松实现身份验证</b><hr />';
    echo '<p>你已经成功登录，并可以访问本页面了！</p>';
} else {                                                                //验证失败
    echo '<p>你需要登录后才能访问本页。</p>';
}
?>
```

以上代码的具体步骤如前面介绍的一样，这里就不多做讲解。运行后，首先出现如图19.7所示的登录表单。输入用户名和密码后（这里都为demo），出现如图19.8所示的欢迎信息。

图19.7　身份验证表单

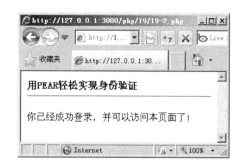

图19.8　身份验证成功

在这个示例代码中，只需要按照步骤一步一步做下来，并不需要对数据做其他额外的操作。这个就是使用PEAR的Auth类来实现身份验证的方便之处。在使用这个类创建用户验证时，需要做的只是在数据库中插入用户数据。

## 19.4 用 PEAR 实现数据库接口统一

用于存储数据的数据库很多，比如 MySQL、MSSQL、PostgreSQL、Oracle、SQLite 等。可能开始时使用的是一种数据库，可是到后来因为某些原因需要使用另外一种数据库，或者多种数据库并存的现象，这时如果先前对数据库操作的代码只支持一种的话，那么导致的后果是直接重写代码。所以，市场上已经有了对多种数据库操作都支持的类，比如 PHP 的 PDO 类，还有 ADODB 等都是很好的解决方案。

而 PEAR 也为 PHP 开发者提供了 MDB2 这个类来解决这个问题。MDB2 的前身是 PEAR 的 DB 类，从使用的代码中会发现，它们有很多相似的地方，但是现在已经被弃用。而 MDB2 则为数据库操作提供了更好的支持和新特性，所以本节就来讲解如何使用 MDB2 来操作数据库。

当脚本使用 PEAR 的 MDB2 接口访问 MySQL 的时候，通常需要经过下列步骤。
（1）引用 MDB2.php 文件以便访问 PEAR 的 MDB2 模块。
（2）通过调用 connect() 连接到 MySQL 服务器，并获得一个连接对象。
（3）使用这个连接对象提交 SQL 语句，并取得生成的对象。
（4）使用结果对象检索语句返回的信息。
（5）当连接对象不再需要的时候，关闭服务器连接。

与使用其他的 PEAR 类一样，开始前都需要引入相应的类库。引入 MDB2 库的语句如下所示：

```
require_once 'MDB2.php';
```

MDB2 提供两种连接方式：DSN 和 Socket，首选 DSN。另外提供 3 个连接函数：factory()、connect()、singleton()，分别表示 Efficient、Eager、Available 连接。如果使用 factory() 函数，在调用的时候它并没有去连接数据库，只有在发送 query 请求的时候才会连接；connect() 调用时立即连接数据库；而 singleton()，顾名思义 "单独"，即为一个进程建立一个单独的连接。

如果没有特殊情况，都使用 connect() 方式来连接相关数据库，连接的示例代码如下：

```
$dsn = 'mysql://someuser:apasswd@localhost/thedb';
$mdb2 =& MDB2::connect($dsn);
if (PEAR::isError($mdb2)) {
    die($mdb2->getMessage());
}
```

以上的第 1 行代码是建立连接所需的数据源名称（DSN）字符串，定义连接所需的数据库类型、登录数据库用的用户名和密码及所在主机地址等。第 2 行代码就是使用 MDB2 类的 connect 方法来建立一个数据库的 MDB2 对象。在第 3 行判断数据库连接是否成功，不成功则输出相应的出错信息。

创建完成 MDB2 对象之后就可以使用它的方法来对数据进行查询。MDB2 对象提供的两种查询方法分别是 query() 和 exec()。使用它们分别产生两种结果：成功时返回执行结果和失败时返回 MDB2_Error 对象。但它们又有不同，query() 是请求并取值，它一般用于 SELECT、SHOW 等，返回符合条件的数据；而 exec() 是执行的意思，所以它一般用于 INSERT、UPDATE 或 DELETE，返回语句成功执行后所影响的行数。

下面是对数据查询的示例代码，假设已经建立 MDB2 对象 $mdb2。

```
$res =& $mdb2->query('SELECT * FROM clients');
if (PEAR::isError($res)) {
    die($res->getMessage());
}
```

> **注意** 当使用$mdb2->query()后得到的并不是数组矩阵,而是$mdb2 对象,需要使用fetchOne()、fetchRow()、fetchCol()或 fetchAll()来获得想要的值。

上面说到使用query()函数得到的返回值是MDB2对象而不是需要的数组格式数据,那怎样获得存储的数据内容呢?MDB2 提供了取得数据的4种方法:fetchOne()、fetchRow()、fetchCol()和fetchAll()。分别表示:取一个,取一行,取一列,取所有(比如一个数组矩阵)。配合 setFetchMode()方法使用,可以获取想要的数据形式。如需获得所有查询得到的数据,可以使用如下语句:

```
$data = $res->fetchAll();
```

最后,当连接对象不再需要的时候,关闭服务器连接。使用语句如下:

```
$mdb2->disconnect();
```

以上是使用PEAR的MDB2类来访问数据库操作的简单步骤。对于这个类库还有很多知识点没有讲解到,比如查询时变量的转义和使用预处理查询等。如果有兴趣更深入了解的朋友,可以到官方网站进一步深入学习。代码19-3是对以上步骤总结后的一个实例。

代码19-3 用PEAR实现数据库接口统一

```php
<b>用 PEAR 实现数据库接口统一</b><hr />
<?php
require_once 'MDB2.php';                    //引入 MDB2 类库

$dsn = 'mysql://root:@localhost/cdcol';     //定义 DSN 数据库连接字符串
$mdb2 =& MDB2::connect($dsn);               //创建 MDB2 对象
if (PEAR::isError($mdb2)) {                 //判断是否出错
    die($mdb2->getMessage());               //输出错误信息
}

$sql = "SELECT * FROM cds";                 //查询语句
$res =& $mdb2->query($sql);                 //开始查询
if (PEAR::isError($res))                    //判断查询结果是否出错
{
    exit($res->getMessage());               //输出错误信息
}
$data= $res->fetchAll();                    //得到全部查询结果
if (PEAR::isError($res))                    //判断是否出错
{
    die($res->getMessage());                //输出错误信息
} else {
    echo '<pre>';
    print_r($data);                         //输出结果
    echo '</pre>';
}

$mdb2->disconnect();
?>
```

以上示例代码是对使用PEAR 的 MDB2 类的一个简单总结,具体步骤与前面所讲解的一致。运行后,会打印出查询得到的结果,如图19.9所示。

图 19.9　用 PEAR 实现数据库接口统一

## 19.5　用 PEAR 简化数据验证

数据验证简单说就是对数据进行检查，看是否符合一定的模式，通常用于表单数据。可以用它来确保一些元素非空、某个值必须是数字，以及确保 E-mail 地址中包含@字符。数据的验证既可在服务器方执行，也可在客户方执行。PHP 用于服务器方的数据验证，而 JavaScript 及其他一些脚本语言可执行客户方的数据验证。因为这些任务很常见，所以 PHP 为此提供了一个名为 Validate 的 PEAR 包，除了完成上述验证任务，它还能完成许多其他的验证任务，还可以安装额外的规则来验证本地化数据的语法，例如一个澳大利亚电话号码。

PEAR 提供的数据验证主要功能如下。

- 验证各种不同的日期格式。
- 验证数字（最小/最大，是否是十进制数）。
- email 验证（正规语法验证，check domain name 是否存在，RFC822 验证）。
- 字串验证（正规语法验证，是否包含数字英文字母，可输入最长或最短）。
- url 验证（遵从 RFC2396 规定）。
- 多重栏位（multiple data）验证（可以同时验证上述功能）。

对于使用 PEAR 的 Validate 验证很简单，只要知道相应的验证函数和入参。下面就直接通过实例来进行讲述。代码 19-4 是使用这些验证的例子。

代码 19-4　用 PEAR 简化数据验证

```
<b>用 PEAR 简化数据验证</b><hr />
<?php
require_once 'Validate.php';                          //引入 Validate 验证类

$values = "2009-10-03";                               //需要验证的日期

$opts = array(
  'format'=> "%Y-%m-%d",                              //设置验证日期格式为年-月-日
  'min'   => array('02','10','2009'),                 //最小为 2009-10-02
  'max'   => array('05','10','2009')                  //最大为 2009-10-05
```

```php
);
$result = Validate::date($values, $opts);                    //验证日期开始

if($result)
{
    echo $result;                                            //日期验证成功的输出结果
}
else
{
    echo "error";                                            //日期验证失败的输出结果
}
echo "<br />";

$values = "hejunbin@yahoo.com.cn";                           //需要验证的电子邮件地址

$options = array(
    'check_domain' => true,                                  //是否验证域名
    //'fullTLDValidation' => true,         //此选项如果为true,总是会返回false,可能是这个类的一个BUG
    'use_rfc822' => true,                                    //是否符合RFC822标准
    'VALIDATE_GTLD_EMAILS' => false,
    'VALIDATE_CCTLD_EMAILS' => false,
    'VALIDATE_ITLD_EMAILS' => false,
);
$result = Validate::email($values, $options);                //验证电子邮件

if($result)
{
    echo $result;                                            //电子邮件验证成功的输出结果
}
else
{
    echo "error";                                            //电子邮件验证失败的输出结果
}
echo "<br />";

$values = "12300,45";                                        //需要验证数字

$options = array(
    'decimal' => ',',                                        //允许数字间的分隔符
    'dec_prec' => '2',                                       //允许分隔符的数量为2个
    'min' => '1000',                                         //最小数值为1000
    );
$result = Validate::number($values, $options);               //验证数字

if($result)
{
    echo $result;                                            //验证数字成功后的输出
}
else
{
    echo "error";                                            //验证数字失败后的输出
}
echo "<br />";

$values = "love php";                                        //需要验证的字符串

$options = array(
    'format' => VALIDATE_NUM,                                //规定字符串的性质
    'min_length' => '2',                                     //最小长度为2
```

```php
        'max_length' => '1000',                         //最大长度为1000
    );
$result = Validate::number($values, $options);          //验证数字

if($result)
{
  echo $result;                                         //如果字符串验证成功后的输出
}
else
{
  echo "error";                                         //验证字符串失败后的输出
}
echo "<br />";

$options = array(
    'check_domain'=>true,                               //验证域名
    'allowed_schemes' => array('http','https'),         //允许的前缀
    'strict' => ';/?:@$,'                               //允许的特殊字符
    );
var_dump(Validate::uri('http://www.php.com/', $options)); //验证结果
//以下是多重栏位的验证
$values = array(
    'amount'=> '13234,344343',
    'name'  => 'foo@example.com',
    'mail'  => 'foo@example.com',
    'mystring' => 'ABCDEabcde'
    );
$opts = array(
    'amount'=> array('type'=>'number','decimal'=>',.','dec_prec'=>null,'min'=>1,'max'=>32000),
    'name'  => array('type'=>'email','check_domain'=>false),
    'mail'  => array('type'=>'email'),
    'mystring' => array('type'=>'string',array('format'=>VALIDATE_ALPHA, 'min_length'=>3))
    );

$result = Validate::multiple($values, $opts);
echo '<pre>';
print_r($result);
echo '</pre>';
?>
```

以上的代码中已经对 PEAR 的 Validate 所有验证方式给出参数说明和相应的示例。运行以上代码后得到的相应验证结果如图 19.10 所示。

图 19.10　用 PEAR 简化数据验证结果

## 19.6 用 PEAR 缓存提升程序性能

对于频繁被访问的数据或者页面，是很有必要使用缓存来提升程序性能的。因为此类数据和页面被访问的次数越多，所消耗的系统资源越多。如果使用缓存技术来存取，那么下次就直接访问缓存中的数据就行。PEAR 提供 Cache 组件来实现对数据和页面的缓存。具体的步骤如下：

首先与使用 PEAR 的其他类一样，需要引入相关类库。引入 Cache 类库的语句如下：

```
require_once 'Cache/Output.php';
```

然后需要设置缓存所保存的目录：

```
$cacheDir = './pear_cache';
```

请确认这个目录是可写的。Cache 数据将会写入这个目录的子目录中。

设定完参数以后，就可以建立一个输出缓存对象：

```
$cache = new Cache_Output('file',array('cache_dir' => $cacheDir));
```

其中第一个参数表示我们使用基于"文件"方式的缓存，第二个参数是一个与缓存目录相关联的数组。

为了要区别请求的不同返回不同的缓存，还需要产生一个唯一的 cacheID：

```
$cache_id = $cache->generateID(array('url' => $_REQUEST,'post' =>$_POST,'cookies' => $HTTP_COOKIE_VARS));
```

这里通过$cache 对象的 generateID()方法提供一个信息数组（URL，HTTP POST data 和 HTTP cookie）来独一无二地标识这个请求，与其他请求区分开来。

然后，还需要增加一个逻辑判断语句看对应于 cacheID 的缓存数据是否已经存在，如果存在，获取数据并结束脚本。

```
if ($content = $cache->start($cache_id))
{
    echo $content;
    exit();
}
```

最后将产生内容的代码放在以上逻辑语句之后，并结束使用 cache 对象。

```
echo $cache->end();
```

至此就是使用 PEAR 的 Cache 来对程序进行缓存的整个过程。下面分别使用一个无缓存的页面和一个有缓存的页面来进行一下对比，看看使用 PEAR 的缓存是否能提高性能。两个页面的代码分别如代码 19-5 和代码 19-6 所示。

代码 19-5　没有使用缓存的页面

```
<b>用 PEAR 缓存提升程序性能 - 不使用缓存</b><hr />
<?php
echo "<p>这是用于演示的时间内容。</p>";
echo "当前时间是" . date('Y-m-d H:i:s') . "<br />";      //显示当前时间
?>
```

以上代码为了演示，输出当前的系统时间。因为没有使用缓存每次刷新时间都会变化。首次运行后的效果如图 19.11 所示。刷新该页面后，显示的系统时间会随之变化，如图 19.12 所示。

图 19.11　没有使用缓存的状态 1　　　　　图 19.12　没有使用缓存的状态 2

由图 19.11 和图 19.12 可以知道这段程序并没有把页面数据缓存，而是把当前数据实时输出而已。

代码 19-6　使用了缓存的页面

```php
<b>用 PEAR 缓存提升程序性能 - 使用缓存</b><hr />
<?php
require_once 'Cache/Output.php';                    //引用 Cache_Output 类

$cacheDir = './pear_cache';                         //设置缓存目录，必须是可写的
    //根据参数创建 Cache_Output 对象
$cache = new Cache_Output('file',array('cache_dir' => $cacheDir));

if (empty($_REQUEST['nocache']))                    //如果 nocache 变量为空，使用缓存中的内容
{
    $cache_id = $cache->generateID(array('url'=>$_REQUEST,'post'=>$_POST,'cookies'=> $HTTP_COOKIE_VARS));
                                                    //建立一个唯一的 cache 标识
}
else
{
    $cache_id = null;                               //想获得最新的内容，ID 为空
}

if ($content = $cache->start($cache_id))            //看 cache ID 对应的缓存内容是否可用
{
    echo $content;                                  //缓存已存在，直接输出，并结束脚本
    exit();
}

echo "<p>这是用于演示的时间内容。</p>";              // 缓存中不存在该内容，生成新内容并写入缓存
echo "当前时间是" . date('Y-m-d H:i:s') . "<br />";
echo $cache->end();                                 // 把内容写入缓存
?>
```

以上代码在实现本节所讲的所存页面所需要的步骤外，还添加了一个判断是否需要缓存最新内容的功能。当传递的参数"nocache"为空时，使用以前的缓存结果来显示。如果为非空，则显

示最新的内容并缓存入文件中。该代码运行和刷新后的页面效果如图 19.13 所示。

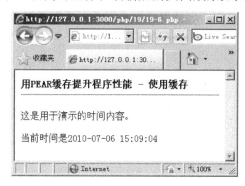

图 19.13 使用缓存的状态

## 19.7 典型实例

【实例 19-1】用 PEAR 支持多个邮件后台接口。

在本书的第 13 章中已经介绍了使用系统自带的 sendmail 函数发送邮件，以及通过开源的 PHPMailer 类来发送 SMTP 和带附件的电子邮件的方法。同样地，PEAR 也提供一个 Mail 邮件类，供选择使用。

PEAR 的 Mail 支持不同类型的后台接口来发送电子邮件。但是其中有两个步骤是必不可少的。

（1）使用 factory()方法创建一个指定的 Mail 后台类。
（2）使用 send()方法发送邮件。

支持 3 种形式的邮件后台接口。

- mail，通过 PHP 内置的 mail 函数发送邮件。
- sendmail，通过 sendmail 程序发送邮件。
- smtp，直接通过 smtp 服务器发送邮件。

以下是一个使用 SMTP 来发送 HTML 格式邮件的例子，如代码 19-7 所示。

代码 19-7 使用 SMTP 来发送 HTML 格式邮件

```php
<?php
require_once('Mail.php');                              //引入 Mail 类
require_once('Mail/mime.php');                         //引入发送 HTML 格式所需的 mime 类

$text = '不支持 HTML 时，显示的内容';
$html = '<html><body>这个是 HTML 内容！</body></html>';
$file = '/home/php/example.txt';
$crlf = "\n";
$hdrs = array(
        'From'=> 'you@yourdomain.com',
        'Subject' => '测试 HTML 邮件'            //收件时显示的邮箱地址
                                                  //邮件标题
        );

$mime = new Mail_mime($crlf);                    //创建邮件所需的 mime 对象并设置换行符

$mime->setTXTBody($text);                        //设置文本内容
$mime->setHTMLBody($html);                       //设置 HTML 内容
```

```
$mime->addAttachment($file, 'text/plain');              //设置附件格式

$body = $mime->get();                                    //取得需要发送邮件的内容
$hdrs = $mime->headers($hdrs);                           //设置邮件的头信息

$conf = array(
        'host'=> 'xx.xx.xx.xx',                          //smtp 服务器地址,可以用 IP 地址或者域名
        'auth'=> true,                                   //true 表示 smtp 服务器需要验证, false 代码不需要
        'username' => 'tester',                          //用户名
        'password' => 'retset'                           //密码
);

$mail =& Mail::factory('smtp', $conf);                   //使用类的工厂函数创建 mail 对象
$mail->send('postmaster@localhost', $hdrs, $body);       //发送 HTML 格式邮件
?>
```

首先引入两个文件,其中"Mail.php"是发送邮件必须的类,"Mail/mime.php"发送 HTML 格式所需的 mime 类。

【实例 19-2】用 PEAR 进行单元测试。

一个函数、一个类编写完成后,到底能不能正确工作呢?又怎么测试它?PHP 单元测试是个好办法,它提供了自动化测试的方法,使敏捷开发的自动化测试成为可能。

在 PHP 下进行单元测试,需要用到 PHP 单元测试的一个框架。这个单元测试框架随 PEAR 即 PHP 扩展库一起分发,所以需要首先安装 PEAR 的 PHP 单元测试扩展库。安装是通过网络从有关的站点实时安装的,所以安装的机器必须连接到互联网上。对于 PHP 来说,单元测试框架是 PHPUnit2。可以使用 PEAR 命令行作为一个 PEAR 模块来安装这个系统:

```
pear channel-discover pear.phpunit.de
pear install --alldeps PHPUnit2
```

在安装这个框架之后,可以通过创建派生于 PHPUnit2_Framework_TestCase 的测试类来编写单元测试。开始单元测试最好的地方是在应用程序的业务逻辑模块中。这里使用了一个简单的例子:实现对两个数字进行求和的函数的测试。为了开始测试,首先编写测试代码,如代码 19-8 所示。

代码 19-8　用 PEAR 进行单元测试

```php
<?php
require_once 'PHPUnit2/Framework/TestCase.php';           //引入相应的测试类

function add( $a, $b ) { return 0; }                      //用于测试的函数

//测试类,继承自 PHPUnit2_Framework_TestCase
class TestAdd extends PHPUnit2_Framework_TestCase
{
    function test1() { $this->assertTrue( add( 1, 2 ) == 3 ); }   //断言
    function test2() { $this->assertTrue( add( 1, 1 ) == 2 ); }   //断言
}
?>
```

以上代码有很多特殊的地方,首先文件名要与测试类的类名一致,测试类都需要从 PHPUnit2_Framework_TestCase 类派生,另外测试类中的测试函数名需要以"test"开头。在这段代码中定义一个函数 add(),被调用时返回都是 0。还有一个测试类,包含两个函数来测试这个 add()函数。

在命令行下,使用如下代码执行测试:

```
phpunit TestAdd.php
```

因为 add() 函数得出的结果都是 0，与实际想要的结果不同，所以测试失败，如图 19.14 所示。

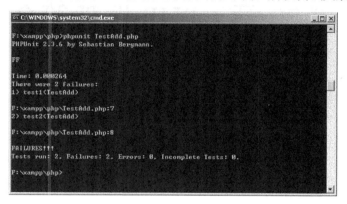

图 19.14　单元测试失败

现在把 add() 函数改成如下：

```
function add( $a, $b ) { return $a+$b; }
```

再次测试这个程序后，得到的结果如图 19.15 所示，表示测试成功。

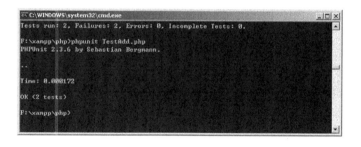

图 19.15　单元测试成功

## 19.8　小结

本章介绍了 PHP 的一个大类库 PEAR，包括快速创建表单、轻松实现身份验证、实现数据库接口统一、简化数据验证、缓存提升程序性能等内容。PEAR 是一个很优秀的类库，聚集了编程过程中常使用到的功能类库。熟练掌握这些类的使用方法，能很大程度地提高 Web 制作的速度和性能。

## 19.9　习题

1. 浏览 PEAR 的官方网站，了解一下现在 PEAR 都有哪些类库。
2. 简述使用 PEAR 有哪些好处。

# 第 20 章 PHP 框架简介

在 Web 应用领域，随着 MVC 设计方法、敏捷开发理念的流行，产生了大量的开发框架。使用这些框架来搭建 Web 应用，可以更快更好地完成项目需求，降低项目开发成本，缩小开发周期。

在 PHP 方面也出现了大量的 MVC 开发框架，本章主要介绍几种比较流行的 PHP 开发框架：Zend Framework、CakePHP、Symfony Project、ThinkPHP、QeePHP 和 CodeIgniter。最后，着重介绍如何使用 PHP "官方" 的框架 Zend Framework 来实现。

## 20.1 PHP 框架的现状和发展

现在的 PHP 框架状况，就像当时的春秋战国诸子百家相争鸣，可谓盛况空前。当然万事都有起因，引发当今 PHP 框架盛世的却是得益于另外一门语言的框架——RoR（Ruby on Rails）。

当然在 RoR 流行之前，PHP 领域也有不少开发框架，例如 Mojavi、WACT、PHPMvc 和 Seagull 等。这些框架虽然也采用了 MVC 模式、数据库抽象层等技术。但由于当时 PHP 本身不像现在这样流行，所以这些框架都没有得到大量应用，最终归于沉寂。

但是随着 Ruby on Rails 的流行，PHP 这个流行的 Web 应用脚本语言也出现了大量的新一代开发框架。与此同时，国内 PHP 开发者也开始紧跟国外发展，推出了不同的开发框架。

首先出现的第一批框架几乎都是 RoR 的克隆，例如 PHP on Trax（连名字都借鉴 Ruby on Rails）和 TaniPHP、Akelos 等。这些框架最大的特点就是力求 100%克隆 RoR，不管是采用的架构、设计模式，还是使用方法。这几个框架一开始确实吸引了开发者的注意，但随着开发者的深入了解，这些框架头上的光环逐步褪色。晦涩难懂的架构、糟糕的性能，以及太多的限制，让这些框架难以在实际项目中运用。

此时，许多 PHP 开发者认为可以借鉴 RoR 的设计思想，但不应照搬 RoR 的结构和实现。为此，一些同样推崇快速开发的框架开始在 PHP 社区出现。这些框架中，CakePHP 和 Symfony 可谓是佼佼者。

看到 PHP 开发框架的潜在商业价值后，Zend.com 联合 IBM 宣布将要推出一个真正能够发挥 PHP 优势的开发框架。于是就有了 Zend Framework。

在众多框架中，有凭借着独特的架构理念和小巧灵活的特点而异军突起的 CodeIgniter，有由我国自主开发并发展势态良好的 QeePHP 和 ThinkPHP。

当然这些框架都有各自的特点与不足，而且它们有各自的设计目标和设计理念，这决定了它们有其适应的范围。在实际开发中，应该根据具体的需求和应用环境选择适合的开发框架。

未来，PHP 将成为 Web 开发领域中越来越重要的平台，因此相信会出现更多更好的开发框架。虽然作为开发者来说，并不一定需要采用某一个框架来解决问题。但正是因为这些不断出现的框架，对使用 PHP 开发 Web 应用的理解和把握有了一次次的推动。

## 20.2 常见 PHP 框架

在如此多的 PHP 框架中，如何选择一个适合自己项目的框架是一个很重要的问题。下面就对当前几个流行的框架分别做一个介绍，便于读者更好地选择。

### 20.2.1 Zend Framework 框架

Zend Framework（ZF）是一个开放源代码的 PHP 开发框架，可用于开发 Web 程序和服务。ZF100%用面向对象代码实现。ZF 中的组件非常独立，每个组件几乎不依赖于其他组件。这样的松耦合结构可以让开发者独立使用组件。我们常称此为"use-at-will"设计。

ZF 中的组件可以独立使用，但如果将它们组合起来，就形成了一个强大而可扩展的 Web 开发框架。ZF 提供了强壮而高效的 MVC 实现，有易于使用的数据库摘要和实现 HTML 表单解析、校验和过滤的表单组件，这样开发者可以通过这些易用的、面向对象的接口联合所有这些操作。其他组件如 Zend_Auth 和 Zend_Acl 通过通用的证书（credential）存储提供用户认证和授权。还有其他实现的客户库来简化访问最流行的可用的 Web 服务。不论程序需要什么，都可能从 Zend Framework 中找到经过全面和严格测试的组件来使用，可以极为有效地减少开发时间。

Zend Framework 项目的主要赞助者是 Zend Technologies，但许多其他公司也贡献了组件或重大功能，例 Google、Microsoft 和 StrikeIron 作为伙伴提供了 Web 服务接口和其他希望给 Zend Framework 开发者使用的技术。

其含有的主要特性如下：
- 代码完全采用 PHP 面向对象编写
- 丰富完善的组件支持
- 模块化的结构设计，易于扩展
- 完善的文档资料
- 灵活的架构设计
- 代码经过严格的单元测试

它包含有很多实用的组件，可以帮助更快速地完成一些常用功能。这里非常简单地介绍了 Zend Framework，读者可以通过 Zend Framework 的官方网站 http://framework.zend.com/获取更多的信息，也可从官方网站获取最新版本的 Zend Framework。

### 20.2.2 CakePHP 框架

CakePHP 是一个运用了诸如 ActiveRecord、Association Data Mapping、Front Controller 和 MVC 等著名设计模式的快速开发框架。该项目主要目标是提供一个可以让各种层次的 PHP 开发人员快速地开发出健壮的 Web 应用，而又不失灵活性。主要特性有：
- 基于 MVC 架构
- 视图支持 AJAX
- 内置校验框架
- 提供应用程序的基础模块和 CRUD 代码自动生成功能
- 提供处理 session，request，security 的组件
- 灵活的视图缓存功能
- 面向对象

- 无须配置：只要安装好数据库
- 兼容 PHP 4 和 PHP 5

CakePHP 也有一些不足，就是 Model 实现得过于复杂，CakePHP 中的 Model 不但尝试封装行数据集，甚至连数据库访问也包含在内。随着应用开发的展开，Model 类的高度复杂性和几乎无法测试的特性，使得项目的重构变得困难重重，大大降低了开发效率和应用的可维护性。

可以通过 CakePHP 的官方网站（http://www.cakephp.org/）了解关于这个框架更多的内容，从其官方网站上也可以下载最新版本和稳定版本的 CakePHP。

### 20.2.3　Symfony Project 框架

Symfony 是一款用于开发 PHP 5 项目的 Web 应用框架，其目的在于加速 Web 应用的开发及维护，减少重复的编码工作，Symfony 对系统需求不高，可以运行在 UNIX 或 Windows 系统上，并将敏捷开发的原理（如 DRY、KISS 或 XP 等）应用其中。

Symfony 的扩展性好，可以整合很多开源项目。它旨在建立企业级的完善应用程序。也就是说，拥有整个设置的控制权：从路径结构到外部库，几乎一切都可以自定义。为了符合企业的开发条例，Symfony 还绑定了一些额外的工具，以便于项目的测试、调试及归档。它基于如下的概念：

- 尽可能地兼容所有的应用环境
- 简单安装和配置
- 易于学习
- 支持企业开发
- 依靠惯例而不是配置，支持回滚调用
- 尽量使多数情况简单，但是当需要复杂时，依然能够支持
- 包括大多数通用的 Web 特性
- 遵从大多数的 Web 最佳实践和 Web 设计模式
- 非常易读的代码，非常高的可维护性
- 开源

所以对于一个企业级的应用项目，使用 Symfony Project 框架是非常合适的。更多的信息可以进入它的官方网站（http://www.symfony-project.org/）了解，并可以下载到最新的框架版本。

### 20.2.4　ThinkPHP 框架

ThinkPHP 是一个性能卓越并且功能丰富的轻量级 PHP 开发框架，本身具有很多的原创特性，并且倡导"大道至简，开发由我"的开发理念，用最少的代码完成更多的功能，宗旨就是让 Web 应用开发更简单、更快速。从 1.*版本开始就放弃了对 PHP 4 的兼容，因此整个框架的架构和实现能够得以更加灵活和简单。 2.0 版本更是在之前的基础上，经过全新的重构和无数次的完善及改进，达到了一个新的阶段，足以达到企业级和门户级的开发标准。

ThinkPHP 值得推荐的特性包括：

- 类库导入：ThinkPHP 是首先采用基于类库包和命名空间的方式导入类库，让类库导入看起来更加简单清晰，而且还支持冲突检测和别名导入。为了方便项目的跨平台移植，系统还可以严格检查加载文件的大小写。
- URL 模式：系统支持普通模式、PATHINFO 模式、REWRITE 模式和兼容模式的 URL 方式，支持不同的服务器和运行模式的部署。

- 编译机制：独创的核心编译和项目的动态编译机制，有效减少 OOP 开发中文件加载的性能开销。
- ORM：简洁轻巧的 ORM 实现，配合简单的 CURD 及 AR 模式，让开发效率大大提高。
- 查询语言：内建丰富的查询机制，包括组合查询、复合查询、区间查询、统计查询、定位查询、动态查询和原生查询。
- 动态模型：无须创建任何对应的模型类，轻松完成 CURD 操作，支持多种模型之间的动态切换。

ThinkPHP 是我国自主开发的一套框架，并且有越来越多的人在使用它，呈现出一个后来者居上的形势。如果需要了解更多信息，或者下载框架版本，可以去它的官方网站（http://www.thinkphp.cn/）。

## 20.2.5 QeePHP 框架

QeePHP 的前身是 FleaPHP，是总结经验并且运用各种最新技术开发的新一代框架。它是一个快速、灵活的开发框架。应用各种成熟的架构模式和创新的设计，帮助开发者提高开发效率、降低开发难度。

它的主要目标是为开发者创建更复杂、更灵活、更大规模的 Web 应用程序提供一个基础解决方案。运用 QeePHP 创建应用程序，开发者可以获得更高的开发效率，并且更容易保持应用程序良好的整体架构和细节实现，同时为今后的扩展提供了充分的灵活性。主要特征包括。

- 完全"面向接口"架构，大部分组件都可以单独使用。
- 具有一个微内核。该内核提供各种基础服务，帮助开发者将各个组件组装起来形成完整的应用程序。
- 简单易用、功能强大、高性能的数据库抽象层和表数据入口。
- 为面向对象应用量身打造的 Active Record 实现，让 PHP 应用程序充分利用面向对象技术带来的优势。
- Web Controls 机制，提供了将用户界面组件化的能力，帮助开发者创建复杂易用的用户界面。
- 支持多种流行的模板引擎，保护开发者现有的知识和技能。
- 基于角色的访问控制，以及高度可定制的访问控制组件。
- 丰富的辅助功能，解决开发中最常见的问题。
- 采用限制最少的 BSD 协议，让企业可以充分利用 QeePHP 带来的利益。

并且拥有丰富的中文文档和活跃的社区，比较合适中国国民。同样，如果想要继续了解或者下载框架可以访问它的官方网站（http://www.qeephp.com/）。

## 20.2.6 CodeIgniter 框架

CodeIgniter 是一个非常小，但很有前景的 PHP 开发框架。它提供了一个丰富的代码库，其中封装了开发 Web 应用系统常用到的一些功能，并为访问代码库提供简单的接口与逻辑结构。CodeIgniter 主要目的是尽量精减代码量。

CodeIgniter 是一个简单快速的 PHP MVC 框架。EllisLab 的工作人员发布了 CodeIgniter。许多企业尝试体验过所有 PHP MVC 框架之后，CodeIgniter 都成为赢家，主要是由于它为组织提供了足够的自由支持，允许开发人员更迅速地工作。

自由意味着使用 CodeIgniter 时，不必以某种方式命名数据库表，也不必根据表命名模型。这使 CodeIgniter 成为重构遗留 PHP 应用程序的理想选择，在此类遗留应用程序中，可能存在需要移植的所有奇怪的结构。

CodeIgniter 不需要大量代码，也不会要求用户插入类似于 PEAR 的庞大的库。它在 PHP 中表现同样良好，允许创建可移植的应用程序。最后，不必使用模板引擎来创建视图，只需沿用旧式的 HTML 和 PHP 即可。

除此之外，CodeIgniter 拥有全面的开发类库，可以完成大多数 Web 应用的开发任务。例如，读取数据库、发送电子邮件、数据确认、保存 session、对图片的操作等。而且 CodeIgniter 提供了完善的扩展功能，可以有效帮助开发人员扩展更多的功能。更多的关于 CodeIgniter 框架的内容，可以访问其官方网站，网址是 http://www.codeigniter.com，从这里也可以下载最新版本和稳定版本的 CodeIgniter。

## 20.3 CodeIgniter 框架应用

对于一些复杂的 Web 项目，如果本身没有很好的解决方案的话，选择一款合适的 PHP 框架或许能起到一个很好的作用，它提供一整套的机制和处理方法。使用它可以帮助用户节省很多的时间，并且易于维护又适合团队合作。本节就来介绍使用一个简单且易用的 PHP 框架"CodeIgniter"。

### 20.3.1 CodeIgniter 下载安装

CodeIgniter 可以直接从其官方网站（http://www.codeigniter.com）下载得到，现在的最新版本是 1.7.2 版本。解压缩后得到的目录结构如图 20.1 所示。只要解压缩其中的 system 目录和 index.php 文件到网站的根目录下即可完成框架的安装。通过浏览器访问安装的目录，得到的页面如图 20.2 所示。

图 20.1 CodeIgniter 压缩包目录

图 20.2 欢迎页面

如果看到以上的欢迎界面表示 CodeIgniter 已经安装成功。

> **说明** 可以在 application/config/config.php 文件中，设置基本 URL 等基本参数。如果需要使用数据库，编辑 application/config/database.php 即可在这个文件中设置数据库参数。

## 20.3.2 CodeIgniter 的控制器机制

什么是控制器？简而言之，一个控制器就是一个类文件，是以一种能够和 URI 关联在一起的方式来命名的。在 CodeIgniter 中，控制器所属的类和普通的 PHP 类几乎没有区别，唯一有特点的是 Controller 类的命名方式，它所采用的命名方式可以使该类和 URI 关联起来。例如下面的 URL 地址就说明了这个问题。

```
www.example.com/index.php/blog/
```

当访问到上面这个地址时，CodeIgniter 会尝试找一个名叫 blog.php 的控制器（controller），然后加载它。当一个 controller 的名字匹配 URI 段的第一部分，即 blog 时，它就会被加载。代码 20-1 演示创建一个简单的 Controller 类。

代码 20-1　使用 CodeIgniter 的 Controller

```php
<?php
class Blog extends Controller          //继承自 Controller 类
{
    function Blog()                    //构造函数
    {
        parent::Controller();          //调用父类的构造函数
    }

    function index()                   //默认的 index 方法
    {
        echo '你好，世界！';            //你好，世界！
    }
}
?>
```

以上代码定义了一个 Blog，它继承于 Controller 类，Controller 类是 CodeIgniter 控制器基类，所有的控制器都是需要从这个类派生的。这个例子中用到的方法名是 index()，也是 CodeIgniter 的默认方法。把它保存在 system/application/controllers/ 目录下，以本书的访问地址为例，通过浏览器访问地址 http://localhost/php/20/index.php/blog，可以看到如图 20.3 所示的执行结果。

图 20.3　控制器的使用

> **注意**　如果 URI 的第 2 部分为空，会默认载入 index 方法，也就是说，可以将地址写成 http://localhost/php/20/index.php/blog/index 来访问 blog.php。

代码 20-2 演示了在 Blog 控制器中加入其他方法，此时的 Blog.php 如下所示。

代码 20-2　为 Controller 添加方法

```php
<?php
class Blog extends Controller          //继承自 Controller 类
{
    function Blog()                    //构造函数
    {
        parent::Controller();          //调用父类的构造函数
```

```
    }
    function index()                    //默认的index方法
    {
        echo '你好,世界!';              //你好,世界!
    }

    function comments()                 //新增的方法
    {
        echo "这是新添加的方法!";       //输出
    }
}
?>
```

此时通过地址 http://localhost/php/20/index.php/blog/comments 访问 blog.php 可以看到如图20.4 所示的效果。

图 20.4 为 Blog 控制器新添加的方法

如果 URI 超过两个部分,那么超过的部分将被作为参数传递给相关方法。如地址 www.example.com/index.php/fruit/add/apple/123,URI 中的 apple 和 123 将被当做参数传递给 fruit 类的方法 add。代码 20-3 演示了这种用法,仍然以 Blog.php 为例,完整代码如下所示。

代码 20-3 向视图中添加动态数据

```
<?php
class Blog extends Controller              //继承自Controller类
{
    function Blog()                        //构造函数
    {
        parent::Controller();              //调用父类的构造函数
    }

    function index()                       //默认的index方法
    {
        echo '你好,世界!';                //你好,世界!
    }

    function comments()                    //新增的方法
    {
        echo "这是新添加的方法!";         //输出
    }

    function write($word)                  //带参数的方法
    {
        echo "传入的参数值为:{$word}";
    }
}
```

```
?>
```

假设为方法 write() 传递参数为"banana",通过地址 http://localhost/php/20/index.php/blog/write/banana 访问 blog.php,可以看到如图 20.5 所示的结果。

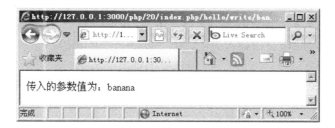

图 20.5  向方法传递参数

### 20.3.3  CodeIgniter 的模型机制

Model 是专门用来和数据库打交道的 PHP 类。在 CodeIgniter 中,模型对于那些想用传统 MVC 方式的人来说是可选的。例如,假设读者想用 CodeIgniter 来做一个 Blog。包含可以写一个模型类,里面包含插入、更新、删除 Blog 数据的方法。下面的例子展示一个普通的模型类:

```
<?php
class Blogmodel extends Model {

    var $title = '';
    var $content= '';
    var $date  = '';

    function Blogmodel()
    {
        parent::Model();                    //兼容 PHP 4,构造函数
    }

    function get_last_ten_entries()
    {
        $query = $this->db->get('entries', 10);
        return $query->result();
    }

    function insert_entry()
    {
        $this->title= $_POST['title'];      //取得标题
        $this->content= $_POST['content'];      //取得内容
        $this->date = time();

        $this->db->insert('entries', $this);
    }

    function update_entry()
    {
        $this->title=$_POST['title'];
        $this->content=$_POST['content'];
        $this->date =time();

        $this->db->update('entries', $this, array('id' => $_POST['id']));
```

```
        }
    }
?>
```

> **说明** 上面用到的函数是 Active Record 数据库函数。为了简单一点,这里直接使用了 $_POST。不过,这不太好,平时应该使用输入类:$this->input->post('title')。

CodeIgniter 中的 Model 类文件存放在 application/models/ 目录,也可以在里面建立子目录。最基本的模型类必须像这样:

```
class Model_name extends Model {
    function Model_name()
    {
        parent::Model();
    }
}
```

其中 Model_name 是模型类的名字,类名的首字母必须大写,并且确保自定义的 Model 类继承了基本 Model 类。Model 类的文件名应该是 Model 类名的小写版,一个 Model 类的代码如下所示。

```
class User_model extends Model
{
function User_model()
{
parent::Model();
}
}
```

那么该 Model 类对应的文件名是 application/models/user_model.php。Model 通过 Controller 载入,如下代码所示。

```
$this->load->model('Model_name');
```

其中 Model_name 是要载入的 Model 类的名字。模型载入后,就可以通过如下代码所示的方法使用它。

```
$this->load->model('Model_name');
$this->Model_name->function();
```

### 20.3.4 CodeIgniter 的视图机制

在 CodeIgniter 中,视图不直接调用,必须被一个控制器来调用。使用文本编辑器创建一个名为 blogview.php 的文件,如代码 20-4 所示。

代码 20-4 视图文件

```
<html>
<head>
<title>我的博客</title>
</head>
<body>
    <h1>欢迎来到我的博客!</h1>
</body>
</html>
```

将该代码保存到 application/views/ 目录下。然后，需要使用某个方法载入该视图文件。这个方法的用法如下所示：

```
$this->load->view('name')
```

上面的代码中，name 是需要载入的视图文件的名字，文件的后缀名没有必要写出。接下来，在 blog 控制器的文件 blog.php 中，写入这段用来载入视图的代码，此时完整的 blog.php 如代码 20-5 所示。

代码 20-5　在 Controller 中载入视图

```php
<?php
class Blog extends Controller              //继承自 Controller 类
{
    function Blog()                         //构造函数
    {
        parent::Controller();               //调用父类的构造函数
    }

    function index()                        //默认的 index 方法
    {
        $this->load->view('blogview');      //载入视图
    }

    function comments()                     //新增的方法
    {
        echo "这是新添加的方法！"; //输出
    }

    function write($word)                   //带参数的方法
    {
        echo "传入的参数值为：{$word}";
    }
}
?>
```

此时再通过地址 http://localhost/php/20/index.php/blog 浏览 blog.php，将看到如图 20.6 所示的执行结果。

图 20.6　在控制器中载入视图

通过这段代码，读者了解了如何载入一个视图。但视图中经常需要动态数据的内容，下面就介绍如何处理含有动态数据的视图。动态数据通过控制器以一个数组或对象的形式传入视图，这个数组或对象作为视图载入方法的第二个参数。下面便是使用数组的示例：

```
$data = array(
'title' => '我的标题',
'heading' => '头部信息',
'message' => '信息内容'
```

```
);

$this->load->view('blogview', $data);
```

这里是使用对象的示例：

```
$data = new Someclass();
$this->load->view('blogview', $data);
```

> **注意** 如果传入的是一个对象，那么类变量将转换为数组元素。

下面打开控制器并添加以下代码：

```
<?php
class Blog extends Controller {

    function index()
    {
        $data['title'] = "我定义的标题";          //定义标题
        $data['heading'] = "我定义的头部信息";    //定义头部文字

        $this->load->view('blogview', $data);    //引入到视图中
    }
}
?>
```

现在，打开原来的视图文件，将其中的文本替换成与数组对应的变量：

```
<html>
<head>
<title><?php echo $title;?></title>
<meta http-equiv="Content-Type" content="text/html; charset=utf-8"></head>
<body>
    <h1><?php echo $heading;?></h1>
</body>
</html>
```

此时浏览器访问 http://localhost /php/20/index.php/blog 会看到如图 20.7 所示的执行结果。

图 20.7　向视图添加动态数据

由上图可以看出浏览器上的页面标题和页面的 heading 文字都更换成动态数据内容。

至此，已经介绍了 CodeIgniter 的最简单的用法，离实际应用开发还很远，读者需要通过 CodeIgniter 提供的手册进一步学习、理解 CodeIgniter 框架。

## 20.4 典型实例

【实例 20-1】本章前面介绍了 ThinkPHP 框架，本实例演示该框架的下载、安装和使用。

通过访问 ThinkPHP 的官方网站（thinkphp.cn），可以下载到最新的 ThinkPHP 开发框架的代码，本章使用的 ThinkPHP 的版本是 2.2 完整版，其下载地址是：http://www.thinkphp.cn/donate/download/id/86.html。

下载后将解压文件进行解压，并将解压后文件夹中的 ThinkPHP 文件夹复制到项目文件夹下等待使用。

要在项目中使用 ThinkPHP，需要注意以下几个问题：

- 硬件：ThinkPHP 对硬件没有特别的要求。
- 操作系统：支持 Windows、UNIX、Linux 等操作系统。
- PHP 版本：需要 PHP 5.0 以上版本。
- 数据库：支持 MySQL、PgSQL、Sqlite 以及 PDO 等多种数据库。

在满足以上条件后，就可以在软件项目使用 ThinkPHP 了。要创建一个 ThinkPHP 项目，需要先创建一个接口文件，下面列出一段 ThinkPHP 官方提供的入门代码，代码如下所示。

代码 20-6　ThinkPHP 官方入门代码

```php
<?php
<?php
define('THINK_PATH', 'ThinkPHP/');            //定义 ThinkPHP 框架路径
define('APP_NAME', 'book');                   //定义项目名称和路径
define('APP_PATH', 'book');
require(THINK_PATH."/ThinkPHP.php");          //加载框架入口文件
 $App = new App();                            //实例化一个网站应用实例
$App->run();                                  //应用程序初始化
?>
```

运行该程序后，运行结果如图 20.8 所示。

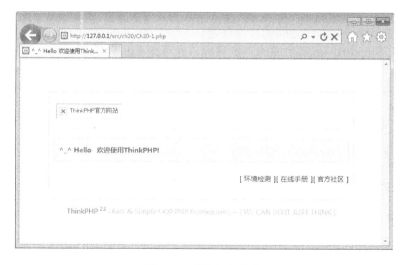

图 20.8　程序运行结果

ThinkPHP 的项目运行需要目录存放相关数据，因为 ThinkPHP 支持自动生成目录，所以在创

建 ThinkPHP 项目后，只需要运行一次接口文件，就可以自动创建项目所需要的目录。生成的目录结构如图 20.9 所示。

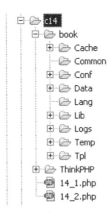

图 20.9　ThinkPHP 目录

在图 20.9 中显示的目录结构里，book 目录以及其子目录，都是在运行接口文件 Ch20-1.php 所自动生成的。下面详细介绍一下 book 目录下各个目录的作用。

- Cache：存放系统运行时产生的缓存文件，默认为空。
- Common：存放公共数据，默认为空。
- Conf：存放配置文件，默认为空。
- Data：存放相关数据，默认为空。
- Lang：存放语言文件，默认为空。
- Lib：包括两个目录，分别存放控制器和模型相关的类文件。
- Logs：存放日志文件，默认为空。
- Temp：存放临时文件，包括编译后的编译文件。
- Tpl：存放模板文件，默认包含空目录 default。

ThinkPHP 默认的字符集是 UTF-8，所以在使用 THinkPHP 开发软件项目时，在使用编辑器编辑代码时，需要注意字符集编码之间的转换问题。

【实例 20-2】ThinkPHP 框架生成的主要代码，保存在 Lib 目录下，Lib 目录下的两个文件夹 Action 和 Model，分别保存着控制器与模型的相关代码。本实例将通过修改控制器代码，来创建新的方法。

关于命名规则，在 ThinkPHP 框架的规范中，对于命名是有要求的：

- 类名与文件名需要一致。
- 类文件名的扩展名都是 ".class.php"。

要在已有的控制器中添加方法，只需要在类中定义新的函数就可以了。

下面通过修改 IndexAction.class.php，为已经生成的项目添加一个新的方法，添加的代码如下所示。

```
......
    //新添加的方法
    public function newAction(){
        header("Content-Type:text/html; charset=utf-8");        //输出字符编码
        echo "这是新添加的方法";
    }
```

……

在添加完新方法后，就可以通过浏览器进行访问了。因为 ThinkPHP 支持不同的 URL 模式访问模块，所以在浏览器中输入以下的 URL 地址，都能访问到新添加的方法。

普通模式：

```
http://127.0.0.1/src/ch20/ch20-1.php?m=index&a=newAction
```

PATHINFO 模式：

```
http://127.0.0.1/src/ch20/ch20-1.php/index/newAction
```

REWRITE 模式：

```
http://127.0.0.1/src/ch20/book/index/newAction
```

默认使用的是 PATHINFO 模式，而 REWRITE 模式需要通过配置才可以使用。访问以上 3 个 URL 地址中任何一个，都会显示同一个结果，如图 20.10 所示。

图 20.10　控制器中新添加的方法

【实例 20-3】在掌握了 ThinkPHP 关于控制器部分的知识后，接下来将介绍 ThinkPHP 访问数据库，以及模型方面的内容。

本实例主要介绍两个知识点，使用 ThinkPHP 访问数据库，以及模型文件。

（1）使用 ThinkPHP 访问数据库，需要先配置数据库的访问参数，数据库的访问参数保存在项目目录下的 Conf 文件夹下的 config.php 文件中。

（2）ThinkPHP 项目的模型文件保存在项目目录的 Lib/Model 目录下，模型文件的名称和控制器文件的名称是一样的，后缀都是 ".class.php"。

A）创建数据库

创建一个示例数据库 examples，创建一个供 ThinkPHP 访问的表，名称为 think_book，创建表的 SQL 语句如下所示。

```
CREATE TABLE `think_book` (
    `id` int(4) NOT NULL auto_increment,
    `name` varchar(20) default NULL,
    `sex` varchar(20) default NULL,
    `IP` varchar(50) default NULL,
    `email` varchar(100) default NULL,
    `http` varchar(200) default NULL,
    `detail` text, PRIMARY KEY (`id`)
) ENGINE=InnoDB DEFAULT CHARSET=latin1;
INSERT INTO `think_book` VALUES ('1', '赵一', '男', '127.0.0.1', 'zhao@mail.com', 'http://www.mail.com', '赵一留言内容');
INSERT INTO `think_book` VALUES ('2', '钱二', '男', '192.168.1.1', 'qian@mail.com', 'http://www.mail.com', '钱二留言内容');
```

### B）创建配置文件

在项目中的 Conf 目录下，创建一个名为 config.php 的文件，用于保存配置内容，config.php 文件的内容如下所示。

```php
<?php
return array(
//定义数据库连接信息
'DB_TYPE'=> 'mysql',            //数据为类型
'DB_HOST'=> 'localhost',        //数据库服务器地址
'DB_NAME'=>'examples',          //要操作的数据库
'DB_USER'=>'root',              //数据库用户名
'DB_PWD'=>,                     //数据库密码
'DB_PORT'=>'3306',              //数据库访问端口
'DB_PREFIX'=>'think_',          //数据表前缀
);
?>
```

### C）创建模型文件

在创建完数据库和配置文件后，需要创建一个模型文件，来配合控制器访问数据库。ThinkPHP 已经在模型基类中内置了相关代码，所以在创建模型时，只需要扩展这个模型基类，就可以完成对数据库的相关操作了。

在项目的 Lib/Model 目录下，创建一个名为 bookModel.class.php 的模型文件，代码如下所示。

```php
<?php
//创建一个空的模型文件
class bookModel extends Model{}
?>
```

### D）为控制器添加方法

在做完准备工作后，就可以使用 ThinkPHP 内置的数据库模块的相关功能访问数据库了。为 Lib/Action 目录下的 IndexAction.class.php 添加一个新方法，用于读取数据库，代码如下所示。

```php
<?php
// 本类由系统自动生成，仅供测试用途
class IndexAction extends Action{
    public function index(){}
    public function newAction(){}
    //读取数据库
    public function listbook(){
        $book = new bookModel();                        //实例化模型
        $book->query('set charset latin1');             //设置数据库默认字符编码
        $list = $book->findAll();                       //使用findAll()方法，取得表中所有记录
        dump($list);                                    //使用DUMP方法，显示返回的数组
    }
}
?>
```

在添加完方法后，在浏览器中输入 http://localhost/Ch20/Ch20-1.php/index/listbook 后按回车键，运行结果如图 20.11 所示。

图 20.11　保存有数据库数据的数组

## 20.5　小结

本章介绍了 PHP 中的 MVC 模型。首先介绍了什么是 MVC 模型，以及 MVC 模型中控制器、视图和数据模型的概念。然后介绍了 PHP 中的模板技术，包括什么是模板、如何在 PHP 程序中使用模板、Smarty 模板引擎的基本用法。接着，介绍了几款目前比较流行的 PHP 基于 MVC 的 Web 开发框架，包括 CodeIgniter、CakePHP、Zend Framework 及国产优秀框架 FleaPHP。最后，以 CodeIgniter 为实例，介绍了使用 CodeIgniter 开发 PHP 网络应用程序的基本思路和用法。

## 20.6　习题

1．写出你知道的 5 个 PHP 框架。
2．说说 CodeIgniter 框架的缺点和优点。

# 第四篇 PHP 实例精讲

# 第 21 章 一个简单好用的 MVC 框架

MVC 是一种源远流长的软件设计模式，早在 20 世纪 70 年代就已经出现了基于 MVC 的开发模式。随着 Web 应用开发的广泛展开，也因为 Web 应用需求复杂度的提高，MVC 这一设计模式也渐渐被 Web 应用开发所采用。

随着 Web 应用的快速增加，MVC 模式对于 Web 应用的开发来说无疑是一种非常先进的设计思想，无论选择哪种语言，也无论应用多复杂，它都能为构造产品提供清晰的设计框架。MVC 模式使得 Web 应用更加强壮，更加有弹性，也更加个性化。

## 21.1 什么是 MVC 模型

MVC 由 Trygve Reenskaug 提出，首先被应用在 SmallTalk-80 环境中，使许多交互和界面系统的构成基础，Microsoft 的 MFC 基础类也遵循了 MVC 的思想。

MVC 是 Model_View_Control 的缩写，简单地讲，Model 即程序的数据或数据模型，View 是程序视图界面，Control 是程序的流程控制处理部分。

模型部件是软件所处理问题逻辑在独立于外在显示内容和形式情况下的内在抽象，封装了问题的核心数据、逻辑和功能的计算关系，它独立于具体的界面表达和 I/O 操作。

视图部件把表示模型数据及逻辑关系和状态的信息及特定形式展示给用户。它从模型获得显示信息，对于相同的信息可以有多个不同的显示形式或视图。

控制部件是处理用户与软件的交互操作的，其职责是控制提供模型中任何变化的传播，确保用户界面与模型间的对应联系；它接受用户的输入，将输入反馈给模型，进而实现对模型的计算控制，是使模型和视图协调工作的部件。通常一个视图具有一个控制器。

模型、视图与控制器的分离，使得一个模型可以具有多个显示视图。如果用户通过某个视图的控制器改变了模型的数据，所有其他依赖于这些数据的视图都应反映出这些变化。因此，无论何时发生了何种数据变化，控制器都会将变化通知给所有的视图，导致显示的更新。这实际上是一种模型的变化-传播机制。

## 21.2 MVC 模型的组成

MVC 是一个设计模式，它使 Web 应用程序的输入、处理和输出分开进行。MVC Web 应用程序被分成 3 个核心部件：数据模型（Model—M）、视图（View—V）、控制器（Controller—C）。一个好的 MVC 设计，不仅可以使模型、视图、控制器高效完成各自的任务处理，而且可以让它们完美地结合起来，完成整个 Web 应用。

### 21.2.1 数据模型

模型包含了应用问题的核心数据、逻辑关系和计算功能，它封装了所需的数据，提供了完成问题处理的操作过程。控制器依据 I/O 的需要调用这些操作过程。模型还为视图获取显示数据而提供了访问其数据的操作。

这种变化-传播机制体现在各个相互依赖部件之间的注册关系上。模型数据和状态的变化会激发这种变化-传播机制，它是模型、视图和控制器之间联系的纽带。

### 21.2.2 视图

视图通过显示的形式，把信息转达给用户。不同视图通过不同的显示，来表达模型的数据和状态信息。每个视图有一个更新操作，它可被变化-传播机制所激活。当调用更新操作时，视图获得来自模型的数据值，并用它们来更新显示。

在初始化时，通过与变化-传播机制的注册关系建立起所有视图与模型间的关联。视图与控制器之间保持着一对一的关系，每个视图创建一个相应的控制器。视图提供给控制器处理显示的操作。因此，控制器可以获得主动激发界面更新的能力。

### 21.2.3 控制器

控制器通过时间触发的方式，接受用户的输入。控制器如何获得事件依赖于界面的运行平台。控制器通过事件处理过程对输入事件进行处理，并为每个输入事件提供了相应的操作服务，把事件转化成对模型或相关视图的激发操作。

如果控制器的行为依赖于模型的状态，则控制器应该在变化-传播机制中进行注册，并提供一个更新操作。这样，可以由模型的变化来改变控制器的行为，如禁止某些操作。

## 21.3 实现简单的 MVC

在了解了何为 MVC 的概念之后，本节就来实现一个简单好用的 MVC 框架。记住，MVC 只是一种思想，实现的途径可以有多种。不要拘束于某种现成的框架思想，希望在此讲述的这个 MVC 实现对读者有一个启蒙的作用。

### 21.3.1 数据模型层的实现

对于数据模型层的实现这里实现两部分的封装，第一是对数据库直接操作的封装（也就是通常所说的数据库操作类），第二个是基于这个类对数据库的操作。那为什么需要数据库操作类呢？那是因为在开发中对数据库的操作基本是必不可少的，而且需求变化也比较大，所以对其做一个封装便于灵活开发和应用。以下是对数据操作的一个封装类，如代码 21-1 所示。

代码 21-1　数据库封装类

```php
<?php
class DB extends PDO {                                  //此类扩展自 PHP 的 PDO 数据库操作类

    var $sth;                                           //用于存储 PDOStatement 对象

    function execute($sql, $values = array()) {         //执行 SQL 语句

        $this->sth = $this->prepare($sql);              //预执行 SQL 语句，可防止 SQL 注入
        return $this->sth->execute($values);            //执行 SQL 语句
```

```php
    }

    function get_all($sql, $values = array()) {            //得到所有 SELECT 语句执行后的数据集

        $this->execute($sql, $values);                     //执行本类的 execute 方法
        return $this->sth->fetchAll();                     //取得所有结果集

    }

    function get_one($sql, $values = array()) {            //得到一条 SELECT 语句执行后的数据集

        $this->execute($sql, $values);                     //执行本类的 execute 方法
        return $this->sth->fetch();                        //取得一条结果集

    }

    function get_col($sql, $values = array(), $column_number = 0) {//取得记录中的列值

        $this->execute($sql, $values);                     //执行本类的 execute 方法
        return $this->sth->fetchColumn($column_number);    //取得结果中的某一列值

    }

    function insert($table, $data) {                       //向数据表中插入数据
            $fields = array_keys($data);                   //提取数据中的 key 值
        $marks = array_fill(0, count($fields), '?');       //组成数据
        //重新组合成插入的 SQL 语句
        $sql = "INSERT INTO $table (`" . implode('`,`',$fields) . "`) VALUES (".implode(",",$marks).")";
            return $this->execute($sql, array_values($data));  //执行本类的 execute 方法,并返回结果

    }

    function update($table, $data, $where) {               //更新数据表中的数据

      $values = $bits = $wheres = array();                 //建立数据
      foreach ( $data as $k=>$v ) {                        //循环构建需要的数据参数
        $bits[] = "`$k` = ?";
            $values[] = $v;
      }

      if ( is_array( $where ) )
        foreach ( $where as $c => $v ) {                   //循环构建需要的条件参数
                $wheres[] = "$c = ?";
                $values[] = $v;
        }
      else
        return false;

        //重新组合成更新的 SQL 语句
        $sql = "UPDATE $table SET " . implode( ',', $bits ) .' WHERE '. implode( ' AND ', $wheres );
        return $this->execute($sql, $values);              //执行本类的 execute 方法,并返回结果
```

```php
    }

    function delete($table, $field, $where) {              //从数据表中删除结果集
        if( empty($where) ) {                              //条件是否为空
            return false;                                  //返回 FALSE
        }
        //预执行删除语句
        $this->sth = $this->prepare("DELETE FROM $table WHERE $field = ?");

        if( is_array($where) ) {                           //如果是数组
            foreach($where as $key=>$val) {                //循环需要删除的值
                $this->sth->execute(array($val));          //执行本类的 execute 方法
            }
        } else {                                           //只有一个数值
            $this->sth->execute(array($where));            //执行本类的 execute 方法
        }

    }

    function table2sql($table) {                           //将数据表导出成 SQL 语句

        $sql = array();                                    //创建临时数组

        $sql[] = "DROP TABLE IF EXISTS `{$table}`;\n";     //如果存在则删除该数据表
        $create_table = $this->get_one('SHOW CREATE TABLE '.$table);//返回表结构的 SQL 语句
        $sql[] = $create_table[1].";\n\n";                 //将如上语句存入临时数组中
        return implode('', $sql);                          //以 SQL 形式返回所有的表信息

    }

    function data2sql($table) {                            //将数据表数据导出成 SQL 语句
        $sql = array();                                    //创建临时数组
        $sql[] = "DROP TABLE IF EXISTS `{$table}`;\n";     //如果存在则删除该数据表
        $create_table = $this->get_one('SHOW CREATE TABLE '.$table);//返回表结构的 SQL 语句
        $sql[] = $create_table[1].";\n\n";                 //将如上语句存入临时数组中

        $rows = $this->get_all("SELECT * FROM $table");    //取得表中的所有数据
        $col_count = $this->sth->columnCount();            //取得记录的个数

        foreach($rows as $row) {                           //循环取得的数据
            $sql[] = "INSERT INTO $table VALUES(";         //创建 insert 语句
            $comma = '';

            for($i=0; $i< $col_count; $i++) {              //循环记录中所有列
                if (!isset($row[$i])) {                    //如果没有值
                    $sql[] = $comma."NULL";                //设置为 NULL
                } else {                                   //否则
                    $sql[] = $comma."'".$row[$i]."'";      //设置为当前值
                }
                $comma = ',';                              //更改连接符为","
            }
            $sql[] = ");\n";
        }
```

```
        $sql[] = "\n";
        return implode('', $sql);                  //以SQL形式返回所有的数据信息
    }

    function dump_sql() {                           //将数据库中的所有数据表导出成SQL形式字符串
        $sql = array();                             //创建临时数组
        foreach ($this->query('SHOW TABLES') as $row) {   //循环所有的表
            $sql[] = $this->data2sql($row[0]);      //调用data2sql导出数据表的SQL
        }

        return implode('', $sql);                   //返回集合后的SQL数据
    }

}
?>
```

以上的数据库操作类是在原有的 PDO 类上对数据库操作的一个封装，因为 PDO 类能支持多种类型的数据库并能有效防止 SQL 注入。首先来看该类的 execute 方法，此方法接受两个参数，一个是用来预执行的 SQL 语句，另外一个是其需要用到的数据。在函数中依次调用 PDO 的 prepare 方法和 execute 方法来执行 SQL，类中对数据库操作的函数最终都会调用这个方法，这样就能有效地防止 SQL 注入。

此类中函数常用的一些 SQL 语句进行封装，比如 insert、update、delete 操作等，省去了写 SQL 语句的麻烦。并提供导出数据 SQL 的 3 个函数 table2sql、data2sql、dump_sql，在备份数据库数据时有很大的用处。

所谓数据模型，就是对某一类操作进行的封装。当然实现的方法也是多样的，譬如用类的方式，或者使用函数放在一个独立的文件中，再或是使用命名空间标识出来等。这里一般采取的是以类的形式的封装，譬如有很多对用户数据的操作，就可以封装成一个用户名类。此用户类中包括对用户的登录、验证、添加、删除、更新资料等操作。大致可以如下：

```
<?php
require_once('21-1.php');                     //导入数据操作类

class User {                                   //用户模型类

    var $db;                                   //用户数据库

    function __construct() {                   //构造函数，链接数据库
        $this->db = new DB("mysql:dbname=user;host=localhost", 'root', '');
    }

    function login() {                         //用户登录
        ...
    }
    function logout() {                        //用户注销
        ...
    }

    function add_user() {                      //添加用户
        ...
    }
```

```
        ...
    }
?>
```

这就是一个模型层了，它负责对用户的操作。

### 21.3.2 视图层的实现

一般实现视图层可以使用现有的模板引擎，来实现代码和数据的分离，比如现在流行的 Smarty 就非常不错。但是这里介绍一种更简单的方式，就是使用原生 PHP 做模板引擎。

使用原生 PHP 做模板显而易见的好处是"快"，不论使用什么模板引擎，到最终都是要还原成原生 PHP 代码的，这个过程都是需要处理时间的。使用原生 PHP 做模板引擎时就不会产生这个过程，所以很快。另外一个就是节省了二次学习的时间。现在几乎每个模板引擎都有自己的一套方式，要使用时就得重新学习它的方法。而使用原生 PHP 作为模板引擎时，只要会 PHP 就会使用。另外一个就是在使用某些 IDE 的时候能直接显示出来，比如 Dreamweaver 之类的编辑器。下面就来详细说明，使用方法如下。

变量输出：

```
<?php echo $test?>
```

或者可以更简单一些，如下所示。

```
<?= $test?>
```

判断语句：

```
<?php if ($a == 5):?>
A 等于 5
<?php endif;?>
```

另外还可以直接使用三元运算符来控制判断输出。

```
<?= $a?$b:$c?>
```

循环语句：

```
<?php foreach($as as $a):?>
循环结果：<?= $a?>
<?php endforeach;?>
```

模板引擎最基本的三种方式都已经有了。那么基本的数据显示方式都已经具备。难道模板就这么简单？是的，模板就可以这么简单，如果让做前台页面的人员看到这个他一定也会马上接受的。就这么三个语句，基本就不用学习！

### 21.3.3 控制器的实现

本小节来讲视图层和模型层的桥梁——控制器的实现。这里也是使用 PHP 本身的特性，直接页面接受请求，然后对请求的参数做判断并调用相应的模型。基本上用 if 条件语句判断即可。同样做一个用户操作的例子，结合以上的那个用户模型层示例，控制器的实现可以如下：

```
<?php
require_once('cls_user.php');                                    //引入用户模型
```

```php
    $user = new User();                                         //模型类对象化

    if($_REQUEST['act'] == 'login') {                           //判断请求是否是login
        if($user->login($_REQUEST['username'], $_REQUEST['password'])) {  //调用模型层的login方法
            echo '登录成功！';                                  //成功的结果
        } else {
            echo '登录失败！';                                  //失败后的结果
        }
    } elseif($_REQUEST['act'] == 'logout') {                    //如果是注销
        $user->logout();                                        //调用模型层的logout方法
        echo '注销成功！';
    } elseif($_REQUEST['act'] == 'add_user') {                  //如果是新增用户
        $user->add_user($_REQUEST['username'], $_REQUEST['password']);  //调用模型层的add_user方法
        echo '注册成功！';                                      //提示注册成果
    } else {                                                    //如果请求参数错误
        echo '参数错误！';                                      //提示参数错误
    }
?>
```

当然，现在很多的 MVC 框架都是使用单文档入口的方式来做实现控制器。如果觉得现在的这个方式不好用也可以修改成单文档的方式。但是使用单文档方式有一个不好的地方是，结果输出是需要写在模型层中的。从编程角度上来讲，模型层的结构一般是返回数据或者状态并不直接输出结果。

## 21.4 MVC 应用示例

在以上小节中讲了什么是 MVC，以及如何实现一个简单的 MVC 框架，想必读者已经很想知道怎么使用这个框架。本节就来使用这个 MVC 框架来实现一个用户注册、登录、注销的例子。

首先是用户的数据模型层，需要实现用户的注册、登录和注销 3 个功能，需要引入一个数据库操作类，具体的实现如代码 21-2 所示。

代码 21-2　用户的数据模型层

```php
<?php
require_once('21-1.php');                                       //导入数据操作类
session_start();                                                //启用 session
class User {                                                    //用户模型类

    var $db;                                                    //用户数据库

    function __construct() {                                    //构造函数，链接数据库
        $this->db = new DB("mysql:dbname=test;host=localhost", 'root', '');
    }

    function add_user($username, $password) {                   //添加用户
        $_bool = $this->db->get_col("SELECT COUNT(1) FROM user WHERE username = ?", array($username));
        if($_bool) {
            return -1;
        }
```

```php
        $_result = $this->db->insert('user', array('username'=>$username, 'password'=>$password));
        if($_result) {
            return 1;
        } else {
            return 0;
        }
    }

    function login($username, $password) {                    //用户登录
        $_user = $this->db->get_one("SELECT * FROM user WHERE username = ? AND password = ?", array($username, $password));
        if($_user) {
            $_SESSION['user_id'] = $_user['user_id'];
            $_SESSION['username'] = $_user['username'];
            return true;
        } else {
            return false;
        }
    }

    function logout() {                                       //用户注销
        $_SESSION['user_id'] = '';
        return 1;
    }

}
?>
```

然后是注册页面,如代码 21-3 所示。

代码 21-3  注册页面

```html
<b>使用 MVC 框架实现的用户登录系统</b><hr />
用户注册
<form id="form1" name="form1" method="post" action="21-5.php?act=add_user">
<table>
    <tr>
        <td>用户名:</td>
        <td><input type="text" name="username" id="username" /></td>
    </tr>
    <tr>
        <td>密　码:</td>
        <td><input type="password" name="password" id="password" /></td>
    </tr>
    <tr>
        <td> </td>
        <td><input name="" type="submit" value="提交" /></td>
    </tr>
</table>
</form>
```

登录页面基本和注册页面差不多,如代码 21-4 所示。

代码21-4 登录页面

```
<b>使用 MVC 框架实现的用户登录系统</b><hr />
用户登录
<form id="form1" name="form1" method="post" action="21-5.php?act=login">
<table>
    <tr>
        <td>用户名:</td>
        <td><input type="text" name="username" id="username" /></td>
    </tr>
    <tr>
        <td>密  码:</td>
        <td><input type="password" name="password" id="password" /></td>
    </tr>
    <tr>
        <td> </td>
        <td><input name="" type="submit" value="提交" /></td>
    </tr>
</table>
</form>
```

最后是实现控制器的页面,如代码21-5所示。

代码21-5 实现控制器作用的页面

```
<?php
require_once('21-2.php');                                            //引入用户模型

$user = new User();                                                  //模型类对象化

$username = $_REQUEST['username'];                                   //取得提交的username
$password = $_REQUEST['password'];                                   //取得提交的password
if($_REQUEST['act'] == 'login') {                                    //判断请求是否是login
    if($user->login($username, $password)) {                         //调用模型层的login方法
        echo '欢迎 '.$_SESSION['username'].'<br />';                 //欢迎消息
        echo '登录成功!';                                             //成功的结果
        echo '<a href="21-5.php?act=logout">注销</a>';                //生成注销按钮
    } else {
        echo '登录失败!';                                             //失败后的结果
    }
} elseif($_REQUEST['act'] == 'logout') {                             //如果是注销
    $user->logout();                                                 //调用模型层的logout方法
    echo '注销成功!';
} elseif($_REQUEST['act'] == 'add_user') {                           //如果是新增用户
    $result = $user->add_user($username, $password);                 //调用模型层的add_user方法
    if($result == -1) {
        echo '已存在该用户';
    } elseif($result == 1) {
        echo '注册成功!';
    } else {
        echo '注册失败!';
    }
                                                                     //提示注册成果
} else {                                                             //如果请求参数错误
```

```
            echo '参数错误！';                                    //提示参数错误
    }
?>
```

以上代码的原因已经在上一节中有详细讲解，这里就不再赘述。不同的是在这个例子中，视图页面没有用到模板引擎。运行代码 21-3 后的页面结果如图 21.1 所示。出现的是一个用户注册页面，输入相应的用户名和密码后单击"提交"按钮，出现如图 21.2 所示的结果。如果已经有用户注册，则会出现如图 21.3 所示的结果。

图 21.1 用户注册

图 21.2 注册成功

图 21.3 已存在用户

注册成果后，运行代码 21-4 所得到的页面结果如图 21.4 所示。在此页面输入刚才注册成功的用户名和密码，单击"提交"按钮后得到如图 21.5 所示的结果，表示登录成功，并显示登录者的用户名。单击其中的"注销"按钮后，得到的结果如图 21.6 所示。

至此要实现的用户登录过程基本完成。

图 21.4 登录页面

图 21.5 登录成功

图 21.6 注销功能

## 21.5 小结

本章主要介绍了什么是 MVC 模型、MVC 模型的组成和实现简单的 MVC，并在这个基础上实现使用 MVC 的一个例子。通过本章的学习让读者对 MVC 这种设计模式有了进一步的了解，使读者懂得编程思想是程序开发的核心，并需要应用在合适的地方。

## 21.6 习题

1. 简述你对 MVC 这个程序设计模式的理解。
2. 简单说说你对本章使用的框架的优缺点的理解。

# 第 22 章 制作一个内容管理系统（CMS）

在互联网高速发展的今天，网络信息以惊人的速度在高速增加。Web 站点的信息量也是越来越多，比如文章、音乐、图片、视频等。如果说这么多的信息内容，没有一个系统化的管理工具，那么处理它将成为一个很麻烦的问题。随着这个问题的产生，现在已有很多优秀的内容管理系统提供多种解决方案。本章就来简单实现这样的一个 CMS 系统。

## 22.1 什么是 CMS

内容管理系统（Content Management System，简称 CMS），组织和协助共同合作的内容的结果，是指用于管理及方便数字内容的系统。

内容是任何类型的数字信息的结合体，可以是文本、图形图像、Web 页面、业务文档、数据库表单、视频、声音、XML 文件等。应该说，内容是一个比数据、文档和信息更广的概念，是对各种结构化数据、非结构化文档、信息的聚合。管理就是施加在"内容"对象上的一系列处理过程，包括收集、存储、审批、整理、定位、转换、分发、搜索、分析等，目的是为了使"内容"能够在正确的时间、以正确的形式传递到正确的地点和人。内容管理可以定义为：协助组织和个人，借助信息技术，实现内容的创建、存储、分享、应用、检索，并在企业个人、组织、业务、战略等诸多方面产生价值的过程。而内容管理系统就是能够支撑内容管理的一种工具或一套工具的软件系统。

内容管理系统的定义可以很狭窄，通常是指门户或商业网站的发布和管理系统；定义也可以很宽泛，个人网站系统也可归入其中。Wiki 也是一种内容管理系统，Blog 也算是一种内容管理系统。

现在流行的开源 CMS 系统有 Joomla!、Drupal、Xoops 等。

## 22.2 CMS 的作用

目前的内容管理系统多如牛毛，不管是开源的，还是收费的，都有不少优秀的产品。但是在开发一些中小型网站的时候，使用一些当前流行的内容管理系统都不太顺利，发现它们都普遍存在着一些问题。

传统的内容管理系统除了基本的后台内容管理功能，通常包括了网站开发的功能。这样虽然降低了制作网站的技术门槛，让不懂程序的人也能制作出门户网站，但是很大程度上牺牲了网站前端的灵活性。在交互设计和用户体验越来越重要的今天，缺乏独立性的网站前端已经不能满足互联网应用日益多样化的需求。

另一方面强大的功能大大增加了系统的复杂性，不管是对网站管理者还是内容发布者来说，传统的内容管理系统学习成本都很高。

于是就想能不能自己开发一个轻量级的内容管理系统，解决上述的问题，满足中小型网站的外包开发需要？希望使用它能够达到这些目标。

- 灵活独立：网站后台管理的开发与网站本身的开发完全分离，只是管理数据库里的数据，不关心数据如何在页面呈现，保持网站前端的独立性和灵活性。
- 快速部署：一个中小型网站在开发完之后，使用这个内容管理系统能够在半天之内把后台管理部署出来。
- 简单易用：即使对软件操作不太熟悉的用户都能顺利使用内容管理系统发布网站内容。
- 扩展性强：开放的 API 接口，让后期开发人员能够容易地开发扩展功能，或者将服务器端程序扩展到其他平台，例如.NET 或者 Java。

## 22.3 需求分析

鉴于现在网站后台做的最多和最基本是对文章进行管理，这里就以内容管理系统中的文章管理为一个例子。当然这个文章系统鉴于篇幅的关系，所做的功能也没有很全面。但基本上要满足栏目的动态添加和删除，以及对栏目下文章进行管理的功能要求。还需要做到前台的视图和代码分离，便于以后多风格的前台界面更换。

对于以上提出的一些需求，使用前一个章节所介绍的框架就可以轻松实现。虽然这个框架只有一个文件，但重要的是思想。当然不是说这个框架如何好，而是希望读者明白掌握真正的原理和思想并能根据这个有自己的理解和创新。

## 22.4 相关策划

上一个小节的需求很简单，但是做这个需求的策划要烦琐得多。这个也和实际中相符合，通常提出需求的人只要求大体的功能要实现什么，而具体的那些细节他们一般不提（或者说他们也不清楚）。所以就需要策划来分析，到底对于这些需求需要做哪些功能，哪些需要注意等。如果还有不确定的因素还需要积极地和需求方沟通交流。

下面是对这个系统做的策划，采用图片和文字相结合的说明方式，这样更利于实现此功能的程序员理解和操作。其中图片是使用画图工具直接手工绘制的，如果要求高些或者可以用 Photoshop 之类的绘图软件来画。

### 22.4.1 后台策划

首先要实现的就是后台的管理，因为最常用到的是新闻的添加和删除，所以最先看到的是对新闻列表的管理，如图 22.1 所示。

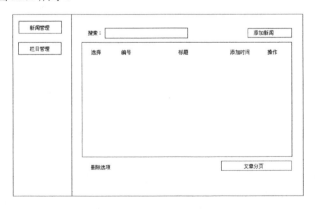

图 22.1　文章列表

由上图可以看到，这个是进入后台所看到的第一个界面也是新闻管理的界面。其中的列表是针对所有新闻的管理，在这个界面上可以很方便地找到相关的操作按钮。

之后要做的就是添加文章时的策划，如图 22.2 所示。

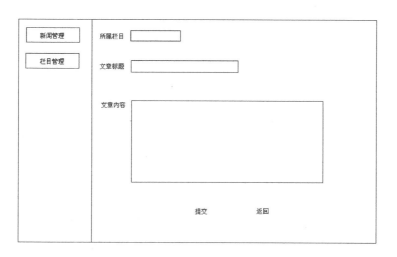

图 22.2　文章表单

添加文章和修改文章的页面可以共用一个，主要包括 3 个属性：文章所属栏目、文章标题及文章内容。由图 22.1 可以看出还需要有文章的添加时间，这个可以在做程序时让其自动生成。

文章部分的大体策划已经完成，接下来是做系统栏目的规划。与文章一样，首先做的是列表的策划，如图 22.3 所示。

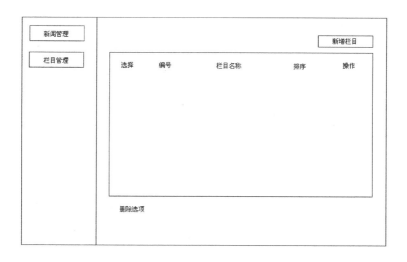

图 22.3　栏目列表

栏目策划的列表显示与新闻列表大致相同，只是因为栏目本身的数量不多，所以省略掉了分页和搜索的功能。增加排序字段，用于在前台显示时栏目的前后位置摆放。

接下来是系统栏目的内容页，如图 22.4 所示。

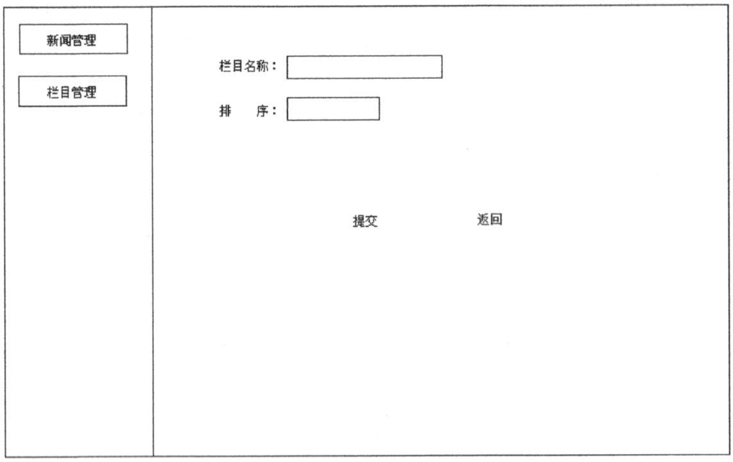

图 22.4　栏目表单

## 22.4.2　前台策划

那么到现在，后台的基本功能都已经策划完毕。接下来就剩下前台页面的显示，这里因为不是做网站所以要求也很简单，只要显示系统的栏目和新闻即可，如图 22.5 所示。

其他还应该包括栏目下的文章列表显示页面与单个文章的详细内容显示，因为都是差不多，这里就不一一列举出来。

图 22.5　网站首页

## 22.5　系统架构

一般来说一个策划出来以后需要更改多次，最后确定终稿。然后再由美工人员把页面都设计完成。但是因为这里做的系统只是功能上的实现，这些步骤都省略了。

接下来就要讨论，这个系统运行的环境、数据存储的地方、数据结构等信息。

## 22.5.1 环境选择

这个系统的运行环境基本是 PHP+MySQL 的组合，同时满足 Liunx 和 Windows 的操作系统环境。因为 PHP+MySQL 配置相对来说比较复杂，期间也可能会发生很多问题，所以这里选择一个 PHP 的环境的安装包，只要安装这个包就同时安装了运行 PHP 的所有环境。选择的这个集成安装包的名字叫"XAMPP"，它的中文官方网址是 http://www.apachefriends.org/zh_cn/index.html。可以根据操作系统的环境选择相应的软件包下载，安装也非常简单。

现在适用于 Windows 的最新版本是 1.7.3，其中包含的组件如下所示。

- Apache 2.2.14 (IPv6 enabled) + OpenSSL 0.9.8l
- MySQL 5.1.41 + PBXT engine
- PHP 5.3.1
- phpMyAdmin 3.2.4
- Perl 5.10.1
- FileZilla FTP Server 0.9.33
- Mercury Mail Transport System 4.72

选择集成安装包的目的主要有两个，一个是方便快捷并能在多种系统下同样适用，第二个是因为它能进行很便捷相关的配置改动或者升级。

## 22.5.2 选择框架

那么现在已经有了 PHP 的运行环境，需要设定是否需要使用 PHP 的框架开发。单就这系统来讲，可用可不用，因为需要的实现功能不多，维护也比较容易。但是这里鉴于学习和了解的目的，采用上一个章节提供的框架思想来实现它。

## 22.5.3 数据结构设计

在数据库的设计上需要两个表一个是栏目表，如表 22.1 所示。

表 22.1　栏目表

| 字段名 | 类型 | 长度 |
| --- | --- | --- |
| cat_id | tinyint | 4 |
| cat_name | varchar | 20 |
| sort_order | tinyint | 4 |
| add_time | datetime | 0 |

另外一个是文章表，如表 22.2 所示。

表 22.2　文章表

| 字段名 | 类型 | 长度 |
| --- | --- | --- |
| cat_id | tinyint | 4 |
| id | int | 11 |
| title | varchar | 50 |

续表

| 字段名 | 类型 | 长度 |
|---|---|---|
| content | Text | 0 |
| add_time | datetime | 0 |

以上两个数据表可以记录这个文章系统所需要的所有信息。另外需要说明的是，为了保持较好的兼容性，不管是在多语言的问题上还是和其他程序相结合，数据库和表的编码统一采用"UTF-8"编码。

> **注意** 其中表名和字段名都统一为小写字母，并适当地加上易于区别的前缀。这个主要是因为现在的各种操作系统对大小写敏感的支持不同，所以统一使用小写便于在平台间的迁移。

### 22.5.4 目录结构

网站的目录统一用小写字母和数字，特别是不要使用中文。统一这个，是为了在不同的操作系统间有更好的兼容性。

总结常使用到的目录，初步构建的网站目录如图 22.6 所示。

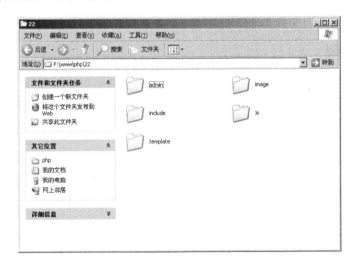

图 22.6　目录结构

其中，admin 是后台管理目录，image 是需要用到的图片目录，js 是放置脚本的目录，include 是需要引用的一些公共文件目录，template 是模板目录。此目录结构是提前设计的，如在开发过程中有新的需求可以另行添加。

## 22.6 后台开发

后台开发主要分栏目功能开发和文字功能开发两部分。因为这两个有很多地方是相同的，所以本节会着重讲解文章功能开发的过程。

## 22.6.1 后台文件结构

当浏览器访问后台时,首先解析显示的是后台目录 admin 下的 index.php 文件。它是一个框架页面,包含了 3 个子页面,如代码 22-1 所示。

代码 22-1　后台框架页

```
<!DOCTYPE html PUBLIC "-//W3C//DTD XHTML 1.0 Frameset//EN" "http://www.w3.org/TR/xhtml1/DTD/xhtml1-frameset.dtd">
<html xmlns="http://www.w3.org/1999/xhtml">
<head>
<meta http-equiv="Content-Type" content="text/html; charset=utf-8" />
<title>后台框架</title>
</head>

<frameset rows="80,*" cols="*" frameborder="yes" border="1" framespacing="0">
  <frame src="top.php" name="topFrame" scrolling="No" noresize="noresize" id="topFrame" title="topFrame" />                    <!-- 顶部页面 -->
  <frameset cols="180,*" frameborder="yes" border="1" framespacing="0">
    <frame src="menu.php" name="leftFrame" scrolling="No" noresize="noresize" id="leftFrame" title="leftFrame" />    <!-- 左边页面 -->
    <frame src="article.php?act=list" name="mainFrame" id="mainFrame" title="mainFrame" />
                    <!-- 主页面 -->
  </frameset>
</frameset>

<noframes><body>
</body></noframes>
</html>
```

由以上代码可以看到这个页面其实本身没有什么内容,而是包含有 3 个子页面,分别为顶部的 "top.php" 页面、左边菜单页面 "menu.php" 和最初开始显示的 "article.php?act=list" 页面。为什么是最初开始显示的页面呢?因为在这个页面中的内容是可以随着左边菜单的选择而呈现出不同页面的。

> **Tips** 在框架页面中,如果要替换其页面可以将相应的超级链接中的 "target" 属性赋值为需要在那个页面显示的 "name" 值。

顶部页面只是显示系统名字,这里就不再赘述。下面来看左边的 "menu.php" 菜单页面,如代码 22-2 所示。

代码 22-2　菜单页面

```
<!DOCTYPE html PUBLIC "-//W3C//DTD XHTML 1.0 Transitional//EN" "http://www.w3.org/TR/xhtml1/DTD/xhtml1-transitional.dtd">
<html xmlns="http://www.w3.org/1999/xhtml">
<head>
<meta http-equiv="Content-Type" content="text/html; charset=utf-8" />
<title>菜单页面</title>
</head>

<body>
```

```html
<table width="100%" border="0" cellspacing="0" cellpadding="0">
    <tr>
        <td> </td>
    </tr>
    <tr>
        <td><a href="article.php?act=list" target="mainFrame">文章管理</a></td>    <!-- 文章列表 -->
    </tr>
    <tr>
        <td> </td>
    </tr>
    <tr>
        <td><a href="category.php?act=list" target="mainFrame">栏目管理</a></td>    <!-- 栏目列表 -->
    </tr>
    <tr>
        <td> </td>
    </tr>
</table>
</body>
</html>
```

菜单页面也很简洁，这里主要讲解的是两个超级链接。它们都有自己的 href 链接地址，还有 target 属性。其中 href 地址是需要显示的网页地址，而 target 属性中的内容则表示在哪里显示。这个统一赋值为"mainFrame"，这样就表示当单击这个超级链接的时候，其中的 href 所示页面会在框架集中的名称为"mainFrame"的框架页中打开。

以上是后台的主要框架结构，实现了页面上的布局和菜单的基本切换等功能。接下来将具体来讲解栏目功能和文章功能的开发。

### 22.6.2 栏目功能开发

栏目功能开发主要有涉及到了个 PHP 页面，它们分别是 category.php、category_form.php 和 category_list.php。其中 category.php 是有实现栏目功能的控制页面，主要实现的是控制器的作用。article_form.php 和 article_list.php 分别是栏目信息和栏目列表页面，充当视图层的角色。首先来看下控制器做了哪些事情，其实现的内容如代码 22-3 所示。

代码 22-3　栏目控制页面

```php
<?php
require_once('../include/init.php');                                       //引入初始文件

if($_GET['act'] == 'list') {                                               //显示列表

    $total_num = $db->get_col("SELECT COUNT(1) FROM {$prefix}category");   //取得栏目总数
    $page_url = '?act=list';                                               //分页时需要调用的 url 地址
    $page = intval(trim($_GET['page']));                                   //当前页数
    $page = $page ? $page : 1;                                             //如果没有则为 1
    $page_size = 10;                                                       //每页 10 条记录

    $rows = $db->get_all("SELECT * FROM {$prefix}category ORDER BY sort_order ASC LIMIT ".($page-1)*$page_size.", {$page_size}");      //得到当前页所包含的数据
    include('category_list.php');                                          //引入分页视图模板
```

```php
    } elseif($_GET['act'] == 'edit') {                                      //编辑

        $form_act = 'update';                                               //表单动作改为update
        $category=$db->get_one("SELECT*FROM{$prefix}categoryWHEREcat_id=?",array($_GET['cat_id']
));                                                                         //取得当前编辑的栏目
        include('category_form.php');                                       //引入栏目信息视图模板

    } elseif($_GET['act'] == 'add') {                                       //添加

        $form_act = 'insert';                                               //表单动作改为insert
        include('category_form.php');                                       //引入栏目信息视图模板

    } elseif($_GET['act'] == 'insert') {                                    //数据库插入

        $_POST['add_time'] = date('Y-m-d H:i:s');                           //取得当前时间
        $db->insert($prefix.'category', $_POST);                            //插入数据
        sys_msg("添加栏目成功! ", '?act=list');                             //系统提示插入数据成功

    } elseif($_GET['act'] == 'update') {                                    //数据库更新

        $db->update($prefix.'category', $_POST, array('cat_id'=>$_POST['cat_id']));
                                                                            //更新记录
        //系统提示更新数据成功，并返回列表页
        sys_msg("更新栏目成功! ", '?act=list');

    } elseif($_GET['act'] == 'del') {                                       //数据库删除操作

        $db->delete($prefix.'category', 'cat_id', $_REQUEST['cat_id']);     //删除记录
        sys_msg("删除栏目成功! ", '?act=list');                             //系统提示删除数据成功

    }

?>
```

如上代码中涉及到对数据库的添加、删除、修改、查询操作。相对于一般系统来说还是比较简洁易懂的。下面来讲解具体的程序执行流程。首先是每个对这个页面的请求都是需要包含有使用"get"方式提交的 act 参数，然后在此页面中对这个参数进行调节语句判断使之执行相应的操作。

重点需要说明的是当"act"的值为"list"时的操作。因为列表页还需要有分页的功能，所以这里特别多了一些变量需要赋值。见代码中第 6~10 行的注释，这些变量会在列表的模板页中被分页函数所调用。另外就是包含当前的页记录的数组变量$rows，此变量将会在实现列表数据时用到。那么在被它包含进来的模板页中就可以使用这些变量。

下面来看看模板页是如何实现的，如代码 22-4 所示。

代码 22-4　栏目列表模板页

```html
<!DOCTYPE html PUBLIC "-//W3C//DTD XHTML 1.0 Transitional//EN" "http://www.w3.org/TR/xhtml1/DTD/
xhtml1-transitional.dtd">
<html xmlns="http://www.w3.org/1999/xhtml">
<head>
<meta http-equiv="Content-Type" content="text/html; charset=utf-8" />
<title>栏目管理</title>
</head>
```

```
<body>
<table width="100%" border="0" cellspacing="0" cellpadding="0">
    <tr>
        <td colspan="2"> </td>
    </tr>
    <tr>
        <td width="50%"> </td>
        <td width="50%" align="right"><a href="?act=add">添加栏目</a></td>
    </tr>
    <tr>
        <td colspan="2"> </td>
    </tr>
</table>
<table width="100%" border="1" cellpadding="3">
    <tr>
        <td width="10%" align="center">选择</td>
        <td width="10%" align="center">编号</td>
        <td width="50%" align="center">栏目名称</td>
        <td width="18%" align="center">排序</td>
        <td width="12%" align="center">操作</td>
    </tr>
    <?php foreach($rows as $row):?><!-- 循环记录 -->
    <tr>
        <td align="center"><input type="checkbox" name="cat_id[]" value="<?= $row['cat_id']?>"/ ></td>
        <td align="center"><?= $row['cat_id']?></td>
        <td align="center"><?= $row['cat_name']?></td>
        <td align="center"><?= $row['sort_order']?></td>
        <td align="center"><a href="?act=edit&cat_id=<?= $row['cat_id']?>">编辑</a>|<a href="?act=del&cat_id=<?= $row['cat_id']?>">删除</a></td>
    </tr>
    <?php endforeach;?><!-- 循环记录结束 -->
</table>
<table width="100%" border="0" cellspacing="0" cellpadding="0">
    <tr>
        <td> </td>
        <td align="right"><?= pager($page, $page_size, $total_num, $page_url)?><!-- 分页函数显示分页 --></td>
    </tr>
    <tr>
        <td><input type="button" name="button" id="button" value="删除" /></td>
        <td> </td>
    </tr>
</table>
</body>
</html>
```

　　此模板实现的代码主要包括两块，第一块是对$rows 数组记录的循环显示，直接使用原生 PHP 的循环语句 foreach。另外就是使用 pager()函数输出分页内容，此函数是在另外的 functions.php 文件中定义，已在引入 init.php 文件时引入。如此栏目列表即可正常显示，效果如图 22.7 所示。

图 22.7　栏目列表页面

## 22.6.3 文章功能开发

文章功能开发主要也有涉及到 3 个 PHP 页面，它们分别是 article.php、article_form.php 和 article_list.php。其中 article.php 是有实现文章功能的控制页面，主要实现的是控制器的作用。article_form.php 和 article_list.php 分别是文章信息和文章列表页面，充当视图层的角色。首先来看看文章的控制器做了哪些事情，其实现的内容如代码 22-5 所示。

代码 22-5　文章控制页面

```php
<?php
require_once('../include/init.php');                         //引入初始文件
//提取栏目
$categories = $db->get_all("SELECT * FROM {$prefix}category ORDER BY sort_order ASC");

if($_GET['act'] == 'list') {                                 //显示文章列表

    $total_num = $db->get_col("SELECT COUNT(1) FROM {$prefix}article");//取得文章总数
    $page_url = '?act=list';                                 //分页时需要调用的url地址
    $page = intval(trim($_GET['page']));                     //当前页数
    $page = $page ? $page : 1;                               //如果没有则为1
    $page_size = 10;                                         //每页10条记录

    //得到当前页所包含的数据
    $rows = $db->get_all("SELECT * FROM {$prefix}article AS A LEFT JOIN {$prefix}category AS B
ON A.cat_id = B.cat_id ORDER BY A.add_time DESC LIMIT ".($page-1)*$page_size.", {$page_size}");
    include('article_list.php');                             //引入分页视图模板

} elseif($_GET['act'] == 'search') {                         //查询

    $title = $_REQUEST['title'];                             //取得查询的标题

    $total_num = $db->get_col("SELECT COUNT(1) FROM {$prefix}article WHERE title like ?",
array("%{$title}%"));                                        //取得符合标题的文章总数
    $page_url = '?act=search&title='.$title;                 //分页时需要调用的url地址
    $page = intval(trim($_GET['page']));                     //当前页数
    $page = $page ? $page : 1;                               //如果没有则为1
    $page_size = 10;                                         //每页10条记录
```

```php
    $rows = $db->get_all("SELECT * FROM {$prefix}article AS A LEFT JOIN {$prefix}category AS B
ON A.cat_id = B.cat_id WHERE A.title like ? ORDER BY A.add_time DESC", array("%{$title}%"));
    include('article_list.php');                              //引入分页视图模板

} elseif($_GET['act'] == 'add') {                             //添加

    $form_act = 'insert';                                     //表单动作改为insert
    include('article_form.php');                              //引入文章信息视图模板
} elseif($_GET['act'] == 'insert') {                          //数据库插入

    $_POST['add_time'] = date('Y-m-d H:i:s');                 //取得当前时间
    $db->insert($prefix.'article', $_POST);                   //插入数据
    sys_msg("添加文章成功！", '?act=list');                    //系统提示插入数据成功

} elseif($_GET['act'] == 'edit') {                            //编辑

    $form_act = 'update';                                     //表单动作改为update
    $article = $db->get_one("SELECT * FROM {$prefix}article WHERE id = ?", array($_GET['id']));
    include('article_form.php');                              //引入文章信息视图模板

} elseif($_GET['act'] == 'update') {                          //数据库更新

    $db->update($prefix.'article', $_POST, array('id'=>$_POST['id']));//更新记录
        //系统提示更新数据成功，并返回列表页
    sys_msg("更新文章成功！", '?act=list');

} elseif($_GET['act'] == 'del') {                             //数据库删除操作
    $db->delete($prefix.'article', 'id', $_REQUEST['id']);    //删除记录
    sys_msg("删除文章成功！", '?act=list');                    //系统提示删除数据成功

}

?>
```

以上代码实现的功能与代码22-1基本相同，只不过这里多了一个搜索的功能处理。因为此功能在代码实现上和列出表格数据是差不多的，所以本小节对这块就不再赘述。重点来讲解如何添加一则文章。

在添加文章时，首先会收到这样的请求"article.php?act=add"，这时代码将会将"form_act"设置为"insert"，并引入文章信息视图模板。此时网页显示的就是一个添加文章的页面，如图22.8所示。

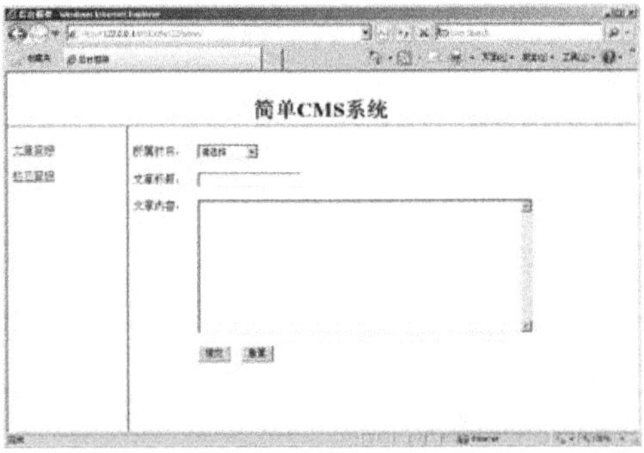

图22.8 文章添加页面

但是它所包含的 form 表单的 action 属性则变成为 "article.php?act=insert"。所以当输入数据并单击 "提交" 按钮的时候，便会执行代码 22-5 中第 38~40 行的代码段。第 38 行代码如下：

```
$_POST['add_time'] = date('Y-m-d H:i:s');
```

取得当前的时间值并赋值于超全局变量 POST 数组中。然后执行第 39 行的代码，如下：

```
$db->insert($prefix.'article', $_POST);
```

此代码使用的是前一章节中介绍的数据库类，在这里使用的是它的 insert 方法。当传入需要被插入的表格名称与数据时，便会自动生成相应的 SQL 语句插入数据。这里为了方便直接使用 POST 组数作为输入数据，这样虽然是可行的，但是也存在一定弊端。因为 POST 中的数据有可能为伪造，所以在实践应用中需要对这个数据进行检测。

插入数据成功后，便会执行第 40 行语句来提示插入成功的信息，单击 "确定" 按钮后会回到列表页面。这样整个的添加文章过程就完成了，其他的编辑、删除等操作也是类似的。

## 22.7 前台实现

既然后台的功能都已经实现了，那么本小节的主要内容就来讲解如何实现前台显示。这里以实现首页的为例子，其他的页面就可举一反三。

首先来看一下首页的控制页面，如代码 22-6 所示。

代码 22-6　首页控制器代码

```php
<?php
require_once('include/init.php');                              //引入初始文件
//取得栏目数据
$categories = $db->get_all("SELECT * FROM {$prefix}category ORDER BY sort_order ASC");
function get_articles($cat_id) {                               //取得特定栏目下的文章数据
    global $db, $prefix;
    $articles = $db->get_all("SELECT * FROM {$prefix}article WHERE cat_id = ? ORDER BY add_time DESC LIMIT 10", array($cat_id));
    return $articles;
}
include_once("template/{$template_dir}/index.php");            //引入首页模板文件
?>
```

由以上代码可以看出，首先是引入必要的文件 init.php，其中包括了数据库的定义还有模板路径等内容。然后就是通过数据库对象取得网站的栏目数据并保存到变量$categories，这样就能在模板中调用。另外的 get_articles()函数，接受一个栏目标识后会返回这个栏目下的文章数据并限制在 10 条记录内。最后就是通过 include_once()函数将模板文件引入即可。

那么接下来就看看在模板文件中是如何显示数据的，如代码 22-7 所示。

代码 22-7　首页模板文件

```
<!DOCTYPE html PUBLIC "-//W3C//DTD XHTML 1.0 Transitional//EN" "http://www.w3.org/TR/xhtml1/DTD/xhtml1-transitional.dtd">
<html xmlns="http://www.w3.org/1999/xhtml">
<head>
<meta http-equiv="Content-Type" content="text/html; charset=utf-8" />
<title>简单 CMS 首页</title>
```

```
</head>

<body>
<table border="1" cellpadding="3" width="800">
   <tr>
    <?php foreach($categories as $cat):?><!-- 栏目循环 -->
       <td width="80"><?= $cat['cat_name']?></td>
       <?php endforeach;?>
   </tr>
</table>
<?php foreach($categories as $cat):?><!-- 栏目循环 -->
<div style="float:left; width:380px; margin-right:40px; margin-top:10px;">
    <table width="100%" border="1" cellpadding="3">
     <tr><th><?= $cat['cat_name']?></th></tr>
         <?php foreach(get_articles($cat['cat_id']) as $art):?><!-- 文章循环 -->
      <tr>
        <td width="80"><?= $art['title']?></td>
      </tr>
        <?php endforeach;?>
    </table>
</div>
<?php endforeach;?>

</body>
</html>
```

代码第 11~13 行是对网站栏目的循环并显示。在第 16~27 行代码中有两个循环，第一个是对栏目的循环，第二个是针对该栏目下的文章循环显示，然后是对其中的标题内容进行显示。整个过程在这里就基本完成，下面是通过浏览器访问首页得到的效果，如图 22.9 所示。

图 22.9  简单 CMS 首页

## 22.8 小结

本章主要介绍的是如何使用已有的框架制作一个内容管理系统，讲解了什么是 CMS、为什么 CMS、开发前的需求分析、相关策划、系统架构及前后台的开发。

现在，本书讲解的 PHP 入门的相关知识已基本结束，然而作为应用程序开发者，您的旅程也许才刚刚开始。在本书中，尽量让读者对设计和编写应用程序时所采取的方法有了一个大概印象。

## 22.9 习题

1. 谈谈你对这个简单 CMS 系统的看法。
2. 在这个系统上进一步完善或添加你想要的功能。